Pollution Management and Resource Recovery of
Waste Catalysts

废催化剂
污染管理与资源化

杨 骥 邱兆富 张 巍 曹礼梅 编著

化学工业出版社

·北京·

内容简介

本书以废催化剂污染控制为主线，主要介绍了汽车尾气废催化剂、石油炼制废催化剂、石油化工废催化剂和化工行业中的典型废催化剂，并对其进行了产量估算，明确了目前我国废催化剂产生量、去向；开展了废催化剂特征污染物及污染特性研究，结合行业发展趋势明确了废催化剂的污染特性以及未来变化趋势；开展了废催化剂在产生、无害化、资源化各个环节中主要污染物环境行为研究，确定了关键污染控制节点；就废催化剂的排放、收集、运输、管理、无害化技术、资源化技术及相关产品规格、测试方法等环节提出了技术规范建议；明确了废催化剂管理过程中各个环节环境风险，提出了废催化剂污染控制技术政策建议。

本书具有较强的技术应用性和参考价值，可供从事废催化剂特征分析、污染风险评价及污染管控等的工程技术人员、科研人员和管理人员参考，也可供高等学校环境科学与工程、化学工程及相关专业师生参阅。

图书在版编目（CIP）数据

废催化剂污染管理与资源化 / 杨骥等编著. —北京：
化学工业出版社，2022.7
ISBN 978-7-122-41230-0

Ⅰ.①废… Ⅱ.①杨… Ⅲ.①催化剂-废物处理
②催化剂-废物综合利用 Ⅳ.①X78

中国版本图书馆 CIP 数据核字（2022）第 063482 号

责任编辑：刘　婧　刘兴春　　　　　　文字编辑：胡艺艺　王文莉
责任校对：宋　玮　　　　　　　　　　装帧设计：刘丽华

出版发行：化学工业出版社（北京市东城区青年湖南街 13 号　邮政编码 100011）
印　　装：北京科印技术咨询服务有限公司数码印刷分部
787mm×1092mm　1/16　印张 13¼　彩插 2　字数 295 千字　2022 年 8 月北京第 1 版第 1 次印刷

购书咨询：010-64518888　　　　　　　售后服务：010-64518899
网　　址：http://www.cip.com.cn
凡购买本书，如有缺损质量问题，本社销售中心负责调换。

定　　价：98.00 元　　　　　　　　　　　　　　　　版权所有　违者必究

前·言

催化剂在工业生产中占有相当重要的地位，涉及化学90%的工艺过程都需要使用催化剂。随着社会发展和工业化的推进，我国催化剂的用量持续猛增。依据催化剂使用范围的不同，可以将我国废催化剂分为环境保护废催化剂、石油加工废催化剂和化工废催化剂三大类；其中环境保护废催化剂包括汽车尾气废催化剂和选择性催化还原（SCR）废催化剂等，石油加工废催化剂分为石油炼制废催化剂和石油化工废催化剂两大类。

工业催化剂在经过一定时间的使用之后，由于烧结、积炭和中毒等原因，催化活性、反应转化率和选择性不断下降，最终形成大量的废催化剂。这些排出的废催化剂通常含有多种贵金属、重金属、稀土金属等作为活性组分，除贵金属、钴、镍、钼、钒等含量较高的少数废催化剂外，国内普遍采用填埋的方式对其余废催化剂进行处置，不但造成巨大的经济损失，若其渗出还会造成环境污染，且可通过生物富集进入食物链，严重危及人类的身体健康，由此而导致的环境恶性事件不断增加。根据环境保护部（现生态环境部）公布的针对7555个石油、化工建设项目的环境风险大排查行动的排查结果，这些项目81%布设在人口密集区等环境敏感区域，45%为重大风险源。因此，废催化剂的安全处置及合理利用问题成为人们关注和亟待攻关的难题。

发展循环经济是党中央、国务院为贯彻落实科学发展观、实现经济增长方式根本性转变而提出的一项重大战略任务。《国家中长期科学和技术发展规划纲要（2006—2020年）》明确提出了综合治污与废弃物循环利用的目标。我国的废催化剂处置工作虽起步于20世纪70年代初，但还缺乏系统的研究和相应的组织机构与法规。在环境风险已引起国家及公众高度重视的今天，开展废催化剂污染特征与污染风险控制研究将弥补我国在废催化剂污染特征与污染风险控制领域的研究空白，为各级政府制定相关企业污染控制、产业规划、政策法规和环境卫生准则等提供科学依据，强化环境保护管理部门对废催化剂的监管力度，最终保障生态安全和人类健康。因此，加快相关研究有助于突破我国发展循环经济和建立环保型产业体系的瓶颈，是必须面对的当务之急。

为此，环境保护部科技标准司在 2013 年启动了环保公益性行业科研专项"废催化剂污染特征与污染风险控制研究"项目的研究工作，由华东理工大学、中国石油和化学工业联合会、江苏省环境监测中心、沈阳环境科学研究院等单位联合承担。

本书结合行业发展趋势明确了废催化剂的污染特性以及未来变化趋势，分 5 个章节介绍了汽车尾气废催化剂、SCR 废催化剂、石油炼制废催化剂、石油化工废催化剂及化工行业典型废催化剂的污染管理和资源化技术，就废催化剂的排放、收集、运输、管理、无害化技术、资源化技术及相关产品规格、测试方法等环节提出技术规范建议，并就其环境风险提出了污染控制技术政策建议，可供从事废催化剂特征分析、污染风险评价及污染管控等的工程技术人员、科研人员和管理人员参考，也供高等学校环境科学与工程、化学工程及相关专业师生参阅。

限于编著者水平及编著时间，书中难免存在不足和疏漏之处，敬请读者提出修改建议。

编著者

2021 年 12 月

目 ·录

第 **1** 章

汽车尾气废催化剂污染 管理与资源化

1.1 概论

1.1.1 汽车尾气来源及危害

近年来中国的大气污染状况持续恶化，每年遭遇的严重污染天气持续时间之久、覆盖地区范围之广史无前例，治理大气污染已经成为刻不容缓的一项头等大事。2011 年时机动车已经成为我国空气污染的重要来源，占到大气污染比例的 22%，其中主要的污染物是氮氧化物（NO_x）、烃类化合物（HC）、一氧化碳（CO）和颗粒物（PM）等[1]。

氮氧化物是在内燃机气缸内大部分气体燃烧过程中生成的，其排放量由气缸内燃烧温度、持续燃烧时间和空燃比等多种因素共同决定。氮氧化物的生成原因主要是高温富氧环境，例如燃烧室积炭等因素。从气体燃烧过程看，排放的氮氧化物 95%以上可能是一氧化氮，其余为二氧化氮。汽车尾气中的烃类化合物有三种排放源。对一般汽油发动机来说，约 60%的烃类化合物来自内燃机燃油废气、20%～25%来自曲轴箱（PCV 系统）的废气泄漏、其余的 15%～20%来自燃料系统（碳罐）的蒸发。这些烃类包括甲烷、乙烯、丙烯和乙炔等，此外汽车尾气中还含有多环芳烃，即使含量很低，但由于多环芳烃含有多种致癌物质（如苯并芘）而引起人们的广泛关注。一氧化碳是烃类燃料燃烧的中间产物，主要是在局部缺氧或低温条件下，由于某些烃类的不完全燃烧而产生，混在内燃机废气中被排出。一氧化碳是一种无色无味的窒息性有毒气体，经由呼吸道进入人体的血液后，会与血液里的血红蛋白 Hb 结合，形成碳氧血红蛋白，导致血红蛋白携氧能力下降，使人体出现不良反应，如使耳蜗神经细胞缺氧受损而导致听力下降等。吸入过量的一氧化碳会使人气息急促、嘴唇发紫、呼吸困难甚至死亡[2,3]。汽车尾气颗粒物主要包括某些重金属化合物、黑烟及油雾等，是雾霾的形成因素之一，会增加慢性呼吸道疾病的发病率，甚至损害肺功能等。汽车尾气中的铅化合物可以随呼吸进入血液，并迅速地蓄积到人体的骨骼和牙齿。一方面，它们会干扰血红素的合成、侵袭红细胞，引起贫血症状；另一方面，铅化合物也会损害神经系统，严重时会损害脑细胞，造成脑损伤。例如，儿童血液中铅浓度达 0.6～0.8mg/L 时会影响儿童的生长和智力发育，甚至出现痴呆症状；铅还能透过胎盘屏障危及胎儿。

汽车尾气污染的主要表现形式是光化学烟雾和雾霾。氮氧化物和烃类化合物在大气环境中受到强烈的太阳光紫外线照射后，随即发生一种复杂的光化学反应，生成新的污染物［臭氧和过氧乙酰硝酸酯（PAN）等］，进而形成光化学烟雾。其主要危害体现在刺激人和动物的眼睛和黏膜，使人产生头痛、呼吸障碍等症状，导致慢性呼吸道疾病恶化、儿童肺功能异常等[3]。此前，世界范围内多次发生光化学烟雾的严重污染事件。1952 年 12 月，英国伦敦发生光化学烟雾，4 天中死亡人数较常年同期约多 4000 人。其中，45 岁以上成人的死亡率最高，约为平时的 3 倍；1 岁以下婴儿的死亡率约为平时的 2 倍。该事件发生的一周中，因冠心病、肺结核、支气管炎和心力衰竭死亡的人数分别为事件前一周同类死亡人数的 9.3 倍、2.4 倍、5.5 倍和 2.8 倍。1970 年美国加利福尼亚州发生的光化学烟雾事件，使该州 3/4 的人患上红眼病。1971 年，在日本东京也发生过较严重的光化学烟雾事件，使得一些学生中毒昏迷。1997 年夏季，光化学烟雾事件同样也发生在拥有 80 万辆汽车的智利首都圣地亚哥。由于光化学烟雾造成的危害，政府被迫宣布该市进入紧急状态：工厂停工、学校停课、影院歇业，孩子、孕妇和老人均被劝告不要外出。圣地亚哥因此处于"半瘫痪状态"。澳大利亚也出现过这种烟雾现象。在我国，随着汽车保有量的持续增加，光化学烟雾的污染威胁也在持续上升，特别是北京、广州、上海等特大城市光化学烟雾污染问题日益突出。如 2020 年《上海市环境状况公报（2020 年度）》中指出，上海市环境空气中的光化学污染和灰霾污染问题日益突出，并表现为多种污染物共存的复合型污染[4,5]。

2013 年发生的覆盖全国 25 个省份、100 多个城市，受影响区域约占国土面积 1/4、受影响人口约为 6 亿人的雾霾事件，是 $PM_{2.5}$ 微小颗粒污染长期积累的结果，其中汽车尾气是空气中 $PM_{2.5}$ 的主要来源之一。由细颗粒物造成的灰霾天气对人体健康的危害甚至要比沙尘暴更大[6]。粒径在 2.5μm 以下的细颗粒物，不易被人体鼻腔绒毛和上呼吸道黏膜阻挡，被人体吸入后便会直接进入支气管，干扰肺部的气体交换，甚至进入血液中，从而引发哮喘、支气管炎、心脏疾病、中毒等，甚至会引发癌症和胎儿发育缺陷。

1.1.2　汽车尾气污染现状

21 世纪初以来，随着我国经济生产的迅速发展和人民生活水平的逐步提升，我国机动车保有量也在大幅度上升。2019 年全国的机动车保有量就已达到了 3.48 亿辆，同比增长 8.8%，其分布如表 1.1 所列。其中，汽车的产销量分别已超过 2572.1 万辆和 2576.9 万辆，全年销售量突破 2500 万辆，连续四年位居世界汽车产销量第一的位置。截至 2019 年年底，我国的汽车保有量已超过 2.6 亿辆，与 2014 年年底相比增加了 1.16 亿辆。2019 年，新车销售量达到了 2134 万辆，与 2014 年相比增加了 167 万辆。若将有成熟汽车市场国家的均值作为中国汽车保有量的峰值计算千人保有量、车辆道路密度和车辆国土密度，中国的汽车保有量仍分别有对应的 4 倍、2 倍和 7.8 倍的增长空间。所以有关方面预测，中国汽车保有量的峰值应将为 2019 年的 1.7 倍，即 4.5 亿辆，2022 年将居世界第一，国内汽车年需求量也将达到 4000 万辆，将为目前年销量的 2 倍[7]。

表 1.1　2019 年全国机动车保有量分布表

省份及地区	机动车保有量/万辆
海南、西藏、青海、宁夏	<300
北京、天津、内蒙古、吉林、黑龙江、上海、福建、江西、广西、重庆、贵州、陕西、甘肃、新疆	300～700
山西、辽宁、安徽、湖北、湖南、四川、云南	700～1500
河北、江苏、浙江、河南	1500～2000
山东、广东	>1600

随着机动车保有量的快速增长，我国城市空气污染开始呈现出煤烟和机动车尾气复合污染的特点。机动车大多在人口密集的区域行驶，而汽车尾气的排放则会直接影响群众的健康。生态环境部发布的《中国移动源环境管理年报（2021）》中，在 2020 年排放的尾气中，污染物含量为：烃类化合物（HC）190.2 万吨，一氧化碳（CO）769.7 万吨，氮氧化物（NO_x）626.3 万吨，颗粒物（PM）6.8 万吨。汽车是大气污染物总量的主要贡献者，其排放的 CO、HC、NO_x 和 PM 超过 90%，也是造成灰霾、光化学烟雾污染的重要原因。

为了控制汽车尾气排放带来的危害，美国于 1970 年率先制定了汽车尾气排放法规，现在美国也是世界上实施汽车尾气排放法规很严格的国家。而中国也参考欧盟标准在近几年逐步提高了对于汽车尾气排放的标准，见表 1.2。这些标准的产生在很大程度上依赖于汽车尾气处理的催化剂性能和用量的提升[2,8]。

表 1.2　欧洲和中国汽车尾气排放标准

标准	控制极限/(g/km)		
	CO	HC	NO_x
欧 4	1.0	0.1	0.08
国 4	1.0	0.1	0.08
欧 5	1.0	0.1	0.06
国 5	1.0	0.1	0.06
欧 6	0.7	0.1	0.06
国 6A	0.7	0.1	0.06

2013 年 9 月，《大气污染防治行动计划》由国务院批准发布，自此机动车尾气污染防治成为一个关键领域。针对移动污染源排放已经成为影响中国空气质量的突出因素现状，《大气污染防治行动计划》中指出要加强城市交通管理建设，北京、上海、广州等特大城市的机动车保有量要严格限制，同时采取提升汽车尾气催化剂性能在内的相关措施，扎实有效地推进工作。可见，为了应对日益严峻的大气污染状况采用更多性能更好的汽车尾气催化剂已经势在必行[8]。

1.1.3　汽车尾气催化剂技术进展

当前汽车尾气污染治理面临着严峻的形势，必须采取一系列有效的污染防治措施。机内净化技术和机外净化技术是现行的汽车尾气污染控制的两类主要技术。机内净化技术主要是从提高燃油质量和改善燃料在发动机中的燃烧条件两方面来尽可能地减少污染物的生成；机外净化技术主要是通过安装催化净化器对有害气体进行处理，它是机外尾气净化最有效的方法。一般常规的汽车尾气净化催化剂装置对 CO 的净化率可以达到 80%～95%，而对 CH 的净化率可达 70%～95%，因此催化剂是汽车尾气净化效果的关键，控制汽车尾气排放的最佳措施之一便是致力开发实用高效的汽车尾气净化催化剂[9]。

目前，国际上环保催化剂约 90% 是汽车尾气净化催化剂，而市场上使用的汽车尾气净化催化剂基本上是以三元催化剂为主。三元催化剂根据所含活性组分的不同，大体上可以分为贵金属型、非贵金属型和部分贵金属型三类。目前国际上所使用的主要是贵金属型三元催化剂。三元催化剂转化器可以同时去除汽车尾气中的 NO_x、CO 和 HC 等污染物，该类催化剂的载体大多为蜂窝状的耐高温陶瓷体，在该类载体表面附有可以提供大比表面积的 $\gamma\text{-}Al_2O_3$ 涂层以及铂、铑、钯等贵重稀有金属作为催化剂，具有高选择性、高活性、高热稳定性、良好的物理性能等特点。通常采用催化氧化法或气相氧化法去除 CO 和 HC，通过催化裂解、催化还原、催化选择性还原等方法去除 NO_x[10]。

汽车尾气净化器所使用的催化剂一般分为载体、涂层、催化剂和活性组分四大部分（见图1.1）。

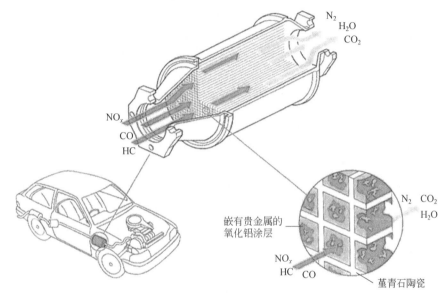

图 1.1　汽车尾气催化剂的结构和工作流程

对于催化剂的制备载体主要有以下作用：
① 提供催化反应的中心；
② 提高催化剂的机械强度；
③ 增加催化剂的抗毒性；
④ 提高催化剂的热稳定性；
⑤ 提供适合的孔结构，增大催化的有效面积；
⑥ 节省活性组分用量，降低成本。

从汽车尾气净化器的开发研究过程来看，载体材料主要有蜂窝陶瓷载体材料、陶瓷颗粒型载体材料和金属载体材料3种类型。其中，蜂窝陶瓷载体材料是当今国际市场上普遍使用的汽车尾气净化器载体材料。它是堇青石陶瓷泥料经挤压成型和烧结制成的，结构为多孔薄壁蜂窝状，主要特点是易于被催化剂覆上、比表面积大、高温稳定性好、尾气净化效率高且排气阻力较小。汽车尾气净化器最早使用的载体材料是陶瓷颗粒型载体材料，它是由直径为 3~4mm 的 $\gamma\text{-}Al_2O_3$ 小球堆积而成，具有制造简单、价格低廉、容易填装等特点，但实际过程中也会由于其采用堆积的方式而导致汽车发动机的排气阻力增大、油耗上升、发动机功率下降。金属载体材料是由如 Ni-Cr、Fe-Cr-Al 等合金制成的具有蜂窝结构的材料，其主要特点是抗热震性好、机械强度高、载体可以与外壳焊接在一起、净化器热导率高、净化效果好和排气阻力小等。目前载体材料存在的技术难关有：

① 载体材料的抗高温氧化性能有待进一步提高；

② 被覆催化剂的附着强度有待改善；

③ 载体的成型工艺复杂。

故而，蜂窝陶瓷载体材料是当前汽车尾气催化剂使用的主流载体材料[10]。

涂层也被称为第二载体，它提供了催化剂活性组分及助剂所需要的高比表面积。目前这方面的工作主要集中在涂层的热稳定性和涂层与基体的结合力两个方面。

γ-Al$_2$O$_3$ 在高温时有转变为基本无活性的 α-Al$_2$O$_3$ 的趋势。汽车尾气中的工作温度一般为 800℃左右，最高时可以达到 1000℃以上。而由高活性的构成分散层的 γ-Al$_2$O$_3$ 相转变到基本无活性的 α-Al$_2$O$_3$ 相的温度也在 800℃左右。这种相转变的结果是比表面积减小，并且分散层会与活性金属组分发生相互作用而降低其催化活性。提高热稳定性的方法主要有改变工艺、掺杂元素和制备新材料。目前的研究大多集中在掺杂元素方面。为了保持催化剂活性层的高温稳定性，需要将一定量的稀土组分添加到 γ-Al$_2$O$_3$ 中。例如，加入一定比例的 Ce、La 等稀土成分，可以提高相变温度，抑制 γ-Al$_2$O$_3$ 的高温转变行为，使比表面积保持稳定，进而保证分散层的高温活性[10]。

汽车尾气催化剂的净化效果关键取决于催化活性组分材料。一般来说，催化剂的高温活化性能在温度 1123K 以上会降低，主要是因为温度升高后贵金属颗粒的粒径增大以及 Al$_2$O$_3$ 的比表面积降低。通过引入 CeO$_2$ 和 La$_2$O$_3$ 等稀土催化剂，可以抑制金属颗粒的烧结长大而稳定其分布。而考虑到催化剂的价格，在 1975 年催化剂还未形成商业化之前，研究者们对于催化活性材料的研究只局限于"贱"金属，如 Ni、Cu、Co、Mn 等，但由于这些金属缺乏催化剂应用方面应该具有的稳定性和抗毒性，所以研究人员将目光转向了具有更好热稳定性的贵重金属。汽车尾气净化催化剂的研制过程按照时间大致可以分为以下 4 个阶段：20 世纪 70 年代，那时的催化剂主要针对废气中的 HC 和 CO 化合物的处理，对 NO$_x$ 的控制还未引起足够的重视，由于 Ru 比较缺乏，J. T. Kummer 以贵金属 Pt 和 Pd 等作为催化剂；20 世纪 80 年代，汽车数量的增加导致在环保方面对 NO$_x$ 的排放要求也越来越严格，在 70 年代 Ford 公司就开始研究元素 Ru 对 NO$_x$ 的催化效果，到了 80 年代便开始引入元素 Rh，经过还原反应来除去尾气中的 NO$_x$，这就是上文所述的三元催化剂；20 世纪 80 年代末，无铅汽油的推广使用有效避免了 Pd 在使用过程中的中毒现象；1989 年 Ford 公司在加利福尼亚首先使用了 Pd/Ru 催化剂，因为 Pd 相较于 Pt 和 Rh 价格便宜得多，所以在 Pt、Rh 催化剂中引入大量的 Pd，这样不但降低了成本，且催化剂的性能也并没有多大的损失。

当今世界上使用的汽车尾气净化催化剂中，以含铂、铑、钯等贵金属的三元催化剂为主体。由欧洲有关部门统计的数据可知，1980—2006 年，全世界用于汽车尾气催化剂的铂族金属质量达 3500t，其中钯 1643t、铂 1516t、铑 329t。在此期间，全世界铂族金属的原生金属产量为 8300t 左右，用于汽车尾气催化剂的数量就占到了其产量的 40%，由此可见，汽车尾气净化催化剂对铂族金属的需求量相当可观。汽车尾气净化器已被称为当之无愧的"运动着的铂族金属矿山"和"可循环再生的铂矿"。因此，对此的合理回收处置将会是处理汽车尾气废催化剂的关键。中国虽然是铂族贵金属第一大消费国，但资源储备却十分匮乏，而汽车尾气净化催化剂更是使用了我国最主要的铂族金属资源（含量达到了 0.1%～0.3%，是铂族金属原矿含量的几百倍）。

1.1.4 概论总结

汽车尾气中含有烃类化合物（HC）、一氧化碳（CO）、氮氧化物（NO_x）和颗粒物（PM）等污染物，这些污染物是造成雾霾和光化学污染等严重大气污染的主要原因之一。随着我国汽车保有量的持续上升和大气污染防控两方面的持续压力，必须采取更加有效的汽车尾气净化措施来降低汽车尾气污染水平，故而使用高效的、贵金属含量更高的汽车尾气净化催化剂，是今后中国要解决汽车尾气污染问题的必然选择。

1.2 汽车尾气废催化剂的产量

1.2.1 全球趋势

自 20 世纪 70 年代以来，美国、日本和欧洲各国均对采用贵金属（铂、铑和钯）及后来加入铈的汽车尾气净化催化剂进行了大量的研制开发工作，并相继取得了一定的成绩。世界上目前较大的汽车尾气催化剂生产厂商主要有庄信万丰、优美科、德尔福和美国安格（被巴斯夫收购）等，产量占整个催化剂市场的 95%左右，国内汽车厂所使用的催化剂中80%左右都从这些厂商采购[11]。

全世界范围在未来几年内，汽车尾气废催化剂的产量将由以下几部分因素所决定：第一，欧洲在 2009 年再次提高了尾气排放的标准（欧 6），并于 2013 年开始实施，更加严格的排放标准将导致欧洲汽车尾气废催化剂产量的稳步提升；第二，中国在 2019 年提高了汽车尾气排放标准（国 6），这在未来的很长一段时间内都将推动汽车尾气催化剂在中国的需求，进而导致大量废催化剂的产生；第三，美国、日本的汽车尾气催化剂的需求也会呈现温和增长的趋势。根据日本产经省统计数据：2012 年日本汽车尾气催化剂产量已达到22226t，同比增长 9.0%。在以上背景下，可以预计未来全球铂金催化剂使用量的复合增长率将在 15%以上，因此相应的废催化剂产量也会在全球范围内稳步提升。

1.2.2 我国趋势

从 1998 年开始我国便要求强制安装汽车尾气净化催化剂。目前汽车尾气净化催化剂的活性组分主要含铂、铑、钯等铂族贵金属，使用后的废催化剂中还含有大量的铅（高达

0.7%）。由于其使用寿命一般为 5 年，因此报废的汽车尾气催化剂将大量出现。若按每辆车 1.5L 汽车尾气净化催化剂装载量和 6%的催化剂更换率来计算，我国 2019 年产生的废汽车尾气净化催化剂产生量约 $3.016×10^7$L，到 2035 年，其将达到近 $9×10^7$L（如表 1.3 所列）。故而我国将在未来 5 至 15 年迎来汽车尾气废催化剂产生量的爆发性增长，对其的有效监管已经刻不容缓。

表 1.3　全国废汽车尾气净化催化剂产生量趋势

年份	废汽油车尾气催化剂产生量/L	备注
2013	3939423	
2015	13104000	
2019	30160000	全国汽车保有量达到 3.48 亿辆
2020	40017000	
2025	64423500	多方数据，
2035	89308500	基于 Logistic 模型估算[12]
……		

在我国，当前对于汽车尾气净化催化剂的回收处理多由分散经营的小作坊企业来完成。由于负载于堇青石的铂族金属极难分离，回收企业一般采用加入强氧化剂、还原剂甚至氰化物的大量强酸进行湿法粗放提取贵金属，产生含有高浓度铅等重金属废渣及大量高毒性废水、废酸，对周边环境产生严重威胁。

随着全球经济形势的复苏，汽车尾气废催化剂在全世界范围内的产生量将会不断增加，而对我国而言，未来 5~15 年更是将处于汽车尾气废催化剂的爆发性增长期。根据我国汽车工业协会预测的汽车保有量数据推算，到 2035 年汽车尾气净化废催化剂产生量将达到近 $9×10^7$L。若如此大量的废催化剂都经小作坊企业进行简单粗放的湿法回收提炼，将对周边环境产生严重威胁。

1.3　汽车尾气废催化剂污染物的环境行为

为了对汽车尾气废催化剂的污染特征及污染风险进行准确的评价，笔者对实际采样的汽车尾气废催化剂样品进行了金属元素成分和浸出毒性分析，并通过所得到的数据，依据固体废物环境风险评价的方法来进行污染风险评价。

1.3.1　汽车尾气废催化剂的成分分析和浸出毒性实验

1.3.1.1　实验装置、药剂和样品

图 1.2 所示为典型的汽车尾气废催化剂样品。由图 1.2 看到这些汽车尾气废催化剂样品都有蜂窝状的载体结构，催化剂质脆，大多都碎成块状，而颜色以灰色为主，少部分呈现烧焦之后的黑色，部分催化剂样品会有烧结的现象。

(a)

(b)

(c)

(d)

(e)

(f)

图 1.2

(g)

(h)

(i)

(j)

(k)

(l)

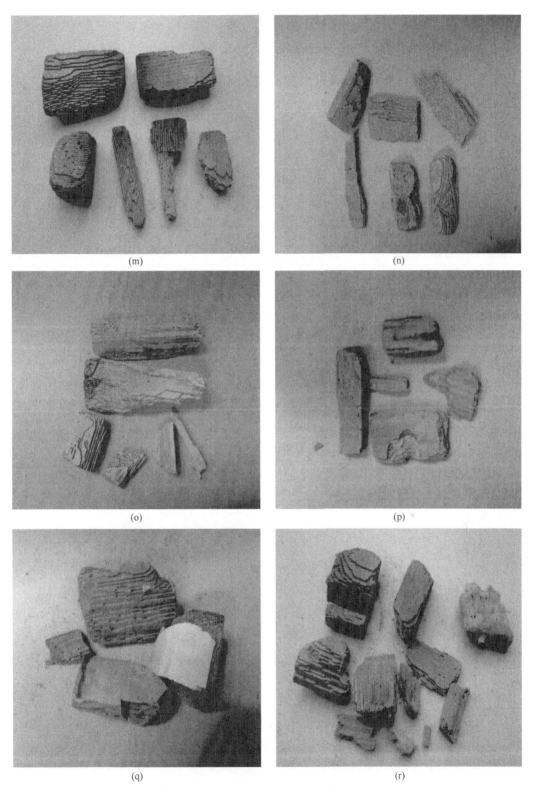

(m)

(n)

(o)

(p)

(q)

(r)

图 1.2　汽车尾气三元废催化剂样品

本次测试中所使用的浓盐酸、浓硫酸、浓硝酸等均为 GR 级试剂，厂商为上海凌峰化学试剂有限公司。实验装置主要有 ICP-AES 分析仪、微波消解仪等，详见表 1.4。

表 1.4　废催化剂浸出毒性分析实验装置及仪器

仪器名称	仪器型号	生产厂商
恒温振荡器	SHA-C	常州国华电器有限公司
实验室 pH 计	FE20-FiveEasyPlus™	梅特勒-托利多国际股份有限公司
电子精密天平	JA2003N	苏州江东精密仪器有限公司
ICP-AES 分析仪	Agilent725ES	安捷伦科技有限公司
电热恒温鼓风干燥箱	DHG-9030A 型	上海一恒科技有限公司
微波消解/萃取系统	ETHOSA	北京莱伯泰科仪器有限公司
箱式电阻炉	SX2-4-10	上海一恒科技有限公司
移液枪	5mL	上海拜格生物科技发展有限公司

1.3.1.2　汽车尾气废催化剂成分分析方法

通过微波消解预处理和利用电感耦合等离子体原子发射光谱法（ICP-AES），对汽车尾气废催化剂样品中贵金属和重金属的种类及含量进行分析。具体步骤如下：

① 将废催化剂样品磨碎后过 100 目筛，在马弗炉中以 600℃灼烧 30min 分解有机物。

② 准确称取 0.1000～0.2000g（精确到 0.0001g）的样品倒入消解罐中，再加入 4mL 的浓硝酸和 1mL 的浓盐酸，之后将消解罐放入微波消解仪中，设定程序，使上述样品在 10min 内升高到 175℃并保持 20min。待冷却至室温后在通风橱中小心地打开消解罐的盖子。

③ 将得到的消解液直接转移至比色管中，用去离子水定容至 50mL，取出上层清液进行 ICP-AES 测试。分析前根据具体情况将样品稀释适当的倍数待测。同时也需要做全程序空白实验。

在得到 ICP-AES 分析结果后结合分析的原始样品质量，计算废催化剂样品中各类金属元素的含量。

1.3.1.3　汽车尾气废催化剂浸出毒性分析方法

根据《固体废物　浸出毒性浸出方法　硫酸硝酸法》[13]（HJ/T 299—2007）和《固体废物　浸出毒性浸出方法　水平振荡法》[14]（HJ 557—2010）对废催化剂样品进行浸出毒性测试。

① 含水率测定。称取 50g（20～100g）样品放置于具盖容器中，在 105℃的温度下烘干，之后恒重至两次称量值的误差小于±1%，并计算样品的含水率（进行含水率测定之后的样品，不能被用于浸出毒性的实验）。

② 浸提剂的配制。在烧杯中加入质量比为 2∶1 的浓硫酸和浓硝酸，用玻璃棒搅拌均匀后，加入去离子水，调节溶液的 pH 值为 3.20±0.05，后放入试剂瓶中备用。

③ 称取 100g 过 3mm 筛的样品，将其置于 2L 提取瓶中，依据样品的含水率，按照液固比为 10∶1（L/kg）计算出所需要的浸提剂的体积，加入浸提剂后，盖紧瓶盖将其垂直固定在水平振荡装置上，转速调节为（110±10）次/min，振幅为 40mm，于(23±2)℃下振荡

8h 后取下提取瓶，静置 16h。若在振荡过程中有气体产生，应该定时地在通风橱中打开提取瓶来释放瓶中过度的压力。

④ 压力过滤器上装好滤膜后，用稀硝酸溶液淋洗过滤器和滤膜，将淋洗液丢弃，过滤并收集得到的全部浸出液，在 4℃下保存，摇匀后供分析使用。

⑤ 量筒量取 45mL 样品后倒入带刻度的消解罐中。将 5mL 浓硝酸加入样品中，盖紧消解罐。启动消解仪，选定的程序会将样品的温度在 10min 的时间内升高到(160±4)℃。消解完毕，冷却至少 5min。将消解的产物稀释到已知体积，再用 ICP-AES 分析方法来进行检测。

通过 ICP-AES 等分析结果，计算浸提剂中的金属含量，对照《危险废物鉴别标准 浸出毒性鉴别》（GB 5085.3—2007），从而鉴别出催化剂的浸出毒性[13-15]。

1.3.2　分析结果与讨论

1.3.2.1　汽车尾气废催化剂中的贵金属成分

针对所采集的 18 种汽车尾气废催化剂样品进行了铂族贵金属等产品原有成分的分析工作，结果见表 1.5 和图 1.3、图 1.4。汽车尾气净化催化剂中原本就带有的铂族贵金属主要包括 Pd、Pt、Rh 三种，而 Al 和稀土元素 Ce 分别作为涂层和助催化剂存在于原有的汽车尾气催化剂中，其中铂族金属含量的多少是该类废催化剂是否值得进行贵金属回收的关键。从图 1.5 中可以发现，除了 3 号、12 号和 15 号样品之外，其他样品的铂族金属含量基本都在 0.02% 以上，近半数样品的贵金属含量在 0.05%～0.15% 之间，而贵金属含量最高的 9 号样品，其铂族贵金属含量高达约 0.39%。Al 和 Ce 的含量在这些样品中也较为稳定，除 12 号和 14 号样品之外，基本总含量在 4%～18% 之间。

表 1.5　汽车尾气废催化剂中贵金属和 Al、Ce 含量　　　　单位：%

编号	Pt	Pd	Rh	贵金属总量	Ce	Al	Ce 和 Al 总量
1	—	0.120	0.008	0.128	0.890	15.600	16.490
2	—	0.019	0.002	0.021	1.450	7.000	8.450
3	0.002	—	0.002	0.004	0.540	5.100	5.640
4	0.008	0.025	0.004	0.037	1.480	7.150	8.630
5	—	0.022	0.006	0.028	3.500	14.580	18.080
6	—	0.082	0.002	0.084	0.620	9.710	10.330
7	—	0.088	0.001	0.089	1.210	5.230	6.440
8	—	0.036	0.003	0.039	1.040	5.950	6.990
9	—	0.380	0.009	0.389	0.720	10.750	11.470
10	—	0.038	0.005	0.043	0.790	8.190	8.980
11	—	0.083	0.008	0.091	0.540	13.900	14.440
12	—	—	—	—	—	—	—
13	—	0.110	0.009	0.119	0.680	13.700	14.380

编号	Pt	Pd	Rh	贵金属总量	Ce	Al	Ce 和 Al 总量
14	0.190	0.046	0.002	0.238	—	—	—
15	—	0.016	0.001	0.017	0.910	4.200	5.110
16	—	0.075	0.007	0.082	1.210	3.020	4.230
17	—	0.052	0.004	0.056	0.430	4.350	4.780
18	—	0.028	0.002	0.030	0.110	4.990	5.100

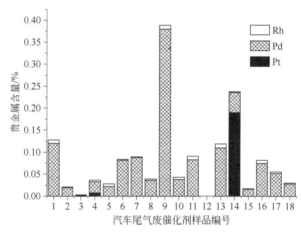

图 1.3 三种铂族贵金属的含量柱状图

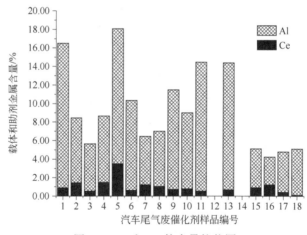

图 1.4 Al 和 Ce 的含量柱状图

在绝大多数样品中，Pd 和 Rh 是最常见的两种铂族贵金属，但 Pd 的含量要远远高于 Rh，是占绝对优势的一种铂族金属。Pt 在三种铂族贵金属中最不常见，仅在 3 个样品中被检出，但在 14 号样品中其是含量最高的铂族金属，结合 14 号样品中没有氧化铝涂层和助催化剂成分检出，可以判断其原始结构成分不同于大部分其他汽车尾气催化剂。总体而言，多数样品中铂族贵金属含量较高，最高含量接近 0.4%，以一个 5kg 的废催化剂计，其中含有 20g 铂族贵金属，具备非常高的回收利用价值。

1.3.2.2　汽车尾气废催化剂中的重金属成分

在汽车尾气废催化剂中除了原有的铂族贵金属之外，还可能在长期的使用过程中沉积了大量的其他重金属成分，其中一部分金属将可能对人体和环境造成危害，故而在进行贵金属元素测定的同时，也对其他重金属元素及其含量进行了检测。本次检测的重金属元素包括 Cu、Zn、Pb、Cr、Ni、As、Ba、Hg、Cd、Ag、Se、Be 12 种，其中 Hg、Cd、Ag、Se、Be 在所有 18 种样品中均没有检出（ICP 检出限）。其余 7 种重金属的含量分析结果见表 1.6 和图 1.5。从重金属的总量上来看，近半数的汽车尾气废催化剂样品的重金属含量较高（0.6% 以上），最高的样品 9 中重金属总量达到了 2.68%。以一个 5kg 的废催化剂计，其中含有 134g 的重金属，可见这些大量存在的重金属已经改变了汽车尾气催化剂原有的成分组成，在回收和处置过程中均需要引起相当的重视，不然很可能导致严重的人体和环境风险。

表 1.6　汽车尾气废催化剂中重金属含量　　　　　　　单位：%

编号	Cu	Zn	Pb	Cr	Ba	Ni	As	总量
1	0.004	0.020	0.020	0.004	1.770	0.580	—	2.398
2	0.025	0.110	0.054	0.007	0.015	0.002	0.024	0.237
3	0.005	0.025	0.002	0.001	0.006	0.002	0.006	0.047
4	0.002	0.008	0.001	0.002	0.004	0.001	0.031	0.049
5	0.001	0.009	0.003	0.001	1.840	—	0.014	1.868
6	0.004	0.021	0.002	0.001	0.006	0.001	0.005	0.040
7	0.025	0.047	0.002	0.004	1.180	0.009	0.009	1.276
8	0.004	0.010	0.001	0.002	0.750	0.001	0.002	0.770
9	0.004	0.090	0.005	0.003	2.560	0.010	0.013	2.685
10	0.016	0.051	0.008	0.001	0.009	0.003	0.024	0.112
11	0.007	0.043	0.002	0.002	0.002	0.002	0.002	0.066
12	0.001	0.100	0.038	0.001	0.003	0.002	—	0.145
13	0.004	0.013	0.002	0.001	0.960	0.003	0.003	0.986
14	0.001	0.024	0.024	0.001	0.008	0.001	0.039	0.098
15	0.005	0.050	0.002	0.001	0.042	0.002	0.001	0.103
16	0.005	0.190	0.002	0.001	0.019	0.011	0.001	0.229
17	0.001	0.014	0.004	0.001	0.610	0.027	0.007	0.664
18	0.001	0.019	0.009	0.002	0.550	0.003	0.008	0.592

从 7 种重金属的种类成分上来看，Ba 在所有的金属元素中的成分含量最高，样品 9 中的 Ba 含量达到了 2.56%，但其在各个催化剂样品中的含量并不稳定。除去 Ba 之外，其余 6 种重金属元素的成分含量柱状图见图 1.6。从图 1.6 中可见，某些重金属（如 Ni）在个别催化剂中有较高的含量（在样品 1 中 Ni 的含量达到了 0.58%），而在其他样品中的含量相对较小；而另外一些重金属，如 Pd 和 As，相比前者，在各个催化剂中的含量差别较为稳定。这种现象说明上述 7 种重金属在来源和产生原因上存在差别，值得进一步讨论。

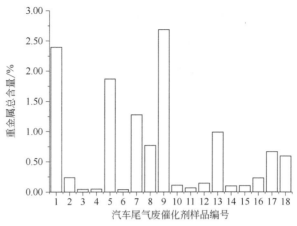

图 1.5　重金属总含量柱状图

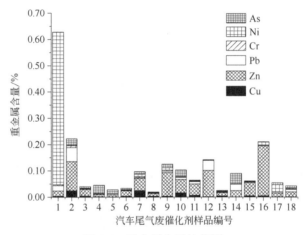

图 1.6　重金属含量柱状图

图 1.7 是废旧汽车尾气催化剂样品中 Pd 和 As 的含量柱状图，从图中可以知道，该催化剂含有高浓度铅，大部分含有高浓度砷，且在各个废催化剂样品中的含量较为稳定，鉴于新三元催化剂在生产过程中没有添加这一类物质，所以可以断定其来源于油品燃烧过程（无铅汽油中依然含有部分铅和砷）。由于负载于堇青石的铂族金属极难分离，作坊式回收企业一般采用加入强氧化剂、还原剂甚至氰化物的大量强酸进行湿法粗放提取贵金属，产生含有高浓度铅、砷等重金属废渣及大量高毒性废水、废酸，对周边环境产生严重威胁。如不对其进行有效管理，不仅将导致国家稀缺贵金属资源的流失，而且会对环境造成巨大危害[16,17]。

图 1.8 是废催化剂中 Ni、Cr 和 Cu 这三种成分的含量累积柱状图，从图中可以看到，Ni 的含量在个别催化样品中很高，如在样品 1 中就高达 0.58%；但是在其他样品中的含量并没有达到这么高的水平，说明其含量在各个样品中不太稳定。Cu 在此三种元素中含量排名第二，Cr 虽然含量并不如前两者丰富，但由于其毒性较高，且在全部样品催化剂中均有检出，故而也需要引起重视。这三种元素所具备的共同点是均是金属不锈钢原件

中所含有的元素，结合元素 Ni 在各种样品中的含量差异性较大，说明其在汽车尾气废催化剂的沉积具备一定的偶发性，故而判定该三种元素的来源是发动机套件系统发生磨损的情况下，不锈钢金属原件中 Ni、Cr 和 Cu 的部分溢出，导致在汽车尾气催化剂上发生了沉积。

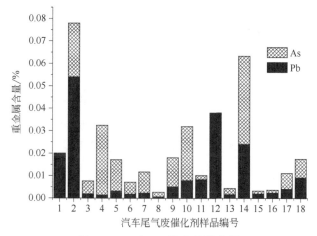

图 1.7　As 和 Pb 的含量柱状图

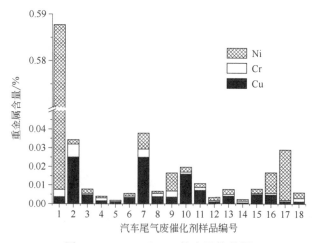

图 1.8　Ni、Cr 和 Cu 的含量柱状图

　　图 1.9 是汽车尾气废催化剂中 Ba 和 Zn 的含量柱状图，从图中可以看到，在部分催化剂样品中 Ba 的含量很高（样品 1、5、7、8、9、13、17、18），其中样品 9 含量最高，达到了 2.56%。Zn 的含量相比 Ba 而言要低一些，但是同 Ba 相同的特点是在各个催化剂中的含量分布并不稳定。这两种金属元素在来源中的共同特点是均存在于汽车的机油之中，故而样品中的这两种元素很可能来源于汽车机油。从图 1.9 中两者的总含量分布也可以发现，其在 18 种样品中的含量差异很大，这也说明可能是汽车在运行过程中偶然性的非正常工作，导致了汽车机油中的 Ba 和 Zn 溢出，最终导致这两种元素在汽车尾气废催化剂上的沉积[18-20]。

　　汽车尾气催化剂样品中贵金属和重金属含量对比如图 1.10 所示。

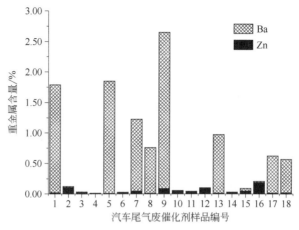

图 1.9　Ba 和 Zn 的含量柱状图

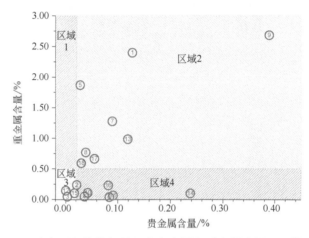

图 1.10　汽车尾气催化剂样品中贵金属和重金属含量对比散点图

通过图 1.10 的散点分布可将汽车尾气废催化剂中贵金属和重金属含量分为 4 个区域，其中铂族贵金属含量低于 0.02%，可认为其回收利用的效益将会较低；而重金属浓度大于 0.50%，可预见其回收过程中可能出现较大的污染风险。故而区域 1 内为最差回收对象，但所测 18 个样品中没有这类样品出现，而完全落入区域 3 中的样品为 3 号和 12 号，可见除了该两种样品，大多数汽车尾气废催化剂均有一定的回收价值。其中落入区域 4 的最适宜回收，分别是样品 14 号、11 号、6 号、16 号、4 号和 10 号。

1.3.2.3　汽车尾气废催化剂污染风险评价

为了说明汽车尾气废催化剂的环境风险，不但要检测其中的元素成分，而且要对其进行浸出实验等检测，来确定其浸出毒性和环境风险。故而，对废催化剂样品中的 11～18 号，进行了浸出毒性实验，结果见表 1.7。

表 1.7 中的浸出浓度为根据《固体废物 浸出毒性浸出方法 硫酸硝酸法》（HJ/T 299—2007）和《固体废物浸出毒性浸出方法 水平振荡法》（HJ 557—2010）对废催化剂样品进行浸出

毒性测试所得到的元素浸出浓度，而极端浓度为根据表 1.7 计算得到的在极端情况下，该种废催化剂可能浸出的最高浓度。

表 1.7　浸出毒性实验数据表
单位：浸出浓度、极端浓度为 mg/L；浸出率为%

元素		11	12	13	14	15	16	17	18
Cr	浸出浓度	0.017	—	—	—	0.021	—	—	—
	极端浓度	1.6	0.70	1.0	0.95	0.60	1.0	0.72	1.8
	浸出率[①]	1.1	—	—	—	3.5	—	—	—
Cu	浸出浓度	0.014	0.024	—	0.018	0.028	0.010	0.010	0.027
	极端浓度	7.2	1.1	4.1	0.53	5.0	4.8	1.3	1.2
	浸出率[①]	0.19	2.2	—	3.4	0.56	0.21	0.77	2.3
Ba	浸出浓度	0.057	0.011	44.44	0.500	0.058	0.031	0.150	0.650
	极端浓度	2.0	2.6	960	7.9	42	19	610	550
	浸出率[①]	0.28	0.42	4.6	6.3	0.14	0.16	0.02	0.12
Ni	浸出浓度	—	0.059	—	—	—	0.190	—	—
	极端浓度	2.0	1.7	2.6	0.89	2.3	11	27	3.0
	浸出率[①]	—	3.5	—	—	—	1.7	—	—
Pb	浸出浓度	0.090	0.270	0.102	0.074	0.035	0.038	0.039	
	极端浓度	8.3	38	1.6	24	2.0	2.4	4.1	9.2
	浸出率[①]	1.1	0.71	6.4	0.30	1.8	1.6	0.95	
Zn	浸出浓度	0.109	6.560	0.040	0.082	0.430	1.600	0.045	0.012
	极端浓度	43	100	13	24	50	190	14	19
	浸出率[①]	0.25	6.6	0.30	0.34	0.86	0.84	0.32	0.06
As	浸出浓度	—	—	—	—	0.067	—	—	—
	极端浓度	1.8	0	2.7	39.3	1.3	1.3	7	8.3
	浸出率[①]	—	—	—	—	5.2	—	—	—

① 浸出率=浸出浓度（mg/L）/极端浓度（mg/L）。

1.3.3　汽车尾气废催化剂污染评价

为了考察汽车尾气废催化剂的污染特征及污染风险，对 18 种废汽车尾气样品进行了元素成分和浸出毒性分析，并进行相应的环境风险值的估算。

① 汽车尾气废催化剂中存在高含量的铂族贵金属，最高含量接近 0.4%，以一个 5kg 的废催化剂计，其中含有 20g 铂族贵金属，具备非常高的回收利用价值。

② 汽车尾气废催化剂中含有 Pb、Cr、Ni、As、Ba 等多种有毒有害金属元素，含量最高的样品 9 中重金属总量达到了 2.68%，在回收和处置过程中均需要引起相当的重视。

③ 通过浸出毒性实验和环境风险值估算发现，即使用常规酸浸进行评价，汽车尾气

废催化剂的摄入途径环境风险也是非常高，而如果以极端浓度评价粗放湿法回收过程中的环境风险，更是达到了极高的水平，故而对于汽车尾气废催化剂需要特殊的固化/稳定化措施进行处理处置，对于其回收过程也必须采取异常严格的管理措施。

1.4　汽车尾气废催化剂资源化技术

当前汽车尾气三元废催化剂的处理处置方法主要是以铂族金属的回收为目标，其回收技术流程依次有汽车尾气三元催化剂的预处理、粗提和精炼三个步骤[21]（见图 1.11），其中粗提的方法有火法和湿法两大类，而精炼的方法则包括了电解法、吸附法、离子交换法、生物吸附法、液膜法以及超临界二氧化碳萃取法等[21-24]。其中，第二步的粗提法所采用的工艺是决定铂族金属元素是否可以高效回收的关键，因此以下将就粗提工艺中火法和湿法的工艺特点和技术进展进行详细的比较和讨论。

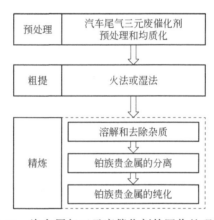

图 1.11　汽车尾气三元废催化剂的回收处理流程

1.4.1　资源化技术综述

1.4.1.1　火法

在采用火法工艺时，汽车尾气三元废催化剂首先被磨碎或整体进行熔融，然后添加铜、钙、镁等作为贵金属捕集剂（以直接添加方式或以气相形式吹入），最终得到的是铂族贵金属与其捕集剂所形成的合金。该合金进一步精炼纯化可以得到铂族贵金属，或也可以直接应用。如今，在西方发达国家废催化剂的回收主要是通过火法工艺来实现。由于汽车尾气三元废催化剂主要是由成分为硅铝镁氧化物的堇青石这一典型的陶瓷材料组成，使得这种材料熔融需要较高的温度，通常是在 1500～1900℃之间，需要由等离子体炉、电炉或电弧炉加热生成[25-28]。同时，依据投加贵金属捕集剂的种类、熔融加热温度、投加方式等条件的不同，现有的火法工艺可以被分为以下几种。

（1）Rose^TM法

汽车尾气三元废催化剂粉碎后与氧化铜、氧化铁、焦炭、石灰和二氧化硅进行混合后在电炉中熔融。之后铂族金属被从熔融铜中提取出来，陶瓷载体则进入残渣中，而被氧化的铜在电炉中被还原后再次使用。

（2）熔融法

2000℃的高温下，汽车尾气三元废催化剂与铁通过进行熔融来回收铂族金属；由于密度的不同熔渣会从金属相中被分离出来；得到的金属相会通过硫酸浸出，这样铁就可以从铂族金属中沉淀出来。当然也可以用其他的金属作为金属捕集剂，例如铜或镍，它们的工艺是相似的，但是工艺的温度将相对更低一些。

（3）金属蒸气法

将钙或镁以气态金属蒸气的形式吹过已粉碎的或整块的汽车尾气三元废催化剂，这样就可以得到捕集金属与铂族金属组成的合金。

所有的火法工艺其本质就是通过加入贵金属捕集剂后，捕集剂与铂族金属形成合金，进而达到从汽车尾气三元废催化剂中既可以分离同时又富集铂族金属的目的。其中，对于贵金属捕集剂种类、投加方式和熔融温度的选择则会决定该工艺的最终铂族金属回收率。Fornalczyk[27]曾将各种火法工艺的条件进行详细的比较，表1.8中列出了各种条件下铂族金属的回收率与该工艺存在的最大问题。汽车尾气三元废催化剂在与金属捕集剂进行混合熔炼的方式中，使用Ca来作为金属捕集剂，所得到的铂族金属回收率相对较低，而使用Pb时则很容易在高温下被氧化，同样也无法得到理想的Pt回收率；使用Cu作为金属捕集剂时的Pt回收率是最高的，但同时所需要的环境温度也比较高。研究也发现，进一步升高环境温度至1700℃时会导致载体的熔融，进而使合金与载体难以分离，故而在使用Cu作为铂族金属捕集剂时也会有一定的最佳温度范围。而使用捕集金属蒸气吹入的方式时，金属捕集剂以金属蒸气的形式吹过汽车尾气三元废催化剂，期间将铂族金属带出，并在焚烧炉中以粉尘的形式沉积下来。使用Zn时的反应温度虽然比较低，但Pt的回收率也比较低，而使用Ca时的Pt回收率虽可以达到95.4%，可是反应温度也需要达到1300℃，相比之下，使用Mg时在反应温度为1170℃下就能够达到99.2%的Pt回收率，因此Mg是最值得推荐使用的金属捕集剂。

表1.8 各种火法工艺优缺点比较

捕集投加方式	捕集金属种类	反应温度/℃	Pt回收率/%	存在问题
捕集金属直接放入	Ca	1200	82.0	铂族金属回收率不高
	Pb	1200	93.0	Pb易被氧化
	Cu	1550	95.2	所需环境温度较高
捕集金属蒸气吹入	Mg	1170	99.2	形成的尘粒易流失
	Ca	1300	95.4	所需环境温度高
	Zn	900	52.0	铂族金属回收率较低

经过以上火法工艺所得到的含有铂族金属与金属捕集剂的合金相，既可以直接用于催化剂的制作，也可以通过手段进行进一步的精炼，分离提纯铂族金属。

1.4.1.2 湿法

湿法工艺是将汽车尾气三元废催化剂溶解于王水或盐酸、溴酸盐、硝酸盐、过氧化氢中，使氯离子等和铂族金属转化为络合物，从而得到浓缩的铂族金属的溶液[25,28-32]。现有的湿法工艺可按如下分类。

（1）氰化提取

反应温度为120～180℃的条件下，氰化钠可以将汽车尾气三元废催化剂中的铂族金属浸取出来。黄昆等[32]研究此项技术，从汽车尾气废催化剂中获得了回收率为96%的Pt、97.8%的Pd和92%的Rh。

（2）王水提取

铂族金属首先会被转变，形成氯离子复合物$(PtCl_6^{2-})$，之后用Al/Zn粉进行提取，此过程中铂族金属以金属的形式从溶液中被还原出来，最后再进行固液分离便可提取出铂族金属。

（3）氯化法

该方法被Tanaka Kikinzoku公司所采用。该工艺是在NaCl存在的条件下，通过CO进行焙烧和还原。在增加到一定温度（1200℃）时，通过吹入空气就会发生氯化反应；之后通入SO_2或TeO_2可以浸取和沉淀铂族金属[28]。

上述湿法工艺中，浸出剂的选择和相应反应条件的控制是关键。对主要浸出剂的归纳见表1.9[32-36]。

表1.9　湿法工艺中浸出剂的比较

浸出剂	条件	铂族金属回收率/%	存在问题
硫酸+盐酸	焙烧/蒸煮（250～300℃）	97（Pt），99（Pd），96（Rh）	回收率高；但过程复杂，经济性受限
氧化剂+盐酸	温和条件（80℃）	90（Pt），95（Pd），85（Rh）	浸出率高；但酸用量大，Rh的回收率不高
氰化钠	高温/加压（160℃/2MPa）	96（Pt），97.8（Pd），92（Rh）	流程短；但浸出率不高且不稳定

1.4.1.3 回收技术的综合比较

火法和湿法作为铂族金属回收技术的两大类，总体而言在技术和经济性上各有利弊。表1.10中总结了两类方法主要的优缺点[37-40]。火法的工艺步骤较为简单，铂族金属的回收率高，但同时也会产生浮渣和有害气体等造成二次污染，并且对设备要求比较高，生产能耗也较大，这既增加了该工艺的技术门槛，同时也降低了其经济效益。反观湿法工艺，该工艺生产能耗较低，设备要求不高，技术门槛相对来说比较低，并且可以同时回收火法工艺中比较容易丢失的金属，例如汽车尾气三元废催化剂中含有的助剂铈等。但同时该法缺点也十分明显，首先，会产生大量的酸性废水，而且如果不进行妥善处理，必将会造成非常严重的环境污染问题；其次，将汽车尾气三元废催化剂中的废载体浸出后也需要进一步的固废处理处置，且与火法相比而言，其富集的铂族金属的浓度较低。

表 1.10 火法和湿法的优缺点比较

方法	优点	缺点
火法	工艺流程简单、回收率高	（1）焚烧过程产生大量有害气体会形成二次污染； （2）排放大量浮渣，既增加二次固废的产生，又使得其中残存的部分金属也被废弃； （3）其他有色金属回收率低； （4）能耗大，处理设备昂贵，降低了经济效益
湿法	能耗低；工艺过程易于监控并且易于进行贵金属沉淀	（1）废水和残渣数量过大； （2）浸出过的载体抛弃后有待堆放； （3）贵金属富集浓度低

由于湿法工艺总体而言对设备的要求不高，技术门槛较低，操作过程中的能耗较小，且经济成本相对较低，因此在我国一些现有的汽车尾气三元废催化剂回收企业中，大多会采用湿法工艺来进行铂族金属的回收与提炼，如对此过程中大量酸性废水和含金属固废处理不当，其潜在的环境污染风险非常严重，故而在进行湿法工艺过程中需要特别注意环境污染控制和后续的废水废渣处理。而火法作为一种环境污染相对较小，且易于大规模集约化生产的工艺，会在未来环境和能源平衡中占有一席之地。

1.4.2 汽车尾气三元废催化剂中贵金属资源化工艺研究

鉴于目前中国的废催化剂资源化回收主要以湿法回收为主，且常采用硝酸盐酸（HNO_3/HCl）法，故而本章从硝酸盐酸法回收出发，分析该工艺中汽车尾气废催化剂中贵金属 Pt、Pd、Rh 的浸出过程，考察其反应过程中各种因素包括温度、液固比、浸出剂中硝酸和盐酸比例等的影响，为我国硝酸盐酸回收工艺的进一步改进提供理论基础和解决方案。本研究选用了 5 号汽车尾气废催化剂，其中贵金属 Pt、Pd、Rh 及其他各类金属含量见表 1.11，破碎研磨至 100 目备用。

表 1.11 5 号汽车尾气废催化剂的金属含量   单位：%

元素	Cu	Zn	Ba	Pb	Cr	Ni	As	Pt	Pd	Rh	La	Ce
含量	0.003	0.014	0.003	0.002	0.002	0.001	0.015	0.005	0.034	0.004	1.545	1.592

1.4.2.1 温度对贵金属浸出的影响

汽车尾气三元废催化剂中贵金属浸出过程的温度控制对该反应的热力学和动力学过程都有影响，而且直接关系着回收工艺的能量效益。因此考察温度对贵金属浸出反应效率的影响也是十分必要的，实验结果如图 1.12 所示。

图 1.12 是浸出剂为王水（V_{HNO_3} / V_{HCl}=1∶3），当液固比（浸出剂投加量与废催化剂质量的比值）为 5mL/g、浸出时间为 1.5h 的条件下，不同温度对贵金属浸出率影响的柱状图。实验结果表明，在温度为 20～50℃的范围内，温度越高则越有利于铂族金属的浸出，而当温度达到 50℃时，Pt、Pd 和 Rh 的浸出率分别达到了 88%、91%和 75%。其中 Rh 的浸出率是最低的，说明 Rh 是三种废催化剂铂族金属回收的限制性因素。在固液反应中，Rh 的

浸出会受化学反应的控制，且温度对其浸出的影响比较显著。所以在实际生产过程中，一般会采用较高的温度来提高 Rh 的浸出率。本研究发现，Rh 在 70℃的浸出率（71%）反而小于 50℃的浸出率（75%）。当温度过高时，Rh 的浸出率反而会降低，这是由于王水反应产生的 Cl_2、NOCl 等气体在溶液中的溶解度会明显降低，使体系的氧化物减少，从而导致 Rh 的浸出率降低。而且实验中高温使得大量气体挥发而导致浸出液溢出，会造成铂族金属的损失。另外，根据铂族金属浸出的热力学可知，该浸出剂与废催化剂进行的反应是放热反应，可以为反应过程提供部分热量，于是可以降低外部能量的输入。所以，控制该浸出过程在合适的温度条件下进行，既能使 Rh 的浸出率最大，也能够节省能量。本研究中选取 50℃作为汽车尾气废催化剂浸出的温度条件。

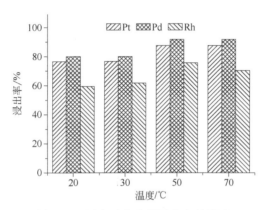

图 1.12　温度对贵金属浸出率的影响

1.4.2.2　液固比对贵金属浸出的影响

硝酸盐酸组成的浸出剂是汽车尾气废催化剂资源化过程中主要的废酸废水来源，因此浸出剂投加量与废催化剂质量的比例（液固比，mL/g）是湿法冶金中常考察的指标之一。在保证一定有价贵金属的回收效率的情况下，合适的固液比可以明显节省浸出剂的使用量，从而达到资源化过程的污染减量化。

图 1.13 为在 50℃和王水浸出 1.5h 的条件下，不同的液固比对汽车尾气废催化剂中 Pt、Pd、Rh 这三种铂族金属浸出率影响柱状图。从图中可以看出，Pt、Pd、Rh 这三种铂族金属在不同的液固比下的浸出率各自都比较接近。其中，Pt 的浸出率在 80%～91%，Pd 的浸出率则都达到了 92%，Rh 的浸出率在 74%～78%。由此说明在液固比较低，如 2 时，已经能够将汽车尾气废催化剂中的三种铂族金属大量地浸出。根据公式[41]：

$$3Pt+18HCl+4HNO_3 === 3[PtCl_6]^{2-}+6H^++4NO+8H_2O \qquad (1.1)$$

$$3Pd+12HCl+2HNO_3 === 3[PdCl_4]^{2-}+6H^++2NO+4H_2O \qquad (1.2)$$

$$2Rh+12HCl+2HNO_3 === 2[RhCl_6]^{3-}+6H^++2NO+4H_2O \qquad (1.3)$$

通过计算得出，理论上如果浸出 1g 的 Pt、Pd、Rh，各需要约 2.98mL、3.49mL 和 3.64mL 的王水。但实际情况中汽车尾气废催化剂中的贵金属含量非常低，所以王水在化学反应角度是出于极为过量的状态，多数是起到液体接触传质的作用。从图 1.13 的实际效果看，实际工艺可选择 3mL/g 的液固比进行浸出。而如果充分考虑到废水产量的减量化，也可选取 2mL/g 的液固比。

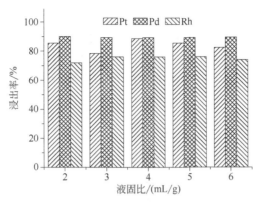

图 1.13　液固比对贵金属浸出率的影响

1.4.2.3　浸出剂中不同比例 HNO₃/HCl 对贵金属浸出的影响

HNO₃/HCl 是一种混合酸，所以研究不同酸比例（体积比）对贵金属浸出回收率的影响十分必要，实验结果如图 1.14 所示。

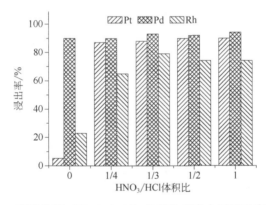

图 1.14　硝酸盐酸（HNO₃/HCl）体积比对贵金属浸出率的影响

图 1.14 为 50℃，浸出时间为 1.5h，不同 HNO₃/HCl 体积比下的贵金属浸出率的关系柱状图。实验结果表明：

① 在 HNO₃/HCl 体积比为 1/4～1/1 情况下，Pt 和 Pd 的浸出率都比较高，Pt 的浸出率是 87%～90%，而 Pd 的浸出率是 90%～94%。而且不同 HNO₃/HCl 体积比下的浸出率非常接近，说明 HNO₃/HCl 体积比在此范围内对于 Pt 和 Pd 的浸出影响不大。对于 Rh 的浸出率为 65%～79%，较 Pt、Pd 的浸出率略低。但采用王水（即 HNO₃/HCl 体积比为 1/3）时，Rh 的浸出率为各组最高，为 79%。

② 单纯盐酸体系下，Pt 和 Rh 的浸出率明显降低，分别只有 3.75% 和 22.5%，但 Pd 的浸出率并没有受到太大影响。而这三种贵金属都是不溶于单纯的盐酸溶液的，但却检测到了贵金属的溶出。说明汽车尾气废催化剂本身在溶于酸时，某些固有成分具备一定的氧

化性，从而协助将废催化剂中的贵金属氧化溶出。从之前的成分分析可知，汽车尾气废催化剂中具有较高含量的 Ce（>1%），而 Ce 是以 CeO_2 这一氧化物形式存在的，推测其能同浓盐酸发生如下反应，产生 Cl_2，从而实现了这三种贵金属的浸出反应。

$$2CeO_2+8HCl \Longrightarrow 2CeCl_3+Cl_2+4H_2O \qquad (1.4)$$

由于其与 HNO_3 作为氧化剂的浸出机理不同，所以仅对 Pd 具有较好的浸出效果，这为在此资源化过程中节省强酸性氧化剂投入提供了源头减量的一种可能性。

通过实验室实验研究，完全可以利用汽车尾气废催化剂自身具有的一定的氧化性，减少 HNO_3 的使用量，这样既减少了浸出的资源消耗，又降低了末端酸性废水的产生。

1.4.3 汽车尾气三元废催化剂的处理处置技术

1.4.3.1 石灰法

石灰法是常见的重金属去除方法之一，在确定最终重金属去除方案之前，对这种方法进行了初步探索。石灰法处理重金属废水的工艺原理如下：主要是利用石灰 [$Ca(OH)_2$] 可以在重金属废水中提供 OH^-，并与重金属反应会生成难溶性的金属氢氧化物沉淀；另外石灰有混凝的作用，即石灰在废水中形成的络合物能够架桥吸附部分重金属胶体污染物，并对胶体有脱稳的作用，使其凝聚成大颗粒沉降成污泥，最后过滤予以分离，以达到去除废水中重金属的目的[42]。

表 1.12 表示加入过量的 $Ca(OH)_2$ 后，实际废水中有毒重金属的去除效果，同时考察了加入贵金属浸出后，残留的固体废渣对重金属去除率的影响。从表中可知，石灰法对于单纯的重金属废水有较好的去除效果，出水均能够达到排放标准。但在加入废渣之后，多数指标均发生超标现象，特别是对于 As 的去除效果尤其不好；一些重金属，如 Cr，还发生了超过原水浓度的现象，这表明部分废渣中的重金属在此过程中重新释放到了水体中。

表 1.12 石灰法出水浓度 单位：mg/L

项目	Al	As	Cr	Cu	Ba	Pb	Zn	Ni
原水浓度	—	1.9	—	0.17	1.4	0.66	3.2	0.45
加废渣	55	0.76	0.057	0.11	1.4	—	0.21	0.064
不加废渣	2.9	—	—	—	0.67	—	0.023	—
排放标准①	—	0.1	0.1	0.5	—	0.1	1.0	0.05

① 《城镇污水处理厂污染物排放标准》（GB 18918—2002）。

1.4.3.2 铁氧体法

利用单纯的石灰法无法使废水中多种重金属达标去除。由于本研究汽车尾气废催化剂回收后的废水中重金属离子的复杂性，在前期调研的基础上采用铁氧体法来进行汽车尾气废催化剂回收过程中废水废渣的同步处理工艺。铁氧体法处理重金属废水的工艺原理如下：向废水中投加铁盐，通过控制工艺条件如 pH 值、充氧或加入 H_2O_2、温度等，使得生成的氢氧化物胶体转化为铁氧体或铁尖晶石[43,44]。具体反应过程如下：

$$2Fe(OH)_2 + 1/2O_2 \longrightarrow 2FeOOH + H_2O \qquad (1.5)$$

$$Fe(OH)_3 \longrightarrow FeOOH + H_2O \qquad (1.6)$$

$$FeOOH + Fe(OH)_2 \longrightarrow FeOOH \cdot Fe(OH)_2 \qquad (1.7)$$

$$FeOOH \cdot Fe(OH)_2 + FeOOH \longrightarrow FeO \cdot Fe_2O_3 + 2H_2O \qquad (1.8)$$

在反应过程中，废水中其他种类重金属离子的反应大致与此相同，二价的重金属离子将会占据晶格中部分 Fe^{2+} 的位置，而晶格中 Fe^{3+} 的位置会被三价的重金属离子占据，所以构成了复合铁氧体，从而使废水中的重金属可以稳定化而去除。

表 1.13 中显示的是对于汽车尾气废催化剂贵金属回收过后的废水和废渣，通过铁氧体法进行处理后出水的重金属浓度情况。结果显示，无论是不加废渣还是加废渣，在出水中 As、Cr、Pb 等有害金属离子均显示未检出，达到了城镇污水处理厂污染物排放标准，说明铁氧体法相比石灰法对于废水中各类重金属离子具备更好的去除效果，而且可以防止废渣中原有的重金属离子重新释放到废水中，从而达到废水废渣的同步处理。

表 1.13　铁氧体法出水浓度　　　　　　　　　　　　　单位：mg/L

项目	As	Cr	Cu	Ba	Pb	Zn	Ni
原水浓度	1.9	—	0.17	1.4	0.66	3.2	0.45
加废渣	—	—	—	—	—	—	—
不加废渣	—	—	—	—	—	—	—
排放标准[①]	0.1	0.1	0.5	—	0.1	1.0	0.05

① 排放标准为《城镇污水处理厂污染物排放标准》（GB 18918—2002）。

在此基础上，研究采用模拟废水着重考察了铁氧体法处理多种重金属废水的影响因素[45]，如二价铁盐投加量与重金属（M）物质的量（n_{Fe}/n_M）、pH 值等。模拟废水是由 $CuCl_2 \cdot 2H_2O$、$NiCl_2 \cdot 6H_2O$、$Cr(NO_3)_3 \cdot 9H_2O$、$PbCl_2$、$BaCl_2 \cdot 2H_2O$ 和 $ZnCl_2$ 溶于去离子水配制而成，配制的浓度见表 1.14。

表 1.14　模拟废水的原始浓度和重金属排放标准　　　　　单位：mg/L

项目	Cu	Zn	Ba	Pb	Cr	Ni
原始浓度 C_0	24.5	46	550	380	3.85	135
排放标准 C_S	0.5	1	—	0.1	0.1	0.05

注：排放标准为《城镇污水处理厂污染物排放标准》（GB 18918—2002）。

（1）n_{Fe}/n_M 与重金属去除率的关系

在铁氧体法中，Fe^{2+} 投加量的多少会直接影响铁氧体的产量，进而影响该工艺对重金属的去除效果。因此，只有充分的 Fe^{2+} 投加量才可以保证重金属的去除率。

图 1.15 为模拟废水在常温下按照 n_{Fe}/n_M 添加现配制好的 1mol/L $FeSO_4$ 溶液，并将 pH 值调节为 9.20 ± 0.1，加入 H_2O_2 生成铁氧体后废水中重金属离子的去除情况。从图中可知，在 n_{Fe}/n_M 为 1 时，采用铁氧体法处理重金属废水，水中的 Cr^{3+} 和 Pb^{2+} 已经达到了 100% 的去除率，但对于 Ni^{2+} 只有 60% 左右的去除率。随着 n_{Fe}/n_M 的不断提升，铁氧体法对于重金属

的去除率越好，当 n_{Fe}/n_M 达到 5 时，对于所有考察的重金属离子具备了 99%以上的去除率。从图中可以得知，Ni^{2+}、Cu^{2+}、Zn^{2+} 的变化趋势不同，这可能是由于各重金属离子的大小不同，进入铁氧体晶格会产生一定的竞争关系。

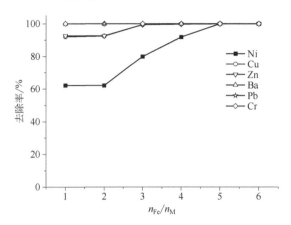

图 1.15 n_{Fe}/n_M 与废水重金属去除率的关系

（2）pH 值与重金属去除率的关系

采用 H_2O_2 的氧化生成铁氧体，则必须保证碱性条件，因为在酸性条件下 Fe^{2+} 会将加入反应体系的 H_2O_2 催化，全部生成 O_2，无法形成铁氧体。故而 pH 值对铁氧体法的具体效果也是至关重要的。

图 1.16 表示在 n_{Fe}/n_M=3 时，常温下改变 pH 值考察其对重金属去除率的影响。pH 值为 8.15 时，除 Ni^{2+} 和 Zn^{2+} 之外，其他 4 种重金属离子的去除率均接近 100%。随着 pH 值的升高，Ni^{2+} 和 Zn^{2+} 的去除率也快速升高，在 pH 值大于 9.00 时所有的重金属都已经达到 95%以上的去除率。因此，实际过程中 pH 值调节至 9.00 左右时便能够达到较好的去除效果。而且通过图 1.15 和图 1.16，Ba 出水浓度随 n_{Fe}/n_M、pH 值变化很小，而且对生成的铁氧体混合的 XRD 分析可知，XRD 谱图中只有尖晶石结构和 $BaSO_4$ 结构两种峰型。可见，高浓度的 Ba 是通过和 $FeSO_4$ 解离的阴离子生成了 $BaSO_4$ 沉淀而得到了去除。

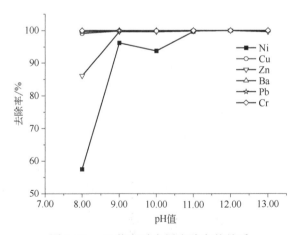

图 1.16 pH 值和重金属去除率的关系

1.4.3.3 污染减量化分析

（1）源头减量

在 1.4.2 部分中，通过考察浸出剂投加量发现，相较于传统较高的浸出剂投加量（液固比≥3mL/g）而言，在保证一定去除率的情况下，通过利用汽车尾气废催化剂本身的氧化性，可以将液固比降到 2mHg，从而节约约 1/3 的王水使用量，较大地减少了资源化工艺的浓酸使用量和生产中 NO_x 的释放，同时也降低了酸性废水的产生量。

（2）末端废水废渣治理和减量

铁氧体法具有多重金属废水的适用广泛性，能将重金属 Cr、Ni、Pb、Cu、Zn、Ba 的浓度降低至排放标准以下，可以实现 99%以上的重金属去除，从而实现了废水的末端减量。

1.5　汽车尾气废催化剂管理

1.5.1　汽车尾气三元废催化剂回收政策

考虑到废催化剂的回收价值及环境危害性，20 世纪 70 年代欧美国家便分别开始陆续颁布相关政策、法规和制度，主要是针对包括汽车尾气三元催化剂在内的各领域废催化剂的回收利用。

1.5.1.1　发达国家

在美国[46]，环保法规定有害物质在进入环境前必须转化为无害物质。因此，废催化剂不允许被随便倾倒，而且掩埋废催化剂需要缴纳巨额税款。废催化剂废弃服务部（Catalyst Disposal Services）是美国的废催化剂回收组织，其主要负责协调美国的废催化剂回收事宜。在美国，一些催化剂制造公司常会与固定的废催化剂回收公司保持协作关系。具体至汽车尾气三元催化剂而言，汽车消费者都应该主动将报废的汽车车辆提交给相关的报废汽车拆解企业，而不能随意自行丢弃或者任意拆解其上的催化剂[47]。于 2001 年制定的《未来报废汽车回收利用指南》明确要求报废汽车的回收利用率在 2020 年达到 95%以上。

在欧盟，德国[47,48]早在 1972 年颁布的《废弃物管理法》中就规定了废弃物必须作为原材料重新循环使用，并且要求提高废弃物对环境的无害化程度。2000 年欧盟将报废车辆的回收利用纳入法制化管理体系中，其规定报废车辆至少要有 85%的重量可以被回收再利用（其中材料的回收再利用起码要能达到总量的 80%），才能获得市场准入许可证。自 2007 年 1 月 1 日起，所有欧盟成员国都必须依法全面执行该规定，并且要求上述两项指标到 2015 年分别提高到 95%和 90%，即报废汽车最终只被允许有 5%的残余重量利用填埋方式处理。2002 年 6 月 21 日，欧盟为加强汽车催化剂中铂族金属的回收利用，规定了报废车辆的催化剂属于应该清除的范围，必须随同车辆的轮胎、液体及电池等废弃物一起在破碎以前被拆解清除，通过拆解清除得到的铂族金属催化剂也需进行集中储存、分类标识，以便进行后续处理。

在日本[46]，固体废物处理与清除法律在 1970 年被颁布，确认汽车尾气废催化剂属于环境污染物。1974 年，日本成立了催化剂回收协会，会员包括约 32 家企业。其中，日产汽车公司和丰田公司从事汽车尾气三元废催化剂的回收利用。2005 年 1 月日本开始实施《汽车回收法》，其中明确规定了汽车生产企业必须要整体对自家汽车车辆报废后的拆解和回收工作负责，其中，汽车尾气废催化剂在汽车破碎之前必须被拆解并且进行铂族金属的富集与精炼，最终可用于重新制备新的汽车尾气催化剂。

1.5.1.2　中国

中国对汽车尾气排放标准的制定与执行本身就晚于发达国家，所以与其相应的汽车尾气废催化剂的管理及回收政策也相应滞后。现行的法律法规中缺乏对于汽车尾气净化废催化剂的明确定位，导致对其回收也缺乏一些所需的刚性规定和严格管理。

近年来，全社会开始建立发展"全民环保"的国民意识，有关环境保护领域法规的建立工作，国家正在日趋完善。2009 年 1 月 1 日，《循环经济促进法》正式施行，提出了对于各行业废弃物的再利用和资源化的明确要求，其中就包括了对报废机动车车辆的回收拆解要求。但由于相应的实施办法和管理细则没有出台，其施行的具体效果还不明显。此外，汽车尾气催化剂也属于汽车整体的一部分。近年来中国汽车工业协会正在学习一些发达国家的先进经验，积极推动中国汽车车辆回收再利用水平从量变向质变发展。整体而言，对于汽车尾气三元废催化剂的回收和管理政策我国还有待完善，因而亟须参考国外一些发达国家相应政策的制定和实施经验，结合我国的实际情况，建立可靠、明确、操作性强的汽车尾气三元废催化剂的回收管理法规和政策，从而从法律层面保证其在中国的合理处置与资源循环利用[49-53]。

1.5.2　汽车尾气三元废催化剂回收体系

除了需要制定国家层面上的法律和政策，在实际进行汽车尾气三元废催化剂回收时还需要一套高效、合理的回收体系。

1.5.2.1　欧美国家

在全球汽车尾气三元废催化剂回收行业中，西方国家目前所运行的回收体系是首屈一指的。该体系一般有以下 3 个特征，即协调顺畅的物质循环链、铂族贵金属精炼的集中处理和覆盖全回收过程的信息监管网络[54]。

（1）协调顺畅的物质循环链

对汽车尾气三元废催化剂中铂族金属的回收流程，欧美发达国家不尽相同，但总体上可分为四个环节：报废汽车车辆拆解、废旧催化剂的收集、催化剂中铂族金属的富集和铂族金属的精炼。在德国，目前从事报废汽车车辆拆解的中小企业共有 1000 多家，其中有 100 多家企业经营铂族金属催化剂的回收收集，有 10 家企业从事汽车废催化剂中铂族金属的破碎、研磨、清洗、除皮、筛选、磁选、浮选等富集工序，最后将铂族金属的富集物运往贵金属精炼厂进行下一步的提纯。这四个环节之间相互衔接，密切配合，从而形成一个协调顺畅的物质循环链[54]。

（2）铂族贵金属精炼的集中处理

对汽车催化剂中的铂族金属进行回收处理时，为了避免出现小而散、多而乱、各自为战的现象，并减少由此引发的对废催化剂资源的浪费和对环境的污染，目前欧盟的铂族金属精炼企业已经集中到 1 家，即优美科（Umicore）贵金属精炼厂，其位于比利时安特卫普市西南霍博肯（Hoboken），是世界上目前为数不多的几家大型贵金属冶炼和精炼的企业之一。该厂安装了现代化的铂族金属分离处理设备，并汇集了目前世界上最先进的冶炼及精炼技术，可以对各种需回收的贵金属进行分离提纯，不仅可以大大提高铂族金属的产量，节约生产成本，而且也可以减轻污染，进而实现废汽车催化剂中铂族金属的有效回收与利用[54]。

（3）覆盖全回收过程的信息监管网络

汽车尾气三元废催化剂中的铂族金属在催化剂使用、报废、回收、处理、再利用等全回收过程中的流向需要及时且准确地被了解，为了完成这一目标，欧美发达国家便建立了全流程的监管网络。如此不仅可以保证整个回收过程能更加环保、高效，而且也可以为一些从事废催化剂中铂族金属回收利用的科研单位提供较为可靠准确的数据进行参考，以便进一步制定更加细化的政策法规。建设全流程的信息监管网络涉及循环链各环节的方方面面，其需要交通监管部门、汽车生产厂家、报废汽车拆解厂、铂族金属冶炼厂和铂族金属精炼厂等各方的密切合作，及时进行协调并统计汇总相关数据，从而保证信息监管网络数据的准确性和实时性[54]。

1.5.2.2　中国

（1）现状

我国从 1998 年才开始大量地将尾气净化装置安装在新出厂的汽车上，大部分车辆，特别是许多家用车上的汽车尾气三元催化剂使用过后尚未报废，但又迎来汽车使用量的快速增长期。到目前为止，要应对即将产生的大量废催化剂，我国尚未建立一套足够完善的汽车尾气三元废催化剂的回收体系。据统计，近几年来全国报废的汽车中经过正规途径回收的数量不到 40%[35]。除了个别特大型城市，由于牌照拍卖等原因基本上可以达到百分之百的回收率之外，其他省市的大部分报废汽车都没有按相关国家规定去交给正规的汽车拆解厂，而是通过分散的作坊式企业进行汽车尾气净化废催化剂的收集、富集和回收工作，而且还存在种种不合理现象，例如通过非法手段从一些汽车维修单位将尚未失效的汽车尾气三元催化剂回收、将进口的国外汽车尾气净化废催化剂夹带在汽车废金属中大量带入等。总而言之，我国目前对汽车尾气净化废催化剂的使用、报废以及回收等都缺乏统一的信息收集与监管体系。这便导致了管理部门会对汽车尾气净化废催化剂的总量、分布及去向等重要信息掌握不清，无法准确落实行业内的各方责任，难以进行有效监管，使整个回收处理工作处于分散经营和无序状态，带来经济效益下降和较大的环保压力。

（2）发展趋势

中国目前处在互联网时代，并且也即将进入物联网时代，所以应该利用先进的技术和发达国家的经验理念，建立健全的和开放的汽车尾气三元废催化剂回收体系，努力形成一个具备顺畅物质循环链、贵金属精炼的集中处理和覆盖全回收过程的信息监管网络等特征的较为完善的系统工程，并且与汽车回收体系相耦合，从而实现该行业的经济效益和环境效益最大化。

参考文献

[1] 中华人民共和国环境保护部. 中国机动车污染防治年报[R]. 2012.

[2] 向华. 提高我国汽车尾气排放标准的途径及意义[J]. 科学咨询, 2014(10): 28-30.

[3] 张京. 浅谈汽车尾气污染及其治理的发展方向[J]. 黑龙江交通科技, 2009, 32(4): 117-118.

[4] 李明利, 余琼. 汽车尾气净化催化剂研究发展现状[J]. 兵器材料科学与工程, 2012, 35(6): 96-98.

[5] 上海市环保局. 上海市环境状况公报(2020年度)[R]. 2020.

[6] 中华人民共和国环境保护部. 中国机动车污染防治年报[R]. 2013.

[7] Marklines 全球汽车信息平台. 市场预测报告[R/OL]. 2022. https://www.marklines.com/cn/forecast/index.

[8] 刘翔. 轻型机动车尾气排放标准的比较[J]. 四川环境, 2013, 32(6): 73-76.

[9] 周仁贤, 王祖兴, 周烈华, 等. 新型的汽车尾气净化催化剂效能的测试[J]. 环境污染与防治, 1995, 17(1): 5-8.

[10] 杨庆山, 兰石琨. 我国汽车尾气净化催化剂的研究现状[J]. 金属材料与冶金工程, 2013, 41(1): 53-59.

[11] 谢丽英. 国内外汽车尾气净化器生产厂家状况[J]. 稀土信息, 2009(9): 29-31.

[12] 杜勇宏. 对中国汽车千人保有量的预测与分析[J]. 中国流通经济, 2011, 25(6): 84-88.

[13] 国家环境保护总局. 固体废物 浸出毒性浸出方法 硫酸硝酸法: HJ/T 299—2007[S]. 北京: 中国环境科学出版社, 2007.

[14] 环境保护部. 固体废物 浸出毒性浸出方法 水平振荡法: HJ 557—2010[S]. 北京: 中国环境科学出版社, 2010.

[15] 国家环境保护总局. 危险废物鉴别标准浸出毒性鉴别: GB 5085.3—2007[S]. 北京: 中国环境科学出版社, 2007.

[16] 洪晓煜, 郭灵鸿, 夏永胜, 等. FCC汽油脱砷技术应用[J]. 工业催化, 2012, 20(7): 58-59.

[17] 李文佩, 刘维胜, 常建伟, 等. 无铅汽油铅含量测定方法探讨[J]. 山东环保, 2012(5): 48.

[18] Granados M L, Larese C, Galisteo F C, et al. Effect of mileage on the deactivation of vehicle-aged three-way catalysts.[J]. Catalysis Today, 2006, 107/108: 77-85.

[19] Larese C, Galisteo F C, Granados M L, et al. Deactivation of real three way catalysts by CePO$_4$ formation [J]. Applied Catalysis B: Environmental, 2003, 40(4): 305-317.

[20] Liotta L F, Deganello G. Thermal stability, structural properties and catalytic activity of Pd catalysts supported on Al$_2$O$_3$-CeO$_2$-BaO mixed oxides prepared by sol-gel method [J]. Journal of Molecular Catalysis A, 2003, 204: 763-770.

[21] Saternus M, Fornalczyk A. Possible ways of refining precious group metals(PGM) obtained from recycling of the used auto catalytic converters [J]. Metalurgija, 2013, 52(2): 267-270.

[22] 张邦安. 从失效汽车尾气净化催化剂中回收铂族金属[J]. 中国资源综合利用, 2004(8): 15-18.

[23] 李华昌, 周春山, 符斌. 铂族金属离子交换与吸附分离新进展[J]. 有色金属(冶炼部分), 2001(3): 32-35.

[24] 付光强, 范兴祥, 董海刚, 等. 贵金属二次资源回收技术现状及展望[J]. 贵金属, 2013, 34(3): 75-81.

[25] Rumpold R, Antrekowitsch J. Recycling of platinum group metals from automotive catalysts by an acidic leaching process[C]. Fifth International Platinum Conference:"A catalyst for change", 2012: 695-714.

[26] Aberasturi D, Pinedo R, Larramendi D, et al. Recovery by hydrometallurgical extraction of the platinum-group metals from car catalytic converters [J]. Minerals Engineering, 2011, 24(6): 505-513.

[27] Fornalczyk A, Saternus M. Vapour treatment method against other pyro- and hydrometallurgical processes applied to recover platinum form used auto catalytic converters [J]. Acta Metallurgica Sinica, 2013, 26(3): 1-10.

[28] Nilanjana D. Recovery of precious metals through biosorption—A review [J]. Hydrometallurgy, 2010, 103(1): 180-189.

[29] Bernardis F L, Grant R A. A review of methods of separation of the platinum-group metals through their chloro-complexes[J]. Reactive & Functional Polymers, 2005, 65(4): 205-217.

[30] Manis K J, Jaechun L, Minseuk K, et al. Hydrometallurgical recovery/recycling of platinum by the leaching of spent catalysts: A review[J]. Hydrometallurgy, 2013, 133(2): 23-32.

[31] 杜欣. 从汽车废催化剂中回收铑的湿法工艺研究[D]. 衡阳: 南华大学, 2010.

[32] 黄昆, 陈景, 陈奕然, 等. 加压碱浸处理-氰化浸出法回收汽车废催化剂中的贵金属[J]. 中国有色金属学报, 2006, 16(2): 363-369.

[33] Barakat M A, Mahmoud M H, Mahrous Y S. Recovery and separation of palladium from spent catalyst [J]. Applied Catalysis A General, 2006, 301(2): 182-186.

[34] 黄昆. 加压氰化法提取铂族金属新工艺研究[D]. 昆明: 昆明理工大学, 2004.

[35] 王永录. 废汽车催化剂中铂族金属的回收利用[J]. 贵金属, 2010, 31(4): 55-63.

[36] 王亚军, 李晓征. 汽车尾气净化催化剂贵金属回收技术[J]. 稀有金属, 2013, 37(6): 1004-1015.

[37] 于泳, 彭胜, 严加才, 等. 铂族金属催化剂的回收技术进展[J]. 河北化工, 2011, 34(2): 50-55.

[38] 肖云. 废旧车用催化剂中贵金属铂和钯的资源化利用研究[D]. 广州: 中山大学, 2006.

[39] 曲志平, 王光辉. 汽车尾气净化催化剂回收技术发展现状[J]. 中国资源综合利用, 2012, 30(2): 23-26.

[40] 汪云华, 吴晓峰, 童伟锋, 等. 铂族金属催化剂回收技术及发展动态[J]. 贵金属, 2011, 32(1): 76-81.

[41] 杨洪飚. 从失效催化剂回收铂的工艺及应用研究[D]. 昆明: 昆明理工大学, 2004.

[42] 赵述华, 张太平, 史伟, 等. 金矿区含重金属酸性废水处理研究[J]. 工业水处理, 2014, 34(8): 32-35.

[43] 袁雪. 化学沉淀-铁氧体法处理重金属离子废水的实验研究[D]. 重庆: 重庆大学, 2007.

[44] 沈瑾. 铁氧体法稳定污泥中重金属的实验研究[D]. 兰州: 兰州交通大学, 2013.

[45] Lou J, Chang C. Completely treating heavy metal laboratory waste liquid by an improved ferrite process[J]. Separation Purification Technology, 2007, 57: 513-518.

[46] 朱庆云, 温旭虹, 宫兰斌. 美国加州汽车排放法规和汽油标准的发展[J]. 石油商技, 2004, 22(3): 44-47.

[47] 韩守礼, 吴喜龙, 王欢, 等. 从汽车尾气废催化剂中回收铂族金属研究进展[J]. 矿冶, 2010, 19(2): 80-83.

[48] 靳湘云. 德国铂族金属回收现状[J]. 中国金属通报, 2005, 4(31): 18-20.

[49] 生态环境部. 固体废物再生利用污染防治技术导则: HJ 1091—2020[S]. 2020.

[50] 环境保护部. 国家危险废物名录[EB/OL]. (2008-06-06). http://www.mee.gov.cn/gkml/hbb/bl/200910/t20091022_174582.htm.

[51] 巢亚平, 熊长芳, 朱超, 等. 废工业催化剂回收技术进展[J]. 工业催化, 2006, 14(2): 64-67.

[52] 姜东, 廖秋玲, 龚卫星. 我国失效汽车尾气净化器回收现状及发展前景[J]. 中国资源综合利用, 2009, 27(9): 7-9.

[53] 翟昕. 中国报废汽车回收拆解业处在量变到质变的关口: 从2013中国汽车回收利用国际论坛上获得的信息[J]. 资源再生, 2013(9): 13-17.

[54] 罗德先. 国外汽车催化剂中铂族金属回收利用对我们的启示[J]. 资源再生, 2007(12): 42-44.

第 **2** 章

SCR废催化剂污染管理与资源化

2.1 概论

2.1.1 NO$_x$的来源及危害

氮氧化物（NO$_x$）的来源主要分为两种：一种是人为源，即人类生产生活所必需的化石燃料的燃烧过程；另一种是自然源，即自然界的火山活动、闪电、微生物降解蛋白质等过程[1]。自然源中，由雷电、火山爆发、森林火灾以及微生物如细菌对有机物的氧化降解作用所产生的一氧化氮（NO）每年释放量达 $5×10^8$t 之多，而由人类生产生活过程中所产生的 NO 约为 $5×10^7$t。虽然后者释放的 NO 总量较小，但因为人为排放的主要区域是城市和工业区等人口稠密地区，排放的一氧化氮浓度高，因此会造成更大的危害。而氮氧化物一旦释放出来，·OH、·O$_3$ 或 HO$_2$· 等自由基便会迅速将其中的 NO 氧化，生成具有更强烈毒害作用的、含氮氧的化合物，如 NO$_2$、HNO$_2$ 和 HO-NO$_2$ 等。这些物质是形成酸雨和光化学烟雾的主要原料及引发物[2]，会导致人类视力减退，并引发肺气肿和支气管炎等疾病，严重时甚至对人类的生命造成威胁，并且它们对各种农作物以及生态环境也会产生极大的危害和抑制作用，因此需要对其进行严格的控制[3]。

氮氧化物具有较为活泼的化学性质，易与其他物质发生各种化学反应，是我国复合型大气污染的核心污染物之一，它的主要来源分为两类：自然源和人为源（即化石燃料的燃烧）。根据不同的氮来源，后者所生成的氮氧化物可分为热力型（thermal NO$_x$）、燃料型（fuel NO$_x$）和瞬时型或快速型（prompt NO$_x$）。氮氧化物主要由一氧化氮（NO）、二氧化氮（NO$_2$）和一氧化二氮（N$_2$O）等物质组成，其中 NO 的含量在 90%以上，NO$_2$ 占 5%～10%[4]。因此 NO$_x$ 的消除主要是指 NO 的消除。

2.1.2 NO$_x$污染现状

2.1.2.1 全球污染现状

目前，从全世界范围来看，自第二次工业革命后，由于人类活动而释放的氮氧化物不断增加。化石燃料的大规模开发和利用（如燃料燃烧），是主要的氮氧化物人为排放源，而固定源（如电厂锅炉）和移动源（如汽车）等也是人为源的一种。研究结果表明，工业的迅猛发展已经导致了地球上氮氧化物总体排放量的不断攀升，其中在一些人口密集地区，氮氧化物排放量显著增加。以 1850 年为基年，第一个 50 年内，氮氧化物的排放有所增加；在第二个 50 年里，明显增加；在第三个 50 年（至 2000 年），显著增加。

从地域角度来看，目前，发达国家的发展水平与 NO$_x$ 的排放水平成反比。许多欧美地区的发达国家近年来为减少严重的大气污染采取了一系列的防治措施，从而导致氮氧化物的排放程度相对稳定，甚至呈现逐步减少的态势。例如，北美洲的氮氧化物排放水平较为稳定，而欧洲的氮氧化物排放则达到逐年递减的效果。亚洲地区处于大规模的工业化发展阶段，这便导致氮氧化物排放量迅速提升。根据高排放情景预测，假如不及时采取有效措施，加强对氮氧化物的排放控制，那么到 2030 年全球排放的氮氧化物总量将会超过 $1.6 \times 10^8 t$。

2.1.2.2 我国污染现状

我国是世界上以煤炭为主要能源的国家之一，并且煤炭资源在我国能源消耗中的比例达到了 70% 以上。从第二次全国污染源普查统计数据分析来看，2017 年全国氮氧化物排放量为 1785.22 万吨，其中电力、热力行业中排放的氮氧化物为 148.12 万吨，占全国总排放量的 8.3%；全国机动车排放的氮氧化物为 1064.88 万吨，约占全国总排放量的 59.65%。2010~2020 年，我国的煤炭消耗从 31.8 亿吨上升至 49.8 亿吨[5]，且在今后相当长的一段时间内，我国继续维持以燃煤机组为主的基本格局。2020 年，我国的火电装机容量达到12.5 亿千瓦时，就目前的氮氧化物排放控制水平来看，其排放量会达到 325 万吨。对于一些大城市而言，机动车排放已经超过了工业的排放，成为了重要的大气污染源，而氮氧化物的分担率一般是在 50% 左右。全国的 NO_x 排放量由 2016 年 1503.3 万吨，下降到 2019 年 1233.9 万吨，虽然呈现逐年减少的趋势，但若不继续控制，NO_x 排放量仍会持续增加[6]。

目前，人类对可持续发展战略的认识不断深入，环境污染与防治问题已经引起了世界各国的高度重视，所以，作为大气污染主要来源之一的氮氧化物（NO_x）的消除就变得尤为重要。我国的氮氧化物排放总量巨大，并且排放总量逐年增加[7]。"十一五"期间（2006~2010 年），我国的二氧化硫排放量下降了 14.29%，但氮氧化物的排放量却快速增加，这加剧了区域性酸雨的恶化趋势。研究结果表明，氮氧化物排放量的增加使我国的酸雨污染从硫酸型酸雨转变为硫酸及硝酸复合型酸雨，而硝酸根离子在酸雨中所占的比例已经从 20 世纪 80 年代的 1/10 逐步上升为近年来的 1/3。目前，我国除了西南工业欠发达地区仍为硫酸型酸雨外，其他地区的酸雨均为硫酸及硝酸混合型，且氮沉降的影响日益严重。

另据专家估计，全国有 80% 以上的氮氧化物排放量是来自人口密集、经济发展较快、工业集中的中东部地区，这也就造成了长江三角洲、珠江三角洲和京津冀三大城市群的氮氧化物污染及其二次污染问题的突出。例如，NO_x 是形成臭氧的重要前体物之一，也是造成区域细粒子污染和灰霾天气的重要因素。根据监测显示，我国有部分城市群区域的霾现象频发且有增加的趋势，有些重工业城市及都市化城市出现了更为严重的灰霾天气。灰霾天气主要是由环境空气中的细颗粒物（$PM_{2.5}$）引起的，主要有两大方面：一是直接排放，包括扬尘、金属冶炼、采选矿、有机化工生产和餐饮油烟等，约占 50%；二是二次颗粒物，主要是由排放到空气中的前体物氮氧化物、二氧化硫、挥发性有机物等，通过一系列的化学反应产生的硝酸盐、硫酸盐、二次有机气溶胶等，也占 50% 左右。因此，防治 $PM_{2.5}$ 就需要以控制一次污染物为主，进而转为一次污染物和二次污染物同时控制，并且需要实施氮氧化物、二氧化硫、颗粒物、挥发性有机化合物等多种污染物协同减排的措施[8]。在一些经济发达、人口密集和机动车保有量大的城市，已经普遍出现近地面的臭氧超标的现象，且发现有光化学污染的趋势，光化学污染已经在北京、广州、上海等特大城市被监测到。

在"十二五"期间（2011～2015 年），NO$_x$ 的总量控制要在重点行业和重点区域有所突出，建立并推行两大防治体系：以防治机动车排放为核心的城市氮氧化物防治体系和以防治火电行业排放为核心的工业氮氧化物防治体系。氮氧化物（NO$_x$）与硫氧化物（主要是 SO$_2$）是目前中国最主要的大气污染源，随着之前烟气脱硫措施的大规模实施，硫氧化物的排放已经得到了有效的遏制，而氮氧化物的排放控制也正日益受到重视。《国家环境保护"十二五"规划基本思路》中已经明确地将氮氧化物纳入"十二五"规划减排考核指标中，并制定了相应的更为严格的排放标准[9]。

2.1.3　烟气脱硝技术进展

氮氧化物被用作环境空气质量综合评价的重要控制标准之一，氮氧化物的消除也一直是一个研究的热点课题。目前主要是用烟气脱硝技术对 NO$_x$ 污染进行防治，NO$_x$ 的净化处理方法可大致分为吸收法、吸附法、还原法、等离子体活化法和微生物法。此外，按照其治理工艺可将烟气脱硝分为干法脱硝和湿法脱硝。干法脱硝包括吸附法、热分解法、非催化还原法、吸收法、催化还原法和等离子法；湿法脱硝则包括酸吸收、碱吸收、络盐吸收和氧化吸收[10,11]。其中在已经开发和应用的这些 NO$_x$ 净化处理方法中干法占据了绝大多数[3]。

2.1.3.1　选择性催化还原（SCR）法

1990 年，Held 等发现在含氧的气氛环境下，利用 Cu-ZSM-5 催化剂可以将烷烃和烯烃高选择性地还原成 NO，这打破了人们长久以来普遍认为的概念，即 NH$_3$ 是唯一能够选择还原 NO$_x$ 的还原剂，具有划时代的重要技术意义。

当前，在全球应用最多、效果最好的脱硝技术是选择性催化还原（SCR）法。SCR 法烟气脱硝技术的发明专利由美国 Eegelhard 公司在 1959 年正式申请获得。日本 Shimoneski 在 1975 年投资建立了第一个名为 SCR 的示范工程，其后该项技术在美国、日本、欧洲等地迅速发展和推广[12,13]。如图 2.1 所示，SCR 是利用氨或其他还原剂，在特定的催化剂作用下选择性地将氮氧化物（NO$_x$）还原为 N$_2$ 和 H$_2$O 的方法。其中一些目前已经成功实

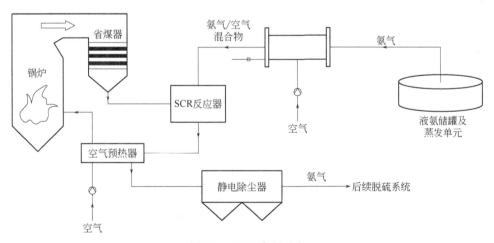

图 2.1　SCR 流程示意

现了高效工业化，主要技术包括氨选择还原（NH₃-SCR）NO，用于消除从固定源排放的 NO；三元催化剂（TWC），用于汽车尾气的吸收。朱波等[14]对这方面的工作有比较详细的介绍。

选择性催化还原（SCR）系统脱硝效率较高，可达到 90% 以上，其中吸附作用最强的还原剂是 NH_3，NH_3 和 NO_x 在催化剂上的主要反应是气态的 NH_3 从催化剂的表面扩散至催化剂孔内，后又吸附在催化剂活性中心与气态的 NO_x 发生反应生成 N_2 和 H_2O。由此可见，整个反应过程中的核心是催化剂。然而，催化剂中使用的 NH_3 容易造成二次污染，而且催化剂在受到 SO_2 污染后会失去活性，运行成本也比较高[15]。温度较低时，占据主导地位的是选择性催化还原过程，而且温度升高更加有利于 NO_x 的还原，但如果进一步提高反应温度，则氧化反应会变为主要反应，这就会降低 NO_x 的去除效率。

2.1.3.2　选择性非催化还原（SNCR）法

选择性非催化还原（SNCR）技术的特点是不使用催化剂，在温度达到 850~1100℃ 的条件下，可在烟气中直接进行反应来还原 NO_x，如图 2.2 所示。SNCR 技术是把还原剂例如氨气、尿素稀溶液等喷至炉膛温度为 850~1100℃ 的区域，该还原剂迅速热分解放出的 NH_3 与烟气中的 NO_x 发生反应后生成 N_2 和 H_2O。这种方法的反应器为炉膛，可以通过改造锅炉来实现。炉膛温度为 850~1100℃ 的范围内，在没有催化剂的作用下，氨或尿素等氨基还原剂可以将烟气中的 NO_x 有选择性地还原，基本上不与烟气中的 O_2 发生反应[16]。

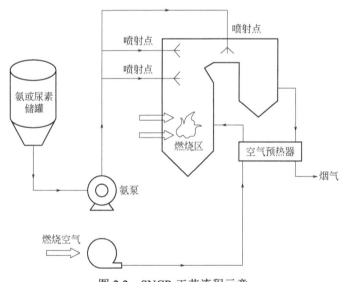

图 2.2　SNCR 工艺流程示意

以上发生的还原过程化学方程式如下，在烟气中 NO_x 的主要组成部分是 NO，其占总比例的 90%~95%，因此 NO_x 在方程中用 NO 表示。

$$4NH_3+4NO+O_2 \longrightarrow 4N_2+6H_2O \qquad (2.1)$$

$$2CO(NH_2)_2+4NO+O_2 \longrightarrow 4N_2+4H_2O+2CO_2 \qquad (2.2)$$

SNCR 法的脱硝效率从理论上讲可达到 75%，但在实际的工业生产中，NH_3 损耗和泄漏是不可避免的，所以 SNCR 的设计效率一般为 30%～50%。SNCR 技术实际应用比较广泛，所需要的成本也较低。1975 年，美国 Exxon 公司率先研究并开发了此项技术，到了 20 世纪 70 年代，日本开始将 SNCR 技术应用于一些燃油、燃气电厂等行业，到 20 世纪 80 年代末，欧盟国家的燃煤电厂也开始推广和使用 SNCR 技术。到目前为止世界上的燃煤电厂 SNCR 系统总装机容量已经在 2GW 以上[17]。

SNCR 技术可以通过将原本没有脱硝设备的锅炉进行改造来实现，以完成达到排放标准的目的，建设成本较低，但 SNCR 系统运行所需要的温度较高且窗口过窄[15]，脱硝效率不高；SCR 技术所需要的反应温度低，脱硝效率高，但其初期的建设费用较高，而且所使用的催化剂主要是靠进口，总成本较高。以上两种方法都与反应温度、停留时间、NH3/NO 物质的量比等因素密切相关，各有其优缺点，在相关工业的实际应用中，应该按照实际情况进行选择并加以改良。

2.1.3.3 固相吸附法

固相吸附法是指利用活性炭、分子筛、硅胶和含氨泥炭等吸附剂的特性来吸附 NO_x，再通过其他方法处理，将其有效地分离并去除，从而减少大气污染。

活性炭作为最常用的吸附剂之一，其比表面积较大，可以较好地吸附低浓度氮氧化物，因此活性炭在吸附容量及吸附速率方面优于其他试剂。法国、日本及中国都较好地利用了其特性，在实际生产工艺中取得了不错的效果。

分子筛吸附剂（氢型皂沸石、氢型丝光沸石等）与活性炭比较而言，不容易造成二次污染，在同原理的方法中其净化效率也十分突出，应用前景相当广泛。ZSM-5 型分子筛因其孔道的孔径均匀，内表面有很大的空穴，且孔道直径与 NO 的分子动力学直径相近，可以很容易地吸附 NO，因此用来吸附 NO 研究得较多[18]。通过吸附法来快速脱除 CO_2 也是目前研究的一个热点，因为在低压区分子筛具有强的 CO_2 亲和力，所以在低压区分子筛对 CO_2 的吸附能力较好[19]。

活性炭纤维（activated carbon fibers，ACF）是一种高效吸附剂，比表面积相对较大，吸附速率快，且在低浓度下的吸附量较多[20]。研究表明，ACF 将 NO 吸附后将其氧化为 NO_2，然后水合形成硝酸，从而达到脱除 NO 的目的。诸多学者们采用热处理、酸碱浸泡、放电等改性方法来改变活性炭纤维表面的官能团组成及分布，并取得了一定的 NO 脱除效果。然而，大部分的研究主要集中在考察比对不同的物理化学改性方法对活性炭纤维脱除污染物效率的影响等方面，而对 ACF 吸附脱除 NO 过程中环境中的 O_2 存在对脱除 NO 所起的作用、ACF 表面含氧官能团以及 NO 被氧化的反应机理和途径的探究方面的研究还比较薄弱[21]。

2.1.3.4 湿法烟气脱硝技术

湿法烟气脱硝技术是指将烟气中的 NO_x 利用水或酸、碱、盐的水溶液来吸收而净化废气的方法。该技术具有操作温度低、耗能少、工艺设备简单、处理费用低等优点。最近研究比较多的湿法烟气脱硝方法主要有氧化吸收法、还原吸收法、络合法、杂多酸和微生物法等[22]。

（1）氧化吸收法

氧化吸收法是在体系中加入强氧化剂[23]，例如 $KMnO_4$、H_2O_2、$NaClO_2$，用来脱除 NO_x

的方法。Liu 等[24]和 Thomas 等[25]对利用过氧化氢溶液脱除 NO_x 的反应特点进行了研究，并且对 20℃时填料塔中含 H_2O_2 时硝酸溶液脱 NO 的情况进行了数学模拟。提高 NO_x 的溶解度或液相反应速率，可以提高 NO_x 的脱除效率，这种方式能实现同步脱硫脱硝。NO 的氧化速度在低浓度下非常缓慢，因此 NO 的氧化速度决定了吸收法脱除 NO_x 的总速度。可以采用催化氧化和氧化剂直接氧化的方式来加速 NO 的氧化[26]。但液相中存在的大量氧化剂容易引起设备的腐蚀，这就需要提高设备防腐耐磨性能。

（2）还原吸收法

还原吸收法是利用尿素、$(NH_4)_2SO_3$、Na_2SO_3 等还原剂吸收 NO_x，NO_x 被还原为 N_2。液相还原剂与 NO 的反应不是生成 N_2 而是生成 N_2O，且反应速度不快。因此，使用液相还原法时必须预先将 NO 氧化为 NO_2 或 N_2O_3，随着 NO_x 氧化度的提高，其还原吸收率会增加。还原吸收法是将 NO_x 还原为无用且无害的 N_2，所以为了可以有效地利用 NO_x，处理高浓度的 NO_x 废气时，一般会先采用稀硝酸或碱液吸收，然后再用还原吸收法，将其作为一种补充净化的手段。但这种方式的脱硝效率不高，仅有 40%～75%，这就制约了其在工业上的推广应用[27]。

（3）络合法

络合法脱除 NO_x 是用金属阳离子如 Fe^{2+}、Fe^{3+}、Cd^{2+}、Cu^+、Ni^{2+}、Co^{2+}等与巯基类（如—SH）配体或氨基羧酸类（如 EDTA、NTA）配体等结合形成络合物来去除 NO_x。湿式络合法是直接将液相络合剂与 NO 发生接触，反应生成络合物，再做进一步的分离处理。该法有效地增大了 NO_x 在水中的溶解性，使 NO 从气相转入液相变得更有利。目前研究较多的 NO 络合吸收剂有 $FeSO_4$、EDTA-Fe(Ⅱ)、$Fe(CyS)_2$ 等。

（4）杂多酸法

杂多酸法，典型的杂多酸组成有 $H_4SiMo_{12}O_{40}$、$H_3PMo_{12}O_{40}$、$H_4SiW_{12}O_{40}$ 等，其主要是利用杂多酸中的金属离子与烟气中的 NO_x 构建成一个自催化氧化还原体系来进行脱硝，其中 $H_4SiMo_{12}O_{40}$ 最廉价，且无毒无害，该杂多酸中的 Mo 为六价（最高价态），极易被还原成低价态的 Mo（Ⅲ）、Mo（Ⅳ）和 Mo（Ⅴ），NO_x 被还原成 N_2，这些低价态的 Mo 反过来也同样极易被氧化成高价态的 Mo[22]。

（5）微生物法

微生物法是指先将 NO_x 从气相转移到液相或固体表面的液膜内，然后在特定的区域中发生一系列的生化反应，最终微生物将 NO_x 净化的方法。整个反应过程的速率会受到 NO_x 种类的影响，因不同种类的 NO_x 溶解水的能力差异较大，且机理也稍有不同。NO_x 是无机气体，其组成中不含有生物体生命代谢所需的碳元素，所以此法需要额外地提供微生物生长所需要的基质[28]。微生物法脱硝技术由于微生物本身的培养和繁殖不易，所以一直没有能够被大面积地推广和使用。国内外的学者一直在从强化传质与调控最适宜反应条件等一些方面入手，并展开更深入的研究。其中，利用细胞固定化技术在提高单位体积内的微生物浓度、选取最适宜微生物生长的环境（温度、pH 值等）等方面均取得了较大的进展。

综上所述，湿法烟气脱硝技术的应用性强、灵活性高，可以和其他处理方法结合使用进行脱硝处理，并在中小型企业中广泛被采纳使用，但同时也存在吸收效率不够高、副产物与吸收剂的处理和再利用技术还不够完善等问题[29,30]。

2.2 SCR 废催化剂的产生

SCR 法是目前烟气脱硝的主流技术，从 20 世纪 80 年代早期开始便被广泛地应用到工业锅炉及电厂的烟气处理领域。美欧日等发达国家 90% 的烟气脱硝都是利用 SCR 法，目前，SCR 法脱硝在我国已建成的或者拟建的烟气脱硝工程中约占 96%。该方法具有很高的脱硝效率，通常可达到 90% 或更高。SCR 法脱硝的技术核心是 SCR 催化剂，其投入约占整个脱硝设备成本的 40%，在使用一段时间后，SCR 催化剂会因中毒失效而必须定期再生或回收/处置。而随着 SCR 技术在脱硝上的应用越来越广泛，越来越多的 SCR 废催化剂产生，这些催化剂需要再生、回收或处置。

2.2.1 SCR 催化剂活性组分

目前，几乎所有商业化的烟气处理中使用的 SCR 催化剂都是钒-钛型 V_2O_5-WO_3(MoO_3)/TiO_2 系列，含有 5%～10%WO_3 或 MoO_3、1%～5%V_2O_5 及 90% 左右 TiO_2。图 2.3 所展示的是一个应用于不同燃料类型的典型蜂窝状 SCR 催化剂（个别催化剂块，彩图见书后）。

图 2.3　不同燃料类型的典型蜂窝状 SCR 催化剂[31]

图 2.4 展示的是一个单元及整体的板型催化剂。

图 2.4　板型催化剂单元与整体[2]

2.2.2　SCR 催化剂的活性

SCR 催化剂的主要性能是指它所含的脱氮氧化物的活性，这一点在某种程度上与其结构是板式、蜂窝式还是波纹式都无关。SCR 催化剂的活性用一个活性系数 K 来进行描述说明，这一系数与催化剂材料的物理和化学成分、烟气的温度、烟气中的化学组成、传质系数（其主要取决于烟气的流速）等有关：

① 催化剂活性对 SCR 系统的脱硝效率有着重要的作用，它会直接影响处理后烟气中 NO_x 是否达标；

② NH_3 逃逸率也会在很大程度上受到催化剂活性的影响，其直接影响到烟气中 NH_3 的逃逸量是否超标；

③ 催化剂的活性指标在实际应用中对催化剂的替换计划与使用寿命管理也有着比较高的指导意义；

④ 催化剂的活性指标亦是 SCR 系统运行优化与调整的重要根据。

通常用式（2.3）来描述正常失活催化剂的活性：

$$K = K_0 \mathrm{e}^{(t/\tau)} \tag{2.3}$$

式中　　K——在某一时间 t 时的催化活性；

　　　　t——穿透时间；

　　　　K_0——催化剂初始活性；

　　　　τ——催化剂使用寿命常数。

图 2.5 为根据式（2.3）所绘出的典型催化剂的失活曲线。

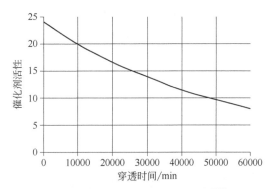

图 2.5　典型催化剂的失活曲线[32]

由图 2.5 可看出，随着催化剂活性的降低，为了保持恒定的 NO_x 去除效率，通常需要注入更多的氨，从而增加了氨逃逸。当氨逃逸达到最大设计或准许使用量，脱硝效率降低，必须重装新的催化剂来维持原来的设计水平。最经常的是采用剩余催化剂的活性作为时间的函数被量化为 K/K_0（相对活性）。因此，新鲜的催化剂具有 100% 的相对活性。

SCR 催化剂的管理内容主要是监测催化剂的活性与失效，及时建立催化剂更换或者再生方案。SCR 催化剂管理中的时间安排也十分关键。在一个给定的环境中，即便 SCR 催化剂丧失了原来的部分活性，所设计的 SCR 反应器仍然可以保持一个最低的脱硝水平。SCR 催化剂的活性可以通过对采集的样品进行实验分析来定期监测，一旦催化剂的活性降低到无法满足所要求的脱硝性能的时候，SCR 反应器中则应该更换或者加入部分催化剂。

国内广泛设计使用的 SCR 反应器中主要装载了 2 层催化剂及另外增加 1 层催化剂作为备用。当 SCR 催化剂的活性降低到一定程度时，则必须根据实际需要对催化剂进行更换或者再生，由于直接受到烟气的冲刷，第一层的催化剂磨损程度最严重，因此其活性下降最快，其次就是第二层和第三层催化剂，在进行催化剂更换时，活性最低的第一层催化剂是首先考虑的。一般来说，SCR 催化剂更换方法为：将作为备用的催化剂层进行加装，若催化剂的活性不满足要求，则需更换第一层的催化剂；若催化剂活性持续下降，则第二层的催化剂也需要更换，一直到第三层催化剂也更换完成为止。以上的更换次序是不断循环的，当三层的催化剂都更换完毕之后，如果此时催化剂的活性再次没有达到要求，则需要重新从第一层催化剂开始更换。

SCR 废催化剂的生成率很大程度上取决于脱硝过程中所使用的燃料、需要的脱硝水平、不同的燃烧装置、允许的氨逃逸水平和所安装的催化剂特性。基本估计可以利用一般的经验法则。在燃煤应用机组中的 SCR 催化剂比在燃气机组中的失活速率更快。占装机容量 1/3 的燃煤发电机组 SCR 催化剂约每 3 年需要更换一次，而在燃气发电机组应用的催化剂则需要至少每隔 7 年更换一次。催化剂寿命、实际控制条件和管理策略将决定催化剂更换率。在实际运行中，一部分的 SCR 废催化剂可以进行再生并重复利用，从而就减少了 SCR 废催化剂的产生。

2.3 SCR 催化剂失活机理

暴露于烟气中的催化剂会在促进 NO_x 还原的反应中逐渐失活。因不同的燃烧设备、燃料、催化剂的制造商和特定配方导致失活机理各不相同，主要原因包括化学中毒、热烧结、堵塞/结垢、磨蚀和老化等几点。

2.3.1 化学中毒

煤中的某些成分在进入燃烧烟气中后会成为催化剂毒物。这些毒性成分通过扩散进入 SCR 催化剂的孔隙中并和活性位点紧密结合，参与催化反应的进行，从而导致催化剂的失活。目前燃煤电厂中 SCR 催化剂失活的主要原因是化学中毒，而且在重油燃煤机组中也占有主导地位。可以导致 SCR 催化剂中毒的物质有钾、钙、钠、镁、砷、氯、氟和铅。对烟煤来说，砷是主要的 SCR 催化剂中毒原因。

2.3.2 热烧结

当反应温度大于 SCR 催化剂的设计温度时，SCR 催化剂所使用的陶瓷结构体就很容易出现烧结。烧结可能会直接改变催化剂的孔道结构而导致催化剂的永久失活。催化剂的烧结现象本身是一个不可逆的过程，也就是说无法通过再生的途径使其活性恢复。

2.3.3　堵塞/结垢

催化剂的堵塞或结垢是由硫酸铵盐（特别是硫酸氢铵）颗粒、飞灰和其他烟道气中的颗粒物造成的。铵盐或者细小的飞灰颗粒等会在催化剂的微孔中形成沉积，NH_3、NO_x、O_2 到达催化剂的活性表面的过程会受到阻碍，因此，催化剂的脱硝能力就会降低。通常这种物理失活过程发生较为缓慢，生产中催化剂的活性随着催化剂床层压降的逐渐增加而逐渐丧失。

2.3.4　磨蚀

催化剂的磨蚀是由烟气中飞灰撞击催化剂表面而造成的。当催化剂的表面受到烟气中的飞灰颗粒撞击时，从微观上可以分解为两种力，即切削力和撞击力，其中对催化剂的磨蚀起主要作用的是切削力。在大量飞灰长期且不断反复的切削力作用下，会对催化剂的表面造成磨损。从宏观角度上看，飞灰对催化剂磨蚀的程度主要受飞灰特性（包括飞灰磨损特性、飞灰粒径分布、飞灰浓度等）、烟气流速、撞击角度及催化剂的材料特性等因素的影响。烟气流速和飞灰浓度较高的条件下，催化剂的磨蚀会被加速；同时撞击的角度越大，磨损的严重程度越高。当烟气流场在 SCR 反应器内部分布不均匀时，则容易造成局部区域飞灰浓度增高，同样在飞灰的集中区域很容易会引起催化剂严重的磨损。

2.3.5　老化

催化剂的老化指的是非特异性催化剂的活性逐渐丧失的过程。降低催化剂脱硝活性有很多不同的机制，主要是由于催化剂活性位点的损失。

表 2.1 展示了典型的 SCR 催化剂组分范围。

表 2.1　典型的 SCR 催化剂组成

组分	含量（质量分数）/%
钛（Ti）	50～100
钒（V）	1～5
钨（W）	0～10
钼（Mo）	0～5
硅（Si）	0～20
其他	0～20

SCR 废催化剂中还含有大量来自于与烟气接触时的微量组分，特别是在煤燃烧过程中产生的低浓度的砷、钾、钠和其他金属，同时催化剂表面也会黏附飞灰颗粒。

针对不同的烟气，每个催化剂供应商都有不同的催化剂配方设计，特别是针对脱硫效果要求较高的装置，因此，不同的催化剂制造商利用不同的装置所制造催化剂之后产生的废催化剂在成分上的差异也很大。此外，SCR 催化剂的化学组成主要是不容易被溶解的钛，这使废催化剂中的部分可溶组分由于和催化剂的二氧化钛基底结合紧密而很难高效提取。

2.4 SCR 废催化剂实际样品成分分析

2.4.1 SCR 废催化剂实际样品

图 2.6 所示是典型的 SCR 废催化剂样品。从图片中可以看到，这些 SCR 废催化剂样品基本都具有蜂窝状的载体结构，催化剂质地较脆，部分破碎成块型，颜色是灰黄色，少部分内部有粉末状物质，应该是经过长期腐蚀磨损后催化剂掉落的粉末。

(a)

(b)

(c)

(d)

图 2.6

(e)

(f)

(g)

(h)

(i)

(j)

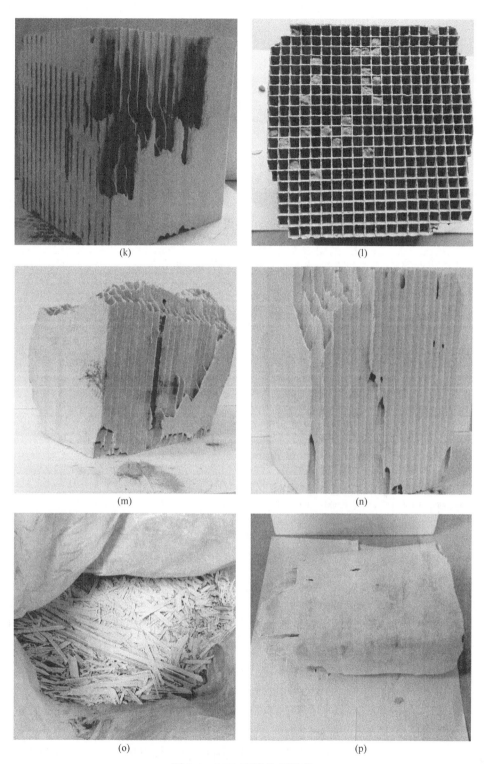

(k)　　　　　　　　　　　　　　(l)

(m)　　　　　　　　　　　　　　(n)

(o)　　　　　　　　　　　　　　(p)

图 2.6　SCR 废催化剂样品

2.4.2 SCR 废催化剂成分分析

本书选取了我国目前具有代表性的 16 种 SCR 废催化剂，并分别对其进行了成分分析检测，具体操作方法如下：首先将 SCR 废催化剂磨碎，并过 100 目筛，称取 0.1～0.2g 放置到聚四氟乙烯罐中，在罐中加入 3mL HF 和 3mL HNO_3 后，使用电热炉加热，直至完全溶解，冷却后取澄清液，进行 ICP 分析。所测样品均同时做两组平行样。

SCR 废催化剂的主要组分分析结果如表 2.2 所列。

表 2.2 不同电厂的 SCR 废催化剂的主要金属成分定量分析数据 单位：%

编号	Ti	V	W	Mo	Cu	Zn	Pb	Cr	Ba	Ni	As	产地
1	36.894	0.703	0.962	1.542	0.001	0.011	0.005	0.005	1.017	0.005	0.021	嘉兴孚来迪
2	45.024	0.334	2.818	0.014	0.001	0.008	0.004	0.003	0.874	0.003	0.165	中电投抚顺
3	33.957	0.428	1.515	0.648	0.002	0.009	0.005	0.003	0.667	0.003	0.020	南海电厂
4	35.872	0.185	2.821	0.006	0.001	0.011	0.004	0.006	0.962	0.004	0.018	—
5	38.221	0.676	0.013	2.285	0.001	0.010	0.007	0.005	1.135	0.003	0.018	华能黄占
6	32.917	0.262	3.165	0.007	0.001	0.009	0.003	0.004	0.798	0.003	0.013	大唐宝鸡
7	43.996	0.285	4.658	0.005	0.001	0.011	0.004	0.007	1.268	0.002	0.049	—
8	23.335	0.305	1.358	1.143	0.002	0.021	0.006	0.004	1.294	0.636	0.018	乐清
9	38.736	0.426	2.222	0.006	0.001	0.009	0.005	0.003	1.162	0.003	0.043	洛阳栾川
10	44.031	0.479	1.815	0.009	0.001	0.008	0.004	0.003	1.100	0.003	0.030	嘉兴电厂
11	37.734	0.315	3.650	0.014	0.001	0.013	0.004	0.014	2.211	0.026	0.022	—
12	44.828	0.346	2.767	0.008	0.001	0.013	0.004	0.005	1.332	0.003	0.019	—
13	35.605	0.112	2.798	0.038	0.002	0.017	0.007	0.005	2.747	0.007	0.206	大唐锦州
14	46.154	0.282	2.436	0.006	0.001	0.008	0.001	0.005	0.821	0.002	0.012	王曲电厂
15	44.248	0.135	3.123	0.000	0.001	0.011	0.018	0.005	1.458	0.003	0.226	—
16	36.477	0.208	3.127	0.007	0.002	0.016	0.005	0.004	1.094	0.007	0.063	镇江谏壁电厂

Ti 是 SCR 催化剂的主要成分，含量在 23.335%～46.154%之间，在各个 SCR 催化剂中明显最高。在各个 SCR 催化剂的活性组分中，W、V、Mo、Ba 的含量相对比 Ti 低，但比其他重金属成分高，这是 SCR 催化剂中本身就带有的活性组分。在不同 SCR 催化剂中这些活性组分的含量并没有 Ti 稳定，因此可以看出，不同的催化剂制造商所生产的催化剂在失活后，其成分有较大的差异。WO_3 和 MoO_3 是 W 和 Mo 在催化剂中的主要存在形式，这两种化合物的作用是活性助剂，对催化剂温度窗口进行调节并具有催化选择性。研究结果表明，将 W 和 Mo 同时负载到催化剂上时，催化剂在高温区间（＞400℃）的活性主要由 W 进行调节，而 Mo 则能弥补 W 在低温区间内活性的不足，有效地提高催化剂在低温区间（＜300℃）内的活性。Ba 在催化剂中主要以 BaO 的形式存在，用来改善 SCR 催化剂的抗硫氧化特性。从表 2.2 中可以看出，大多数催化剂含有 WO_3，少部分（如 1 号、5 号样品）以 MoO_3 为主。这就说明了我国的 SCR 催化剂大部分都是在 V_2O_5-WO_3/TiO_2 的基础上添加

少量 MoO_3，从而扩展 SCR 催化剂在低温区段内的活性温度窗口。不同发电厂的 SCR 废催化剂中，Cu、Zn、Pb、Cr、Ni、As 等其他重金属含量比一些活性组分更低，且其含量也高低不一。这些重金属来源主要包括烟气和飞灰颗粒，说明不同电厂发电后产生的烟气组分的差异较大，因此 SCR 废催化剂附着的微量重金属种类和含量也有一定的差异性[33-35]。

2.5 SCR 废催化剂产生量

在《火电厂大气污染物排放标准》（GB 13223—2011）中明确提出，现役及新建燃煤机组的氮氧化物总体排放不得超过 $100mg/m^3$。为了真正达到这一氮氧化物控制排放目标，国内几乎所有的火电厂都需要加装烟气 SCR 脱硝装置。脱硝催化剂的使用寿命一般是 3 年，而随着 SCR 脱硝装置在火电厂的大规模安装，预计在几年后，这些 SCR 脱硝装置废弃的催化剂问题也将逐渐凸显，如表 2.3 所列。

表 2.3 中国 SCR 废催化剂年产量估算

年份	产量/($10^4 m^3$/a)	备注
2019	15.5	—
2020	19.0	
2021	20.3	
2022	21.6	
2023	22.9	
2024	24.3	全国脱硝火电机组 10 亿千瓦并趋于稳定，每年脱硝固废产生量趋于稳定
2025	25.6	
2026	25～30	
2027	25～30	
……		

注：此数据是理论上的脱硝催化剂更换，实际情况预计将提前。

中国电力企业联合会估计，到"十四五"（2021—2025 年）末运行脱硝装置的功率将达到 16 亿千瓦，将有 105 万～120 万立方米的 SCR 催化剂会在线运行；而"十四五"以后，将会有 12.5 亿千瓦的火电装机容量都安装脱硝装置，在线运行的 SCR 催化剂将会有 150 万～170 万立方米。由于 SCR 催化剂的使用寿命一般为 3 年，按照以上脱硝装置的更换计划来看，2019—2021 年中国有大量 SCR 催化剂固废产生，并逐年增加，且在 2020 年以后每年逐步稳定在 25 万～30 万立方米。

近年来的 SCR 脱硝装置在我国运行的情况表明，我国火力电站烟气状况恶劣，催化剂的寿命与质量也因此受到很大的影响，预计 SCR 废催化剂的产生时间与产生量也会提前到来。因为催化剂的活性组分 V_2O_5 是一种剧毒物质，同时煤炭燃烧所释放的砷（As）、汞（Hg）等都有可能在废催化剂中造成富集，若处置不当，则会对环境造成严重的二次污染，产生更多的危害。因此政府迫切需要出台相关政策，完善各项标准和法规，对 SCR 废催化剂进行监督和管理，规定可行的管理措施，使得 SCR 废催化剂得到有效的监管。

2.6 SCR 废催化剂活化/再生、资源化、无害化管理

2.6.1 SCR 废催化剂活化/再生[36-40]

对采用 SCR 技术的电厂而言，SCR 催化剂系统的运行成本会随着催化剂的中毒或者失活而增加，同时不可忽视的还有一些难以处理的环境问题。而缩减催化剂的使用成本和废催化剂的处理都存在较大难度，因此使催化剂再生是处理催化剂的首选方法；对于那些不能够再生的 SCR 催化剂，则按照规定采取资源化/无害化处理。SCR 催化剂再生工艺主要分为清洗、再活化以及深度再生三个步骤。催化剂再生过程中，首先要进行清洗和再活化，当清洗和再活化无法恢复催化剂活性的时候再考虑深度再生。

通常的 SCR 废催化剂的再生过程工艺流程如图 2.7 所示。

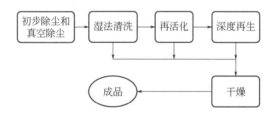

图 2.7　SCR 废催化剂再生过程工艺流程

2.6.1.1 清洗

清除物理性的污染物（如各类粉尘）以及在不刻意去除化学毒物的情况下上涂层。催化剂的清洗工艺重在物理性地去除一些污染物，这些物质的存在会降低催化剂的脱硝能力，或是影响其他操作参数，如压降。通常在催化剂催化性能仍然良好（即指虽然存在少量活性组分的化学失活，但催化剂陶瓷基体特性仍然良好）的情况下采用清洁操作。清洗过程并不谋求去除任何化学毒物，也不会添加任何催化活性组分。大多数情况下，催化剂进行清洗作业是为了去除大量沉积的灰尘，或是其他导致烟道气通过催化剂通道时流速显著降低的污染物。

从操作的角度看，检测到 SCR 系统压降的持续上升一般是需要进行催化剂清洗的标志。大多数情况下催化剂在分子尺度上的催化性能并没有受到显著影响，但是仅仅弹丸状的灰尘就能堵塞催化剂的通道，导致系统压降的显著上升。清洗通常是通过使用高压蒸汽、水或者化学溶液以便去除物理性污染物质，这种去除同时通过物理搅拌和溶解污染物达到目的。所以此处的"清洗"同粗抽真空等原位处理措施不同。图 2.8 和图 2.9 分别显示的是蜂窝状和板状 SCR 催化剂在清洗前后的情况（彩图见书后）。

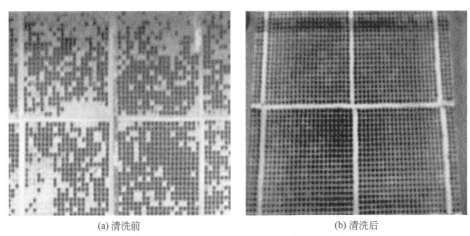

(a) 清洗前   (b) 清洗后

图 2.8　蜂窝状催化剂在清洗前后的情况[36]

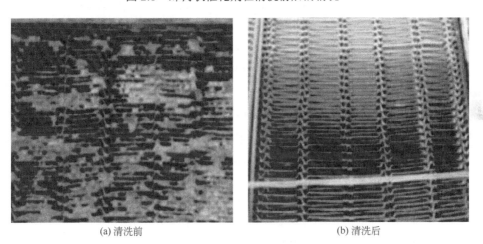

(a) 清洗前   (b) 清洗后

图 2.9　板状催化剂在清洗前后的情况[37]

2.6.1.2　再活化

　　SCR 催化剂的再活化通常指在物理性清洗的基础上外加一个针对催化剂化学毒性物质的去除步骤,故而其相比单纯的清洗要多出一个步骤。通常所说的毒性物质包括碱土金属、碱金属（钠、钾）和一些特定的催化剂毒物（如砷、磷等）。很多时候，真正区分化学中毒和物理性污染是非常困难的，但再活化的目标只是对催化剂的催化活性进行再生，而并不添加其他任何特定的催化活性组分（如钼、钒、钨等金属的氧化物）。相比清洗工艺对应的纯物理性污染，需要进行再活化的失活过程往往发生在分子/化学尺度，故而再活化通常被认为是一种强度更高的处理工艺。

　　同清洗工艺相结合，再活化过程中的化学溶液通常不仅用于去除污染物，而且也去除导致催化剂失活的化学毒性物质。该过程从本质上就比清洗的强度更大，这是由于这些通过化学结合固定在催化剂活性位点上的化学毒性物质必须在这一过程中被剥离下来。同时在再活化过程中必须保证参与脱硝的活性组分不受影响。故而再活化过程设定较为复杂，以便特定地去除某些毒性物质，而不引起其他副作用。再活化过程通常经历多个液体处理步骤，在每两个步骤之间会有干燥过程。同清洗工艺类似，这些干燥步骤对整个工艺的效果也有非常重要的作用。某些催化剂中毒机制不适用再活化工艺，这是由于在这些机制情况下单纯去除毒性物质而不降低有效催化活性组分是不可能的，此时采用催化剂深度再生工艺就变得十分需要。

2.6.1.3 深度再生

SCR 催化剂的深度再生是各类再生工艺中强度最大的一种，不但包含了再活化（清洗外加对化学毒性物质的去除），而且在此基础上又增加了添加新的催化活性组分的步骤。这些新添加的活性组分往往是为了补充之前去除毒性物质过程中所丢失的那些催化活性。由于在再生过程中，对催化活性组分进行改变，脱硝的性能可能有巨大的改变。在实际操作中，规定的目标往往是将催化剂再生，回到其原有的操作特性，但其最终的催化特性往往可以根据催化剂使用者的要求而进行调整。例如，若需要得到二氧化硫转化率更低一些的催化剂，催化剂再生的目标就可以设定为不同于原始的性质。当然在实际操作中，再生能够进行的催化性能改变，也视原始新鲜催化剂的情况而有所局限。

深度再生工艺通常由多级液相处理单元构成，每个步骤都设计有特定的目的，如去除物理性污染物质、剥离化学毒性物质（同活性组分）以及添加/替换活性组分。每两个步骤之间通常都带有干燥阶段，这与再活化工艺相似。

2.6.1.4 原位、现场和场外处理的考察因素

根据进行的 SCR 催化剂处理本身的特性、特定的场地条件和单元是否允许关停等条件不同，SCR 废催化剂处理的场地可以有多种选择。在几乎所有的情况下，具有严格流程控制和专用处理设备的场外处理具备最好的处理效果。但是当把成本和时间等考虑在内时原位或现场处理可能是最好的选择，这在一些强度较低的清洗和再活化过程中体现得尤为明显。对于处理场地的选择决策必须考虑多种因素，包括处理工艺本身的技术要求、处理场地不同所带来的成本差异、处理场地不同所引起的处理效果差异和特定 SCR 催化剂安装要求及厂区布局。

① 原位处理工艺通常仅针对要求并不严格的清洗和再活化工艺，其优势在于无需进行催化剂的卸料和装填。对于涉及液体洗涤的处理工艺，在待处理的催化剂上部和下部分别加盖和收集器，以便将其与工艺上下游的其他部分分离，避免液体污染其他区域。反应器的构造，尤其是催化剂床层上部和下部的空间构造，往往会影响原位处理的效果。

② 当反应器构造不适合进行原位处理时，现场处理可能就是最佳的选择。这种选择节省了运输的成本和时间。当处理装置距离催化剂运行装置路程较远时，这类运输成本将相当可观。在现场处理过程中，需要搭建一些临时装置，同时也需要向相应的处理公司出具一些临时许可证。

③ 场外处理通常可以得到最好的催化再生效果，这是由于其处理装置是经过专门设计的，而且该过程的技术控制也经过了最优化。对于需要添加活性组分的完整再生工艺，

场外处理通常是优先考虑的，而且经常是必须采取的步骤。

在 SCR 废催化剂处理/处置过程中，针对有可能产生污染的环节也有详细的监管措施，以下详细从空气、固体废弃物和废水的角度介绍了可能存在的环境影响。

（1）空气质量

1）SCR 催化剂更换时的影响

更换时，废催化剂将从反应器中卸载，而新的催化剂将被安装进入单元之中。在催化剂被卸载之前，其将被真空处理以便去除灰尘。这种操作造成的空气污染基本是由于新鲜或废催化剂运输过程中产生的交通废气，一般不会造成显著影响。

2）SCR 催化剂原位再活化时的影响

在这种情况下，SCR 催化剂始终保持在反应器中，首先经过真空除尘，之后先后使用去离子水、3%（质量分数）的稀硫酸、去离子水和草酸氧钒溶液清洗。真空去除的灰尘则会通过布袋除尘器进行去除，防止其排入大气。由于该过程中催化剂在严格密封的环境中，而清洗的溶液也并不加热，故而其对大气环境并不产生影响。

3）SCR 催化剂现场再活化时的影响

在这种情况下，SCR 催化剂在真空除尘后，需要从反应器转移到现场的一个移动式的清洗装置中，在其中经过清洗后再被重新安装入反应器。真空去除的灰尘则会通过布袋除尘器进行去除，防止其排入大气。由于该过程中移动式清洗装置的内部环境是密封的，而清洗的溶液也并不加热，故而其对大气环境并不产生影响。

4）SCR 催化剂进行现场延时再活化并间歇性添加新催化剂时的影响

在这种情况下，催化剂会被更换，而置换出的废催化剂会被保存在现场而非外运处置。故而不产生外运处置过程会产生的交通污染。此类情况产生的空气污染基本同单纯现场再活化时一致，对大气环境并不产生影响。

5）SCR 催化剂进行场外再生时的影响

在这种情况下，催化剂会被更新,而置换出的废催化剂会被运输到场外特定的再生装置中进行再生。由于再生装置由多级液相处理单元构成，整个工艺为密封环境，故而这种操作造成的空气污染基本是由于再生或废催化剂运输过程中产生的交通废气，一般不会造成显著影响。

（2）固废处理处置

1）SCR 催化剂更换时的影响

在美国，更换的 SCR 催化剂不属于《资源保护和回收法》（*Resources Conservation & Recovery Act*，RCRA）规定的危险废物（此处同我国现有情况不一致，如载体为五氧化二钒，则应严格参照危废处理，故而下列措施没有完全参照 RCRA 原文），但也需要采取如下的一些措施：

① 在催化剂装卸过程中应符合危险废物的转移操作要求；

② 在装卸过程中应对 SCR 废催化剂取样，由当地环境监测部门负责监测；

③ 催化剂应使用有内衬并加盖的符合运输危废标准的卡车运输。

2）SCR 废催化剂原位再活化时的影响

在这种情况下产生固废主要有以下 3 种原因：

① 真空除尘累积的灰尘；

② 过程中产生的对催化剂的物理性损伤；

③ 酸性再活化所产生的清洗物。

对于真空除尘累积的灰尘，其性质同焚烧过程产生的其他灰尘相似。其并不一定为危险废物，可通过现场已有的粉尘处理系统处理，或是作为一种特别固废进行场外填埋。

对于物理性损伤的 SCR 废催化剂，由于原位处理时其并不离开反应器，故而并不产生固体废物。但一旦其导致整个工艺的催化性能显著下降，可能需要进行一定数量的催化剂更换。则其等同于 SCR 催化剂更换时的影响。

对于酸性再活化所产生的清洗物，其一般可能显示腐蚀性和金属特性。对这些酸性洗液中的废物进行取样监测，测定其金属成分和 pH 值，以便确定能够采取的处置措施。可能处置的措施包括：将其同飞灰、底灰、锅炉渣等一起处置；若其具有腐蚀性，将进行现场中和处理并排入灰分池；若显示毒性，则需要运往场外处理处置。

3）SCR 废催化剂现场再活化时的影响

同原位再活化相似，在这种情况下主要由以下 3 种原因产生固废：

① 真空除尘累积的灰尘；

② 过程中产生的对催化剂的物理性损伤；

③ 酸性再活化所产生的清洗物。

对于真空除尘累积的灰尘，其性质同焚烧过程产生的其他灰尘相似。其并不一定为危险废物，可通过现场已有的粉尘处理系统处理，或是作为一种特别固废进行场外填埋。

对于物理性损伤的废催化剂，现场再活化也并不直接产生固废。但一旦其导致整个工艺的催化性能显著下降，可能需要进行一定数量的催化剂更换。则其等同于 SCR 催化剂更换时的影响。

对于酸性再活化所产生的清洗物，其一般可能显示腐蚀性和金属特性。对于这些酸性洗液中的废物进行取样监测，测定其金属成分和 pH 值，以便确定能够采取的处置措施。可能处置的措施包括：将其同飞灰、底灰、锅炉渣等一起处置；若其具有腐蚀性，将进行现场中和处理并排入灰分池；若显示毒性，则需要运往场外处理处置。

4）SCR 废催化剂进行现场延时再活化并间歇性添加新催化剂时的影响

相比现场再活化，此种情况多了对 SCR 废催化剂的更换过程，故而其过程固废对于环境的影响和相应管理可以同时参考以上的第 1）条和第 2）条。

5）SCR 废催化剂进行场外再生时的影响

在此种情况下，SCR 废催化剂需要进行更换外运，可参考以上第 1）条在装卸和运输采取必要的危废管理措施。其次，SCR 催化剂使用和 SCR 废催化剂再生过程中也会分别产生累积灰尘和再生清洗物，可以参考以上第 2）条采取相应措施。

（3）废水

① SCR 废催化剂更换时的影响。此种情况下没有废水产生。

② SCR 废催化剂原位再活化时的影响。此过程中将产生酸性清洗废水，需要首先进行中和处理，之后排入灰分池。对于灰分池的进水成分进行检测，结果显示 SCR 废催化剂原位再活化工艺对废水整体性质没有产生影响（包括各项限定指标和整体毒性）。

③ SCR 废催化剂现场再活化时的影响。此过程中将产生酸性清洗废水，其产生的废水影响和处理措施可参考以上第②条。

④ SCR 废催化剂进行现场延时再活化并间歇性添加新催化剂时的影响。催化剂的更换并不产生废水，而现场延时再活化过程产生的废水影响和处理措施，可参考以上第②条。

⑤ SCR 废催化剂进行场外再生时的影响。催化剂的更换并不产生废水，而场外再生过程产生的废水影响和处理措施，可参考以上第②条。

典型的美国烟气脱硝系统中 SCR 废催化剂再生过程中的环境影响具体内容见表 2.4。

表 2.4　典型美国烟气脱硝 SCR 废催化剂处理/处置信息

项目		SCR 废催化剂处理/处置		
		再生		资源化/无害化
		原位再生	移位再生	
处理/处置规范		由有资质的承包商负责操作，一般可以恢复 85%～90% 的催化剂活性： （1）真空抽出催化剂中飞灰； （2）去离子（DI）水在 190gal①/min 的速率下（950～1900gal/模块 5～10min）洗涤催化剂模块； （3）3%（质量分数）H_2SO_4 水溶液洗涤 25min（总的 530gal/模块）； （4）如果确定仅仅通过 DI 水即可恢复催化剂活性，上一步也可略过 （5）40%～50%（质量分数）草酸氧钒（VOC_2O_4）溶液被用来对催化剂进行再循环处理，以获得所需的 85%～90% 的催化剂的活性恢复	由有资质的承包商负责操作，一般可以恢复 90%～95% 的催化剂活性： （1）卸载废催化剂； （2）真空抽出催化剂中飞灰； （3）用城市自来水稀释的清洁剂洗涤催化剂，洗涤剂浓度一般为 0.0025%～0.003%； （4）2%（质量分数）草酸溶液洗涤催化剂； （5）接下来用城市自来水洗涤； （6）干燥； （7）重新装填； （8）40%～50%（质量分数）草酸氧钒（VOC_2O_4）溶液被用来对催化剂进行再循环处理，以获得所需的 90%～95% 的催化剂的活性恢复	由有资质的承包商负责操作： （1）卸载废催化剂时应格外小心，避免破碎； （2）废剂应储存在与危险等级对应的、标示清晰、有盖的容器内； （3）代表性样品送监管部门，分析 "RCRA" 中危险金属和无机物； （4）如属危险，则根据 Subtitle C 处理；否则根据 Subtitle D 处理
全面环境影响监管	大气	（1）废催化剂真空抽出飞灰时应采用相应的除尘装置以避免飞灰排放； （2）无其他废气排放	（1）废催化剂真空抽出飞灰时应采用相应的除尘装置以避免飞灰排放； （2）无其他废气排放	（1）废催化剂真空抽出飞灰时应采用相应的除尘装置以避免飞灰排放； （2）对大气污染物的排放主要来源于催化剂卸载、运输的车辆，不会显著影响大气质量
	废水	（1）去离子（DI）洗涤废水； （2）酸洗废水 依据相应废水处理标准进行	（1）去离子（DI）洗涤废水； （2）酸洗废水 依据相应废水处理标准进行	无废水产生

项目		SCR 废催化剂处理/处置		资源化/无害化
		再生		
		原位再生	移位再生	
全面环境影响监管	固废	（1）飞灰,依据 RCRA 的 Bevill 补充法案,EPA 认定其不属于危废; （2）破碎的 SCR 催化剂,依据 Subtitle C 或 D 处理; （3）酸洗废渣,依据 RCRA 判定其是否为危废,或者依据 Bevill exclusion［40 CFR 261.4(b)(4)］和"Dietrich letter"判定,相应标准有 40 CFR 260.10、NPDES 或 CWA 标准、ERAL、TSDF	（1）飞灰,依据 RCRA 的 Bevill 补充法案,EPA 认定其不属于危废; （2）破碎的 SCR 催化剂,依据 Subtitle C 或 D 处理; （3）酸洗废渣,依据 RCRA 判定其是否为危废,或者依据 Bevill exclusion［40 CFR 261.4(b)(4)］和"Dietrich letter"判定,相应标准有 40 CFR 260.10、NPDES 或 CWA 标准、ERAL、TSDF	—

① 1gal=4.546dm³.

2.6.2　SCR 废催化剂资源化及无害化技术[36]

2.6.2.1　废物的判定

与任何固体废物处置相关的一个重要参数,是判定该废物属于"危险"还是"非危险"。美国的废物判定依据的是联邦和各州的法规,其主要是根据《资源保护及回收法》(RCRA)进行判定。固体废物的类别("危险"或"非危险")决定了依法处置该废物的处置设施的类型。对废物的化学特性评价主要包括反应性、腐蚀性、毒性和可燃性。EPA 规定了每一个特征废物参数的非常具体的测量步骤,包括判别废物是"危险"或"非危险"废物的具体指导方针。如果某种废物不具备特征废物的任何特性但是又不能判断出是否属于特定废物,则该废物可以根据 RCRA 判定为危险废物。此外,美国的有些州可能有自己的适用于特定废物的法规,但是州的法规不能低于联邦法规。

SCR 废催化剂不在美国 RCRA 名录上。但是,根据对特征废物的评估,材料可能符合危险废物的判定条件,根据毒性特性溶出程序(TCLP)可判断"毒性"。毒性特性溶出程序(TCLP)是最常见的废催化剂特征废物测试。没有明确的行业数据显示所有 SCR 废催化剂将被归类为"危险"或"非危险"。一些已发表的文献将其划分为危险废物,而其他人则认为其为非危险。不同的品牌和不同的用途会导致 SCR 催化剂在配方上有很大的不同。因此,制定一个适用于所有 SCR 废催化剂的具体废物的判定方法太过草率。SCR 废催化剂具有特性多变的性质,这可能是目前在工业上判别废物类别产生歧义的来源。此外,美国的某些州,特别是和福尼亚州,可能有严格的法规增加了将 SCR 废催化剂列为危险废物的可能性。

从危险性角度来看,新鲜 SCR 催化剂的主要组成部分中,钒是制作催化剂的一种基本元素。EPA 将五氧化二钒列为有害物质(RCRA 的编号是 P120),尽管钒并没有包括到八种主要的 TCLP 金属中。催化剂配方中的钒含量可以在很宽的范围内变化,范围从很少或没有到相对高的水平(5%～10%)。钒的含量对 SCR 废催化剂的潜在性能评价有很强的影响。另外，SCR 催化剂应用于燃煤机组时可能吸收了一些物质，从而使得 SCR 废催化剂的化学成分增加。燃煤机组 SCR 废催化剂包含了烟道气中的成分，包括砷、汞、镉等有害重金属，以及各种飞灰成分。这些物质及其浓度都增加了 SCR 废催化剂中含有有害成分的概率。因此，具体的 SCR 废催化剂应采取"具体问题具体分析"的原则，根据特征废物分析来判定其类别。在所有情况下，审慎处理 SCR 废催化剂，首先假定它是危险的，直到证明它是非危险的。

2.6.2.2　填埋处理

处理 SCR 废催化剂最常采用的方法是简单地将其送入固体废物填埋厂进行处理。在美国，填埋处理应根据州和联邦法规并结合废物的判定类别来进行。当循环利用法不可行时，填埋法将允许被大多数的发电厂列为 SCR 废催化剂的最终处置方法。

据美国电科院的报告，美国的填埋处置费是：危险废物为 420 美元/t，非危险废物为 180 美元/t（适用于原来估计的通胀因素）。在利用垃圾填埋场进行处理的情况下，可能会采用物理方法来使处理处置的成本最小化。国外经验研究证实，通常会将大宗金属从废催化剂中进行提取后，再将剩余部分进行填埋；将废催化剂材料破碎（特别是在蜂窝状 SCR 废催化剂的情况下），可作为减小体积的进一步的处理步骤。

目前的美国环境法规定了废物产生者要为潜在的长期损害承担责任，任何完整的分析处置方案必须考虑到这一长期责任。虽然进行废催化剂的填埋处置可能会有多种情况（例如返回给废催化剂的制造商以方便处理），但这些处置方法不会减轻催化剂用户的责任，必须采取谨慎措施以确保催化剂材料的最终命运是可以接受的。这种"从摇篮到坟墓"的概念是 RCRA 规定的基本原则。用货币价值来衡量免除责任的价值是非常困难的，各种经营实体会评估不同的责任成本。在任何情况下，催化剂用户倾向于支付一些高于简单处置成本的费用来避免填埋处置和长期的相关责任。

所有回收/处置方案中填埋处置的责任是最大的。填埋处置的结果是废催化剂主要按其使用的形式长久存在于环境中（虽然通过破碎可使物理体积减小），因此存在风险，未来废物设施管理不善将对环境造成不利影响。这个责任风险导致了从经济上妨碍了填埋处置。美国废物处置的当前趋势是尽可能避免填埋，因为责任问题会随着时间而增加。避免填埋处置在公共关系的角度上说也有一些固有的价值，因为有人认为 SCR 技术将空气污染变为固体废物污染（虽然与被催化剂去除的数以吨计的氮氧化物相比，固体废物的产量微乎其微）。

2.6.2.3　焚烧处理

焚烧处理有助于最大限度地减少处置责任，因为一种与特定的生产商相关联的、特定的可追踪的固体材料，若能焚烧则通常不被填埋处理。焚烧作为减容的方法是最有吸引力的，例如许多有机溶剂，其原始形式是危险的，但在燃烧过程中被转换为基础成分，如二氧化碳和水。这会破坏危险物质，而只释放出非危险气体成分。对 SCR 废催化剂来说，情况并非如此。有潜在危险的成分本身就是元素状态，因此没有发生非常有利的化合物结构破坏。

由于 SCR 废催化剂的主要组成部分已经是氧化物的形式，且该材料的性质主要是不可燃的。此特征的结果是通过焚烧重量减少得很少，虽然研磨或其他物理加工过程也导致一些减容发生。焚烧过程中可能会挥发 SCR 废催化剂的成分，如汞或砷，因此一个强烈依赖于焚烧炉的气体控制系统将重新捕获这些挥发成分。最后，在焚烧炉的底灰/矿渣或飞灰中发现的大量催化剂将成为固体废物。在适当的时候，这些固体废物可能会被填埋，因此热处理的好处不多。

焚烧与填埋操作相比其责任有所减少。大部分责任来自有潜在危险的可能需要处置的副产品（如灰），以及焚烧前与当地相关的材料加工（主要是工人）有关的短期责任。不合适的处置、处理，或使用焚烧副产品材料可能会造成不良影响，并在理论上造成焚烧设施的所有用户的一些风险。因此焚烧并非是一个非常有利于 SCR 废催化剂减容或减缓有害成分的处理方法。

2.6.2.4　资源化技术[41-43]

SCR 废催化剂也可以通过一些回收方案来降低其危害性。目前用于 SCR 废催化剂回收的 4 个主要方案为：

① 作为锅炉炉渣流化剂；

② 将催化剂作为可回收再利用的材料；

③ 将废催化剂作为生产原料制备新的催化剂；

④ 使用废催化剂作为钢厂的原料进料。

（1）废催化剂作为炉渣流化剂

SCR 废催化剂可以用在湿底锅炉作为炉渣流化剂，此回收方法在欧洲广泛使用，催化剂的主要组成部分与炉渣一起玻璃化。一般方法包括研磨废催化剂，并将这种材料加入到锅炉的煤进料流。在钢支板催化剂的情况下，筐/模块的材料和金属栅条通常会被回收与物理处理，其他陶瓷材料被供给到锅炉。在该过程中，废催化剂的主要部分以不可浸出的形式纳入到炉渣，然而其中的砷和潜在的汞需要格外注意，目前还不清楚是什么特别许可和运行要求。

用这种方法处理相关的责任还不清楚。当地物料搬运风险、锅炉倾覆、气相金属释放都需要被视为潜在的工艺责任。废催化剂材料的大部分将被以高度不动的玻璃化的形式合并到炉渣中，且只占整个炉渣材料的一小部分。在这种情况下，整体的长期责任预计将大幅减少。

（2）回收废催化剂材料

一些传统的催化剂内含有一定的金属成分，具有高回收价值。通过对其进行回收，并将其基质内有价值的金属成分提取出来，能够抵消处理成本。但是美国电研院的前期结果表明，尽管催化剂组分中包含高价值的钛和钒，但是 SCR 废催化剂中的材料回收并不能弥补其处理成本，主要是因为回收过程中需要使用酸或腐蚀性浸出进行成分提取，或其他严格的精炼步骤。

钛在地壳中是排在第九位的元素，因此 SCR 催化剂中所含的钛的价值不是很大。目前钛金属主要通过克罗尔过程生产。这种间歇式的过程首先将钛精矿转化为四氯化钛，接下来使其与镁反应而转化为金属钛。这是一个成本较高的提炼技术。在任何情况下，从 SCR 中提取钛的价值都是有限的。废催化剂中的钒与钛一样，也是具有潜在价值的金属，然而目前提取成本过高。

（3）废催化剂作为新的催化剂的生产原料

处理 SCR 废催化剂的一个非常有吸引力的选择是使用废材料作为原料进料，用于制造新的 SCR 催化剂。在 SCR 催化剂的早期生产阶段，废催化剂的材料经过相对较少的处理工艺（主要是物理工艺）处理后，可以添加到新鲜进料中。以这种方式，废催化剂可以高效率地得以重复利用。通常情况下，在新催化剂制备和生产的早期混炼阶段，精细研磨加工的废催化剂原料与原始进料原料（如二氧化钛粉末）进行混合，用作原料的进料。

废催化剂中的污染物，以及孔隙和粒径分布的不利影响，将决定回收料/新鲜料的最大质量比值。在市场扩张的时期，新催化剂生产的速度可能高于需要回收或处置的废催化剂。以当前的市场情况来说，很大一部分，会将废催化剂作为生产原料来制备新的催化剂。然而，随着市场的成熟，需要回收的废催化剂的量可能会大大超过可作为新的催化剂的生产原料的废催化剂的量。因此，在一个完全成熟的市场，新鲜催化剂制造能够回收利用的废催化剂的量可能无法承担大部分需要回收/处置的废催化剂的量。

目前，许多的催化剂供应商并不利用废催化剂材料来生产新的催化剂。在利用回收材料的情况下，回收料/新鲜料的最大质量比<10%，但在 SCR 实施的早期阶段，产生的绝大部分废料能够以这种方式被利用。美国国内目前的催化剂市场，新催化剂的生产速率要高于废催化剂的生成速率。因此，今天产生的废催化剂中会有很大的一部分能被用来做制作新鲜催化剂的原料。然而，此趋势不会无限期地继续下去，因此这种回收利用方案充其量只能处理部分需要回收/处置的废催化剂。

在成本控制方面，这种回收方法具有很强的吸引力，因为物理或化学处理的成本是有限的，且回用作为原料抵消了催化剂制造成本。然而，在实际应用中，该过程可能是不经济的，由于在催化剂的生产阶段材料的质量并不能得到严格控制，从而新鲜催化剂的质量可能会受到影响。采用回用废催化剂材料的解决方案对催化剂的制造商来说，经济效益将是最小的。

回收利用方案的责任预计为最低。在加工过程中，几乎所有废催化剂纳入了新产品，因此，没有实质性的配套废物流通生产。从整体环境的角度来看，这样的回收方案提供了一个非常有利的废材料利用率，抵消了原材料的生产，使其具有很高的吸引力。

（4）废催化剂作为钢厂的原料进料

使用废催化剂作为钢厂的原料进料回收利用的方案在日本非常普遍，涉及将废催化剂材料（包括筐/模块支撑结构）作为钢厂的原料进料。据推测，这个回收方案的价值在于筐/模块支持金属和催化剂载体栅条所含金属的回收。典型钢厂的生产工艺中，二氧化钛无法转化为钛金属，因此不会形成一个完整的金属回收过程。作为钢厂的炉渣，二氧化钛（也可能是其他金属氧化物）将按照正常的炉渣处置或使用程序被收集、处理。这种回收方法是有吸引力的，因为只需较少的物理处理即可实现批量处理废催化剂。

用这种方法回收的责任是相当低的，特别是考虑到在将废催化剂引入钢厂进料流之前基本上不需要预处理。总体而言，这种废物回收方式由于最大程度地减少物理处理和工人暴露，并具备大批量处理催化剂能力，因此有相当的吸引力。

2.7 烟气脱硝 SCR 废催化剂管理

2.7.1 我国 SCR 催化剂的使用现状

国家将 NO_x 列为"十二五"（2011—2015 年）期间大气污染物总量控制的对象。2011 年 7 月，新修订的《火电厂大气污染物排放标准》（GB 13223—2011）由环保部和国家质量监督检验检疫总局联合发布，自 2012 年 1 月 1 日起实施。因此烟气脱硝市场快速增长。

自 20 世纪 80 年代早期，烟气脱硝的主流技术 SCR 逐渐广泛应用于工业锅炉和电厂的烟气治理。在美欧日等发达国家，90%的烟气脱硝都采用 SCR 法，而目前为止，在我国已建成或拟建的烟气脱硝工程中，约 96%采用了 SCR 法。SCR 技术的核心是催化剂，而目前应用最多的是 V_2O_5-WO_3(MoO_3)/TiO_2 系列，含有 5%～10%WO_3 或 MoO_3、1%～5%V_2O_5 及 90%左右 TiO_2。

SCR 催化剂使用一段时间后因中毒失效必须定期更换，据中国电力企业联合会预计自 2016 年起，全国（不包括工业锅炉的脱硝）每年需要更换的 SCR 催化剂总量为 $7×10^4 m^3$。由于催化剂的活性组分 V_2O_5 是一种剧毒物质，同时燃煤中含有的汞（Hg）、砷(As)等都有在废催化剂中富集的可能性，如若处置不当则会对环境造成二次污染。

因此国家迫切需要出台 SCR 废催化剂的监督和管理政策，完善各项标准和法规，规定可行的管理措施，对 SCR 废催化剂进行有效的监管。

2.7.2 美国 SCR 废催化剂的管理现状[44-46]

对采用 SCR 技术的电厂而言，SCR 催化剂系统的运行成本会随着催化剂的中毒或者失活而增加，同时不可忽视的还有一些难以处理的环境问题。鉴于目前 SCR 催化剂的运行成本和催化剂处置存在的问题，处理催化剂的最佳方法便是催化剂再生；而对于不能再生的 SCR 催化剂则会采取无害化的处理。

目前美国是世界上最大的 SCR 技术应用市场，自 2005 年起，大量 SCR 废催化剂开始产生。因此借鉴美国在这方面的经验，将有助于我国对 SCR 废催化剂处理/处置过程中有可能产生污染的环节制定详细的监管措施。

美国的 SCR 催化剂管理包括：

① 对催化剂使用过程进行管理，尽量减少废催化剂产生；

② 废催化剂管理。

SCR 催化剂使用过程管理是一个基于烟气处理要求、催化剂失活速率以及 SCR 系统处理能力基础的方法，用来预测 SCR 催化剂何时应该再生、更换或添加一个新层。SCR 系统的检查和评估每年至少应该进行一次，包括 SCR 催化剂、反应器和氨喷射系统的检查。使用过程中对 SCR 催化剂性能进行不断评估是其工作内容的核心，其评价方法如表 2.5 所列。

表 2.5　SCR 催化剂性能评价方法

测试	目的
催化剂活性测试	测定代表性样品的催化活性,包括与新鲜催化剂对比的 SO_x 转化率、NO_x 转化率、系统压降
催化剂物理性能测试	测定催化剂比表面积及孔隙率
催化剂化学组分测试	评价燃料及灰分对催化性能的影响，包括： （1）利用电子能谱法进行化学分析,以确定催化剂的表面化学组成； （2）半定量光谱分析,分析催化剂的化学成分变化； （3）X 射线衍射分析,以确定催化剂的晶相来评估其化学成分

参考文献

[1] 路涛, 贾双燕, 李晓芸. 关于烟气脱硝的 SNCR 工艺及其技术经济分析[J]. 现代电力, 2004, 21(1): 17-20.

[2] Armor J N. Enuironmental catalysis[J]. Appl Catal B, 1992, 1(4): 221.

[3] 张涛, 任丽丽, 林励吾. 甲烷选择催化还原 NO 研究进展[J]. 催化学报, 2004, 25(1): 75-83.

[4] 毕铁成. NO_x 污染控制技术选择[J]. 石油化工环境保护, 2005, 28(3): 55-58.

[5] 中华人民共和国生态环境部. 中国环境状况公报[R/OL]. http://www.mee.gov.cn.

[6] 中华人民共和国生态环境部. 2016—2019 年中国生态环境公报[R/OL]. http://www.mee.gov.cn.

[7] 杜譞, 朱留财. 氮氧化物污染防治的国外经验与国内应对措施[J]. 环境保护与循环经济, 2011, 31(4): 6-10.

[8] 任海燕. 认识 $PM_{2.5}$[J]. 中国科技术语, 2012, 14(2): 54-56.

[9] 孙克勤, 韩祥. 燃煤电厂烟气脱硝设备及运行[M]. 北京: 机械工业出版社, 2011.

[10] 张青杰. 低 NO_x 燃烧技术浅析[J]. 河北冶金, 2008(5): 55-59.

[11] 陈静, 祝瑞芳, 孙士英. 火电厂烟气中氮氧化物的控制与去除方法[J]. 黑龙江电力, 2009, 31(1): 43-50.

[12] 于千. 国内外 SCR 催化剂应用概述[J]. 应用化工, 2010, 39(6): 921-924, 928.

[13] 郭锦涛, 秦国伟, 纪立国, 等. SCR 法烟气脱硝系统工程应用[J]. 能源与环境, 2009(5): 53-54, 57.

[14] 朱波, 罗孟飞, 袁贤鑫, 等. 选择性催化还原 NO 反应的研究进展[J]. 环境科学进展, 1996, 4(5): 31-40.

[15] 郝临山, 彭建喜. 洁净煤技术[M]. 北京: 化学工业出版社, 2010.

[16] 周国民, 唐建成, 胡振广, 等. 燃煤锅炉 SNCR 脱硝技术应用研究[J]. 电站系统工程, 2010, 26(1): 18-24.

[17] 黄霞, 刘辉, 吴少华. 选择性非催化还原(SNCR)技术及其应用前景[J]. 电站系统工程, 2008, 1(24) : 12-14.

[18] Ali I O. Preparation and characterization of copper nanoparticles encapsulated inside ZSM-5 zeolite and NO adsorption[J]. Materials Science and Engineering A, 2007, 459: 294-302.

[19] 刘海艳, 易红宏, 唐晓龙, 等. 分子筛吸附脱除燃煤烟气硫碳硝的研究进展[J]. 化工进展, 2012, 31(6): 1347-1352.

[20] 李开喜, 吕春祥, 凌立成. 活性炭纤维的脱硫性能[J]. 燃料化学学报, 2002, 30(1): 89-96.

[21] Li K X, Lv C X, Ling L C. Activity of activated carbon fiber for SO_2 removal[J]. Journal of Fuel Chemistry and Technology, 2002, 30(1): 89-96.

[22] 杨辉, 刘豪, 周康, 等. 活性炭纤维吸附脱除 NO 过程中 NO 氧化路径分析[J]. 燃料化学学报, 2012, 40(8): 1002-1008.

[23] 印建朴, 熊源泉. 湿法烟气脱除 NO_x 的研究进展[J]. 能源研究与利用, 2008, 4: 6-9.

[24] Liu Y, Zhang J, Sheng C, et al. Simultaneous removal of NO and SO_2 from coal-fired flue gas by UV/H_2O_2 advanced oxidation process [J]. Chem Eng, 2010, 162: 1006-1011.

[25] Thomas D, Vanderschuren J. Modeling of NO_x absorption into nitric acid solutions containing hydrogen peroxide[J]. Ind. Eng. Chem. Res, 1997, 36(8): 3315-3322.

[26] Thomas D, Vanderschuren J. Effect of temperature on NO_x absorption into nitrite acid solutions containing hydrogen peroxide[J]. Ind. Eng. Chem. Res, 1998, 37(11): 4418-4423.

[27] 杜兴胜. 氮氧化物净化技术研究现状及发展趋势[J]. 江西化工, 2008(4): 39-42.

[28] 杨俊国. 湿法同步脱硫脱硝技术研究现状及发展趋势[J]. 广州化工, 2011, 39(16): 35-37.

[29] 罗永明, 宁平, 李蓉涛, 等. 微生物净化废气中氮氧化物的研究[J]. 昆明理工大学学报, 2004(5): 112-114.

[30] 保海防, 李华, 武臻. 烟气脱除硫和氮的氧化物技术进展[J]. 河南化工, 2009(9): 23-25.

[31] Zhu H S, Mao Y P, Yang X J, et al. Simultaneous absorption of NO and SO_2 into Fe(Ⅱ)-EDTA solution coupled with the Fe(Ⅱ)-EDTA regeneration catalyzed by activated carbon[J]. Separation and Purification Technology, 2010, 74(1): 1-6.

[32] 李宝善. 催化剂失活反应动力学的研究[J]. 兰州文理学院学报(自然科学版), 2005, 19(4): 71-73.

[33] 高岩, 栾涛, 彭吉伟, 等. 四元 SCR 催化剂 V_2O_5-WO_3-MoO_3/TiO_2 脱硝性能[J]. 功能材料, 2013, 44(14): 2092-2096.

[34]刘清才, 丁健, 徐晶, 等. 一种具有抗硫氧化特性的脱硝催化剂及其制备方法: 201210373036.5[P]. 2012-09-29.

[35] 方朝君, 金理鹏, 李红雯, 等. 火电厂 SCR 脱硝催化剂失活原因的分析[J]. 电力安全技术, 2013, 15(9): 22-26.

[36] EPRI. Recycling and disposal of spent selective catalytic reduction catalyst[R]. 2002: 1004888.

[37] EPRI. Advanced NO_x catalyst development[R]. 2002: 1006657.

[38] EPRI. Impacts of PRB coals on SCR catalyst life and performance[R]. 2002: 1004137.

[39] Optimizing SCR catalyst design and performance for coal-Fired boilers[C]. EPA/EPRI 1995 Joint Symposium on Stationary Combustion NO_x Control, 1995.

[40] EPRI. Operation and maintenance guidelines for selective catalytic reduction systems[R]. 2003: 1004145.

[41] EPRI. State of knowledge concerning fuel impacts on SCR performance and longevity[R]. 2002: 1004055.

[42] EPRI. Impacts of texas lignite coal on SCR catalyst life and performance[R]. 2003: 1004732.

[43] EPRI. Reconditioning of selective catalytic reduction catalyst[R]. 2004:1009626.

[44] EPRI. 2004 workshop on selective catalytic reduction[R].2005:1009627.

[45] EPRI. Domestic and international experience with reconditioned SCR catalyst[R]. 2005:1010328.

[46] EPRI. Environmental control lessons learned: findings from visits to five SCR-equipped power plants[R]. 2004: 1010903.

第 **3** 章

石油炼制废催化剂污染
管理与资源化

3.1 我国炼油行业概况

3.1.1 我国石油消费能力

在当代社会和工业发展的过程中石油是必不可少的，它是全球消费量最大的基础经济资源，被称为当代工业的"血液"。近几十年，随着我国国民经济发展迅猛，人民生活水平大幅提高，汽车和航空工业也飞速发展，导致我国对石油的消耗量持续增长，对石油的需求量也持续增长。从 1993 年开始中国已经由石油出口国变为石油进口国。

3.1.2 我国的炼油能力

自全球金融危机以来，世界石油炼制（炼油）能力持续小幅上升，受疫情影响，2020年世界炼油能力增速较上年放缓，到 2021 年新增炼油能力约为 4000 万吨[1]。目前，中国是全球第二大炼油国，仅次于美国。随着我国石油消费量逐年递增，我国石油炼制（炼油）能力也逐年增加。

3.2 石油炼制废催化剂概述

石油的炼制，是将开采的原油通过一定的工艺技术加工成各种燃料（汽油、煤油、柴油）、润滑油、石蜡、沥青等石油产品或石油化工原料（如正构烷烃、苯、甲苯、二甲苯等）的工艺过程。在我国石油工业中，石油炼制占据着至关重要的地位，所用到的催化剂主要包括催化裂化催化剂、催化加氢催化剂（加氢精制催化剂和加氢裂化催化剂）以及催化重整催化剂等。

3.2.1 催化裂化催化剂

在炼油厂重质油轻质化生产汽油的工艺流程中，流化催化裂化(fluid catalytic cracking，FCC)，简称催化裂化，是最主要的加工过程。在这一过程中，重质馏分油或残渣油可在催化剂的作用下直接进行裂化、异构化、环化和芳烃化等反应，使重质油轻质化，并提高汽油的辛烷值。FCC 的原料可以是减压馏分油、焦化重馏分油、蜡油、蜡下油、加氢预处理油以及渣油等。其产品主要是汽油、柴油、液化石油气等，同时产生 FCC 油浆[2]。我国 FCC生产始于 20 世纪 60 年代，抚顺石油二厂在 1965 年 5 月 5 日建成了我国第一套 600 万吨/年同高并列式 FCC，这标志着我国炼油工业进入了一个新的历史阶段[3]。据统计，目前我国 70%～80% 的汽油和 40%～50%的柴油来自催化裂化[4]。

在 FCC 技术的发展过程中，催化剂起着重要的作用。FCC 工艺使用的催化剂称为 FCC 催化剂。伴随着 FCC 工艺的发展，FCC 催化剂经历了许多渐进和革命性的革新。FCC 催化剂至今已有几十年的历史，我国 FCC 催化剂起步于 20 世纪 60 年代中期，相继建立了兰炼、长岭和齐鲁周村三家 FCC 催化剂厂[5]。FCC 催化剂经历了从天然白土催化剂、低铝微球催化剂、高铝微球催化剂、稀土 X（REX）及稀土 Y（REY）型分子筛催化剂、氢 Y（HY）和稀土氢 Y（REHY）及超稳 Y（USY）型分子筛催化剂几个发展阶段。FCC 的进料中的有害杂质越来越多，催化剂的耐金属污染能力也应越来越强，这种态势有效地促进了 FCC 技术的发展[2]。

3.2.1.1 催化裂化催化剂的催化原理

催化裂化是根据碳正离子反应机理进行的。催化裂化过程中，在催化剂的作用下使 C—C 键被裂解形成离子：$C—C \longrightarrow C^{+}+C^{-}$

催化裂化所用的原料油由烷烃、烯烃和芳烃等组成，因此主反应（一次反应）为[2]：

烷烃裂化 $C_pH_{2p+2} \longrightarrow C_mH_{2m}+C_nH_{2n+2}$ $(p=m+n)$

烯烃裂化 $C_pH_{2p} \longrightarrow C_mH_{2m}+C_nH_{2n}$ $(p=m+n)$

芳烃裂化 $ArC_nH_{2n+1} \longrightarrow ArH+C_nH_{2n}$

式中，Ar 代表芳基。

在催化裂化过程中也会发生一些明显的副反应（二次反应），如异构化、氢转移、芳构化、烷基化、叠合与缩聚等，后三种副反应将导致催化剂结焦，并使催化剂使用寿命降低。

催化裂化产品组成：40%～50% 为汽油、20%～40% 为柴油，其余为 15%～30% 的气体烃。气体烃主要由 C_3～C_4 组成，其中 50% 以上为丙烯、丁烯和异丁烷。

催化裂化是指原料在催化剂的作用下，在反应器中与高温催化剂接触，瞬间汽化，并裂解成产品[3]，主要包括以下五步。

第一步：原料气分子从主气流扩散到裂化催化剂表面，并沿催化剂的孔结构扩散到催化剂内部。

第二步：靠近催化剂表面的原料分子被催化剂活性中心吸附，原料分子变得活跃，其中的一些化学键容易打开。

第三步：被吸附的原料在催化剂表面发生化学反应。

第四步：产品分子从催化剂表面上脱附下来。

第五步：产品分子沿催化剂孔结构扩散到催化剂外部，进入主气流中。

3.2.1.2 FCC 典型工艺

在催化裂化研究领域，我国开发了一些独特的催化裂化工艺，可实现多产气体烯烃，主要包括中国石油化工科学研究院（简称中国石科院，RIPP）开发的 DCC、CPP、MIO、MGG 和 ARGG 等工艺[3]。

（1）DCC 工艺

DCC 工艺可通过技术手段以重油为原料制取低碳烯烃，分为 DCC-Ⅰ型和 DCC-Ⅱ型，前者采用 CRP-1 催化剂，以生产最大量丙烯为主；后者采用 CIP-2 催化剂，可最大量生产异丁烯和异戊烯。

（2）CPP 工艺

CPP 工艺的原料是重油。CPP 工艺采用专门研制的酸性沸石催化剂、适当的反应温度和较短的反应时间，催化裂化、高温热裂解、择形裂化、歧化和芳构化等反应均在提升管反应器中进行，以达到增产乙烯和丙烯的目的。

（3）MIO 工艺

MIO 工艺是一种新型工艺技术，它的原料为掺炼渣油的重质馏分油，采用稀土含量较低、抗金属污染能力强的 RFC 系列催化剂，在特定的工艺条件下，采用改进的提升管反应技术，可达到最大量生产异构烯烃（异丁烯、异戊烯）和高辛烷值汽油的目的。

（4）MGG 工艺

MGG 工艺的原料是蜡油掺炼渣油。MGG 工艺是一种采用 RMG 系列催化剂和相应的工艺条件，通过提升管或床层反应器，最大量生产富含低碳烯烃的液态烃和高辛烷值汽油的新型催化转化工艺技术。

（5）ARGG 工艺

ARGG 工艺以掺炼渣油的重质油为原料，是一种采用 RAG 系列催化剂，在一定的工艺条件下，多产液化气（尤其是丙烯、丁烯）和高辛烷值汽油的工艺技术。

此外，我国多家科研单位还研究开发了催化汽油降烯烃工艺，主要包括 MGD、MIP 和 FDFCC 工艺，简述如下[3]。

（1）MGD 工艺

MGD 工艺由 RIPP 开发，采用 RGD-1 型催化剂，较好地达到了用掺渣油原料多产柴油和液化气的目的，并降低其汽油烯烃含量。

（2）MIP 工艺

MIP 工艺是 RIPP 为最大限度地生产异构烷烃和催化汽油降烯烃而开发的工艺。该工艺于 2002 年 2 月首先成功应用于中国石化高桥分公司 1.4Mt/a 催化裂化装置，并在 MIP 装置上使用 MLC-500 催化剂，取得了良好的效果。

（3）FDFCC 工艺

FDFCC 工艺由洛阳石化工程公司开发，原料以及催化剂适应能力强，可不用降烯烃催化剂或降硫助剂，提高柴汽比、降低汽油烯烃含量和硫含量生产高辛烷值清洁汽油的目的均能通过此工艺实现。

3.2.1.3　FCC 催化剂的组成

FCC 催化剂主要由基质（载体）和活性组分组成，有时黏结剂也会添加其中。另外，根据 FCC 反应的要求，FCC 催化剂中还会添加一些其他物质，使之具有提高辛烷值、脱硫、助燃和钝化金属等功能。

（1）基质

FCC 催化剂的基质一般由胶态氧化铝、氧化硅构成，其差别在于组成形态与成分比例不同。基质的功能主要是承担载体，使 FCC 催化剂有适宜的比表面积、合理的孔径分布、合适的颗粒度与堆积密度、较强的耐磨性以及在水热条件下好的稳定性等物理性能；并要求其有良好的再生烧焦性能、汽提性能，足够的流化性能以及机械强度；另外，基质还可以稀释和分散活性组分，增加活性组分的热传递，抵抗碱性氮、重金属等对活性组分的污染，为活性组分发挥最大作用奠定牢靠的基础。最常见的基质有全合成硅铝基质和高岭土基质。随着炼油行业的不断发展，基质中除了白土、黏结剂之外，又增加了一些活性组分，如某一晶相的氧化铝等。不管如何变化，炼油过程中基质都必须担负起充分发挥活性组分功能的作用。

（2）活性组分

一般来说，FCC 催化剂的活性组分主要是各种不同形态和类型的沸石（分子筛），可以是单一的沸石，也可以是复合的沸石。活性组分的主要作用是：提供催化剂的裂化活性、水热稳定性、选择性和抗中毒能力。可作为 FCC 催化剂活性组分的常见沸石有 A 型沸石、X 型沸石、Y 型沸石、择形沸石等。其中，添加稀土的 Y 型沸石在工业上得到了广泛的应用。

（3）黏结剂

根据需要，有时会将一些黏结剂添加到 FCC 催化剂中，黏结剂不仅起黏结成型的作用，作为基质的一部分，还能提供一定的孔结构和活性，在 FCC 催化剂形成孔分布梯度中起着重要作用。黏结剂通常分为铝溶胶、硅铝溶胶和硅溶胶三类[3,6-8]。

3.2.1.4　FCC 催化剂失活的原因

随着 FCC 催化剂的长期使用，其物理化学性质会发生变化，从而导致其本身活性降低直至失活。能够导致 FCC 催化剂失活的原因较多，其中积炭失活、水热失活和中毒失活是最主要的三种原因[9,10]。

（1）积炭失活

积炭失活是指：炼油过程中的主要反应通常伴随着一些副反应，产生重质副产品并沉积在 FCC 催化剂表面，从而导致催化剂失活。在 FCC 催化剂表面产生积炭的反应，不仅是一种分子形状选择性催化反应，也是一种酸催化反应[11-14]。影响 FCC 催化剂表面积炭的因素包括催化剂的性能（酸度、颗粒粒径、孔结构等）、工艺操作条件和扩散过程中的扩散阻力等。一般而言，积炭失活是一个可逆的过程[9,15]。

（2）水热失活

水热失活是指：FCC 催化剂在高温反应条件下，在水蒸气的影响下，相组成与化学组成发生变化，如比表面积下降、结晶度降低、活性中心减少等，从而导致失活[16,17]。老化时间、环境温度和水蒸气分压等均会影响 FCC 催化剂的水热失活。一般而言，水热失活是一个不可逆的过程[9,15]。

（3）中毒失活

中毒失活是指：炼油过程中，有毒物质吸附在 FCC 催化剂的活性位，形成十分强的化学吸附键，或与酸中心发生化学反应，改变了 FCC 催化剂的性能特征，从而导致 FCC 催化剂的活性中心无法自由地参与反应，从而导致失活[15]。中毒失活一般分为两种：一种是碱性、极性分子如多环芳烃、氮化物和其他可能造成结焦的有机物导致的 FCC 催化剂中毒[17-19]；另一种是原料油中 V、Ni、Cu 等重金属沉积在 FCC 催化剂上造成的中毒[20-22]。其中，前者属于可逆中毒，后者属于不可逆中毒。影响 FCC 催化剂中毒失活的因素有催化剂自身的性能、原料油的质量等[9,23]。

3.2.2 加氢精制催化剂

加氢精制过程是指：在原料油分子骨架结构保持不变或变化不大的情况下，通过加氢反应除去杂质，从而提高油品质量，即"在催化剂和氢气存在的情况下，将石油馏分中含有的硫、氮、氧及金属等非烃类组分加氢脱出，以及烯烃、芳烃发生加氢饱和反应"。加氢精制技术是改善和提高石油产品质量的主要手段之一[2,24]。

然而，加氢精制技术的水平和发展，在很大程度上取决于加氢精制催化剂的发展。1927年，世界首个工业加氢精制催化剂在德国投入工业使用，为 WS_2-NiS-Al_2O_3 催化剂，用于煤高压加氢三段工艺的第二段加氢精制。我国从 20 世纪 50 年代开始加氢精制催化剂的研发，首先研制并工业应用的催化剂是担载在活性炭上的硫化钼催化剂，用于页岩油的加氢精制。20 世纪 70 年代为了提高二次加工油品的质量并改善其安定性，我国加氢精制催化剂的开发和生产逐步活跃起来，投产了一系列加氢精制催化剂。进入 21 世纪，为了清洁燃料的生产，又开发了汽油脱硫、脱氮、选择性烯烃饱和和加氢异构化等各种加氢催化剂，可基本满足国内炼油企业的需要[24]。

3.2.2.1 加氢精制原理

（1）加氢脱氮

加氢脱氮的主要反应如下：

$$R—NH_2+H_2 \longrightarrow RH+NH_3$$

$$R—CN+3H_2 \longrightarrow R—CH_3+NH_3$$

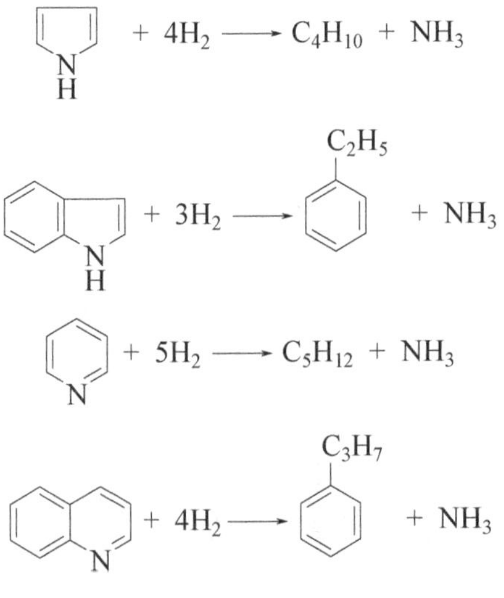

（2）加氢脱金属

原油中镍、钒等金属含量较高，会对催化剂造成损伤，加氢脱金属反应是常用的原油中镍、钒的脱除方法，对于加氢脱金属反应过程，目前有两种论点。一种论点认为，硫可以作为供电子体，把钒和镍紧紧地结合起来。因此，氢气和硫化氢的存在可使共价金属与氮键削弱。

另一种论点是，根据模型化合物的实验结果，加氢脱金属反应按照顺序机理进行，首先从吡咯环加氢开始，产物的最终氢解反应使镍沉积在催化剂表面[24]。

3.2.2.2　加氢精制催化剂的组成

加氢精制催化剂主要由载体、加氢金属组分和助剂组成[2]。

（1）载体

载体也称担体，加氢精制催化剂主要有两种载体：一种是中性载体，如活性氧化铝、活性炭和硅藻土等；另一种是酸性载体，如硅酸铝、硅酸镁、活性白土和分子筛等。其中常用的载体有活性氧化铝和硅酸铝载体。该载体表面积较高，能够高度分散活性金属；具有理想的孔结构（孔体积和孔分布），有利于反应分子进行扩散；该载体可为容纳积炭提供空间，提高催化剂的热导性，防止活性组分因局部过热而烧结失活；作为催化剂的骨架，它可以提高催化的稳定性和机械强度，并使催化剂具有一定的形状和大小，以满足工业过程中流体力学的需求。

（2）活性组分

加氢精制催化剂的活性来源于其金属部分，主要为第ⅧB族和ⅥB族中的几种金属元素，如 Fe、Co、Ni、Cr、Mo 和 W 等金属的氧化物和硫化物，以及 Pt 和 Pd 等贵金属。加氢精制催化剂的化学组成对其催化性能的影响主要体现在金属组分的比例和总量上，其ⅧB族金属和ⅥB族金属综合原子比的最佳值在 0.25～0.40 间，此时可达到最高的催化剂加氢脱硫和加氢脱氮活性。

（3）助剂

在加氢精制催化剂中常常会添加一些活性助剂，如含硅（Si）、磷（P）、氟（F）、硼（P）、钾（K）、钙（Ca）和镁（Mg）等元素的助剂，主要是为了提高其某一方面的性能，如活性、选择性、寿命、热稳定性或强度等有利于再生[25]。

3.2.2.3　加氢精制典型工艺

我国加氢精制工艺包括重整原料油加氢精制、二次加工汽油加氢精制、柴油加氢精制、焦化全馏分油加氢精制、石蜡加氢精制、凡士林加氢精制、润滑油加氢精制、重油加氢精制、渣油加氢精制等[26]。

（1）重整原料油加氢精制

通过催化重整原料油预加氢精制，可以除去原料油中少量含有的对重整催化剂有毒害的杂质，包括硫、氮、砷、铅、铜、汞等。该工艺使用的催化剂有 FDS-4A、镇海 481-3 等。

（2）焦化汽油加氢精制

加氢精制可以降低焦化汽油、热裂化汽油中的硫、氮、烯烃含量，提高其安定性，为下游提供稳定进料。该工艺使用的催化剂有 FHS-1、FH-98 等。

（3）催化汽油加氢精制

催化汽油加氢工艺的目的是降低 FCC 汽油中的硫、烯烃等。该工艺使用的催化剂为 FRIPP 开发的 FGH-20/FGH-11 催化剂体系。

（4）航煤加氢精制

航煤加氢精制工艺可以在脱硫醇、降酸值、改善颜色等方面起到很好的效果。该工艺使用的催化剂有 FDS-4A 等。

（5）柴油加氢精制

柴油加氢精制工艺主要是脱出硫、氮、烯烃饱和，脱出胶质，解决油品的安定性。该工艺用到的催化剂有 FH-5、FH-DS、FH-5A、FDS-4 等。

3.2.2.4 加氢精制催化剂的失活原因

加氢精制催化剂失活的原因为焦化、烧结和有毒物质的沉积。通过再生的办法可以对前两者导致的废催化剂进行复活；而有毒物质的沉积会使催化剂永久失活，只能通过其他方法进行处理，如从废催化剂中提取贵重金属、将废催化剂制作成有用的材料等[27,28]。

3.2.3 加氢裂化催化剂

加氢裂化是指通过加氢反应使原料中分子变小 10% 以上的加氢工艺，包括馏分油加氢裂化（含加氢裂化生产润滑油料）、渣油加氢裂化和馏分油加氢脱蜡（择形裂化和择形异构化）[24]。

加氢裂化催化剂与加氢精制催化剂的区别在于：加氢裂化催化剂是一种典型的由加氢组分和裂化（酸性）组分组成的双功能催化剂，它不但应具有加氢精制催化剂的加氢活性，还应具有裂化和异构化活性。加氢裂化催化剂的开发和选择应综合考虑催化剂的加氢活性、裂化及异构化活性，目的产品的选择性活性，稳定性，机械强度，对 S、N、水蒸气的敏感性及再生性能。适宜的催化剂是根据不同的原料和产品要求及工艺过程，将两种催化功能进行选择和匹配得到的[2]。

3.2.3.1 加氢裂化催化剂的催化原理

加氢裂化反应是在具有裂化和加氢两种作用催化剂上进行的，由非晶硅铝或沸石分子筛（载体）提供其裂化活性，由负载（或交换）在载体上的金属组分提供加氢活性。在催化剂作用下，非烃化合物发生假转化，烷烃、烯烃发生裂化、异构化，并通过开环等反应，最终将多环化合物向单环化合物转化[24]。

3.2.3.2 加氢裂化催化剂的组成

加氢裂化催化剂的组成成分包括金属组分、裂化组分和助剂[2]。

（1）金属组分

加氢裂化催化剂的金属组分具有加氢脱氢活性，常用的有钨、钼、镍和钴等金属，或铂、钯等贵金属。加氢裂化催化剂化学组成的影响表现在活性组分原子比和金属总量上。

与加氢精制催化剂相同，加氢裂化催化剂也有最佳原子比，这一原子比对于不同的酸性组分不尽相同，一般为 0.25～0.50。

（2）裂化组分

载体是加氢裂化催化剂中的裂化（酸性）组分，它可以给催化剂提供酸性中心、适当的孔结构并增加有效表面积，并且与活性金属组分形成新的化合物以改善催化剂的性能。载体一般为氧化铝、氧化硅-氧化铝、八面沸石、改性 Y 型分子筛等。

（3）助剂

助剂在加氢裂化催化剂中有 2 个主要作用：

① 对催化剂的性质进行调节，改善催化剂载体和活性金属之间的相互作用；

② 对分子筛的性质进行调节，在分子筛中引入活性金属原子。

目前常用于加氢裂化催化剂并起重要作用的助剂元素有氟、磷、硼等[2]。

3.2.3.3 加氢裂化典型工艺

我国加氢裂化基本工艺流程分为 3 种，即单段、单段串联和两段。为满足多元化的市场需求，加氢裂化专利商纷纷推出了 3 种基本工艺流程衍生出的新加氢裂化工艺技术，如反序串联、分段进料和平行进料等工艺。然而，我国现有加氢裂化装置绝大部分采用的工艺流程为单段双剂或单段串联工艺流程，2 种工艺占总处理能力的 91.2%[29]。沸石型加氢裂化催化剂是我国炼油厂加氢裂化装置的主导催化剂[30]。

3.2.3.4 加氢裂化催化剂的失活原因

加氢裂化催化剂失活的原因为焦化、烧结和有毒物质的沉积，其中前两者可以通过再生的办法对废催化剂进行复活，而后者会造成催化剂的永久失活，只能通过其他方法进行处理，如从废催化剂中提取贵重金属、将废催化剂制作成有用的材料等[27,28]。

3.2.4　催化重整催化剂

催化重整是在催化剂存在下重组烃类分子的过程。它是石油炼化工业的关键技术。其主要产品重整油是高辛烷值汽油的调合组分。例如，美国的重整油占所有汽油的 1/3；其重整芳烃是化纤、塑料和合成橡胶的基本原料，世界上 70% 以上的芳烃来自重整；其副产品重整氢是一种廉价的氢源，炼油厂使用的 50% 的氢由重整提供。而催化剂则是重整装置的"芯片"，是重整技术的核心[2]。

催化重整催化剂的研究已有半个多世纪的历史，经历了非铂、单铂、铂加助金属三个大的发展阶段。目前，重整催化剂一般都采用含铂的催化剂，其发展处于一个相对稳定阶段[31]。

3.2.4.1 催化重整催化剂的催化原理

催化重整催化剂主要参加脱氢反应、异构化反应、脱氢环化反应[32]。

① 六元环烃的脱氢反应，如：

$$\bigcirc \Longleftrightarrow \bigcirc + 3H_2$$

② 五元环烃的异构脱氢反应，如：

$$\bigcirc\!\!-\!CH_3 \Longleftrightarrow \bigcirc + H_2$$

③ 烷烃环化脱氢反应，如：

$$C_6H_{14} \Longleftrightarrow \bigcirc + 4H_2$$

④ 异构化反应，如：

$$n\text{-}C_7H_{18} \Longleftrightarrow i\text{-}C_7H_{18}$$
正庚烷　　　　异庚烷

⑤ 加氢裂化反应，如：

$$n\text{-}C_8H_{18}+H_2 \Longleftrightarrow 2i\text{-}C_4H_{10}$$
正辛烷　　　　异丁烷

在实际生产中，为了获得较高的芳烃产率，应采用高温条件和较低的反应压力，以利于烷烃的脱氢[2]。

3.2.4.2　催化重整催化剂的组成

重整催化剂由金属组分（铂或含铂双金属和多金属）、载体（常用氧化铝）和酸性组分（氯化物或/和氟化物）组成，是一种多功能催化剂。金属组分（主要是贵金属铂）在氧化铝载体上高度分散，既有脱氢加氢活性（主要由铂承担），又有异构和加氢裂化活性（由单体或卤素承担）[2]。

（1）载体

主要是氧化铝，其中 η-氧化铝占 0～10%，其余是 γ-氧化铝；氧化硅占 0.001%～2%。作用是担载活性组分，使其均匀分布。

（2）活性金属组分

铂（和钯）是主剂，含量为 0.01%～0.7%。双金属或多金属重整催化剂还要引入 0.005%～10%的非贵金属，称为助剂，通常选自铼、锡、钛、铱、锗、镓、铅、钼和钨。助剂可以促进铂的分散，抑制铂晶粒生长，提高稳定性，改善选择性，增强持碳能力，使装置可在低压、低氢油比和较高温度下长期运转。

（3）酸性组分

通常是氯，含量为 0.1%～15%，也有选择其他卤素元素的。主要作用是促进催化剂的异构化和裂化功能[2]。

3.2.4.3　催化重整典型工艺

我国催化重整工艺大体上可分为连续重整和半再生重整。然而前者技术更为先进，它表现在反应压力和氢油比大大降低，液体收率、氢气产率、芳烃产率和重整生成油的辛烷值都有不同程度的提高。截至 2016 年，我国大陆地区催化重整装置共有 107 套，总加工能力为 98.98Mt/a，其中连续重整装置 82 套，加工能力为 91.63Mt/a；固定床重整装置 25 套，加工能力为 7.35Mt/a，无循环再生重整装置，连续重整加工能力占催化重整能力的 82%[33]。连续重整装置使用 3861、GCR-10、PS-Ⅲ、PS-Ⅳ、PS-Ⅴ等催化剂[34]。

3.2.4.4 催化重整催化剂的失活原因

能够导致催化重整催化剂失活的原因较多，其中积炭失活、金属凝聚与熔结失活、中毒失活和结构变化失活是最主要的四种原因[2]，前两种失活可以通过再生途径得以恢复，而后两种的失活则需要对废催化剂进行另外的处理。

3.2.5 石油炼制废催化剂总结

固体催化剂是炼油行业应用最广泛、最主要的催化剂。炼油催化剂主要包括 FCC（fluid catalytic cracking，FCC）催化剂、加氢精制催化剂、加氢裂化催化剂和催化重整催化剂 4 大类。在综述了各种炼油催化剂催化原理、典型工艺、催化剂组成的基础上，分析了各种催化剂失活或中毒的原因。

炼油催化剂多种多样，即使是生产相同的产品，因生产工艺不同也会使用不同种类的催化剂。除了早期使用的少数单组分炼油催化剂外，绝大多数炼油催化剂都是由多种化合物构成的。这类催化剂通常主要由活性物质、助剂和载体组成。

高效催化剂的使用大大地促进了我国炼油行业的发展，但同时也带来了环境污染和可持续发展问题。催化剂失活或中毒后，经再生后会降低原有的活性，当多次再生后，活性不能达到可接受的程度时就成为炼油废催化剂。炼油废催化剂中的铁、铝等金属因在自然界中广泛存在，不存在资源缺少问题，需重点关注其中稀有金属及贵金属的回收和利用。

3.3 石油炼制废催化剂的产量估算及分布

3.3.1 石油炼制废催化剂总产量预测

有关炼油废催化剂使用量的报道寥寥无几，直接预测炼油废催化剂产量的文献则未见报道。2005 年，我国炼油能力为 $3.25×10^8$t/a[35]，实际石油消费量亦为 $3.25×10^8$t/a[25]，即炼厂的实际开工率为 100%，同年炼油催化剂的使用量为 $11.5×10^4$t/a[36]，若不计新开工的和更换催化剂的炼油装置所使用的催化剂的量，则每炼制 1t 原油会产生 0.354kg 炼油废催化剂。

3.3.2 分类预测石油炼制废催化剂的产量

炼油催化剂包括流化催化裂化催化剂、催化加氢催化剂、催化重整催化剂等。在我国市场上，目前催化裂化催化剂的用量占据较大的市场比例，约为 68.9%，加氢精制、加氢裂化和催化重整所占据的比例分别为 9.4%、6.2%和 3.3%，其他种类的炼油催化剂占据的比例约为 12.2%[37]。对于工业催化剂，由于对详细制造过程、组成或用量的保密，要确切掌握催化剂的消费量是颇为困难的。因此，废催化剂的产量只能采取估算的方法。根据柴国良的数据[36]，每炼制 1t 原油会产生 0.354kg 炼油废催化剂。假定每炼制 1t 原油所产生炼油废催化剂的量大致不变，则根据我国每年的石油消费量，再根据每种炼油催化剂所占的市场比例，即可推算出当年该种废催化剂的产量，如表 3.1 所列。

表 3.1　我国大陆地区各类炼油废催化剂的产量估算

年份	石油消费量[①]/10⁶t	各类炼油废催化剂的产量/10⁴t			
		催化裂化	加氢精制	加氢裂化	催化重整
2005	325	7.92	1.08	0.71	0.38
2006	350	8.54	1.17	0.77	0.41
2007	366	8.92	1.22	0.80	0.43
2008	360	8.78	1.20	0.79	0.42
2009	384	9.36	1.28	0.84	0.45
2010	434	10.58	1.44	0.95	0.51
2011	445	10.85	1.48	0.98	0.52
2012	491	11.97	1.63	1.08	0.57
2013	502	12.24	1.67	1.10	0.59
2014	520	12.68	1.73	1.14	0.61
2015	541	13.19	1.80	1.19	0.63
2016	576.93	14.07	1.92	1.27	0.67
2017	603.96	14.72	2.01	1.32	0.71
2018	622.45	15.18	2.07	1.37	0.73
2019	645.07	15.73	2.15	1.42	0.75

① 2005—2015 年的数据源自 2006—2016 年《中国国土资源公报》，2016—2019 年的数据源自 2020—2021 年《中国统计年鉴》。

3.4　石油炼制废催化剂的处理处置研究进展

3.4.1　炼油废催化剂的成分

要了解废催化剂的成分，必须首先了解新鲜催化剂的成分。表 3.2 列出了一些用于催化裂化、加氢精制、加氢裂化和催化重整的新催化剂的成分。

由表 3.2 可知，由于催化剂活性的需要，一些催化剂本身就含有有毒有害成分。例如，加氢裂化催化剂中可能含有 NiO 等致癌性物质，催化重整催化剂中添加的 Ti 虽然也属于有毒物质，但其含量很低，未达到致毒的条件[58]。

表 3.2　新鲜炼油催化剂的成分

序号	炼油催化剂类别	催化剂名称	原始催化剂组分及含量	文献
1	催化裂化	CIP-1	氧化铝：52%，氧化钠：0.085%，三氧化二铁：0.4%，氯酸根：0.01%	[38]
2		CIP-2	氧化铝：50.3%，氧化钠：0.073%，三氧化二铁：0.27%，灼减量：11.9%	[39]
3		CRP-1	氧化铝≥48%，氧化钠≤0.15%，三氧化二铁≤0.9%，灼减量≤13%	[40]
4		DMCC-1	氧化铝：52.6%，三氧化二镍：0.3%，氧化钠：0.125%，五氧化二磷：2.1%	[40]
5		MMC-2	氧化铝：57.8%，三氧化二镍：0.38%，氧化钠：0.1%，五氧化二磷：2.5%	[40]
6		RMG	氧化铝：42.9%，三氧化二铁：0.49%，氧化钠：0.18%，负二价硫酸根离子：0.85%	[41]
7		LCC-2	氧化铝：42.9%，三氧化二铁：0.49%，氧化钠：0.18%，负二价硫酸根离子：0.86%	[42]
8	加氢精制	FDS-4A	Co：2%, Mo：10%, C：2%, SiO_2：35%, Al_2O_3：45%, Fe：0.5%, Ca：0.3%, As：0.2%, 其他：2%	[43]
9		FZC-42	MoO_3：23%~26%, NiO：8.5%~9.5%, Al_2O_3：余量	[44]
10		3936	MoO_3：23%~26%, NiO：4.0%±0.3%, P：2.8%±0.2%, Al_2O_3：余量	[42]
11		3996	MoO_3：23%~26%, NiO：3.7%~4.6%, P：1.6%~2.6%, Al_2O_3：余量	[45]
12		RDM-2	活性组分（Mo、Ni）：6%~12%；载体原料：拟薄水铝石	[46]
13		FZC-24B	活性组分（Mo、Ni）；载体原料：拟薄水铝石	[47]
14	催化重整	CB-3	氧化铁，氧化铬，氧化铜及助剂，本体硫含量≤0.025%	[48]
15		CB-6	Pt：0.29%, Re：0.26%, Ti：0.14%, Cl：1.10%, γ-Al_2O_3：余量	[32]
16		CB-7	Pt：0.21%, Re：0.44%, Ti：0.10%, Cl：1.54%, γ-Al_2O_3：余量	[32]
17		CB-8	Pt：0.15%, Re：0.30%, Cl：1.30%, γ-Al_2O_3：余量	[32]
18		CB-11	Pt：0.21%, Re：0.44%, Cl：1.54%, γ-Al_2O_3：余量	[32]
19		GDR-10	Pt：0.29%, Cl：1.07%	[49]
20		3961	Pt：0.35%, Sn：0.30%, Cl：1.14%, 载体：新型氧化铝	[50]
21	加氢裂化	3825	MoO_3：14%~16%, NiO：4.5%~5.5%, SiO_2：37%~45%, Al_2O_3：余量, Na_2O：<0.2%	[51]
22		3905	MoO_3：23.94%, NiO：4.38%, SiO_2：49.37%, Al_2O_3：余量, Na_2O：<0.2%	[52]
23		3903	WO_3+NiO：25%~32%, SiO_2：27%~32%, Al_2O_3：余量	[53]
24		3824	MoO_3：17%~21%, NiO：5.5%~6.5%, SiO_2：9%~15%, Al_2O_3：余量, Na_2O：<0.2%	[54]
25		3974 型	钨，镍（活性组分）；载体：新型硅铝及沸石	[55]
26		ZHC-01	WO_3：21.5%~23.5%, NiO：8.5%~9.5%, 助剂：6.5%~7.5%, SiO_2：27%~31%, Al_2O_3：余量	[56]
27		3882	WO_3, NiO（活性组分）；Al_2O_3（载体）	[57]

　　随着炼油的进行，原料油中的一些有毒有害成分也会进入到催化剂中，如表 3.3 所列。

　　由表 3.3 可知，会有 Ni、V、Fe 等重金属沉积在反应后的 FCC 废催化剂表面[64]，有些情况下，Ni 的含量高达 0.8%[65]，少量的 Na、Mg、P、Ca、As、Cu 等元素也将沉积在废催化剂上；此外，为了抑制沉积在催化剂上的重金属的活性，通常在系统中加入一定量的钝化剂，而钝化剂中含有有毒物质金属 Sb[2]。对于催化加氢反应，反应过程中也可能会有 Ni、V 等金属沉积在催化剂上，根据进料的不同，As、Fe、Ti、Ca、Na 以及黏土等杂质也会沉积在催化剂上，使其活性降低甚至失活[66]，原料油中的一些非金属元素，如 O、Cl、S 等会与新鲜催化剂中的 Co、As 等元素结合，生成有毒物质，导致催化剂的报废。对于催化重整废催化剂，由于催化重整过程中对原料要求严格，废催化剂中有毒有害成分较少，大部分积炭在废催化剂表面，但由于长期运转，毒物会累计，即使原料油中硫、氮、金属等毒物的含量在指标范围内，催化剂也会被杂质污染而中毒成为废催化剂[2]。

表 3.3　炼油废催化剂的成分

种类	废催化剂样品	成分及含量（质量分数）	文献
催化裂化	a	Na：0.153%，Mg：0.016%，Al：23.82%，P：0.376%，Ca：0.415%，V：0.035%，Fe：0.178%，Ni：0.257%，Cu：0.0025%，As：0.059%，Sb：0.261%，Pb：0.013%	[59]
	b	Na：0.141%，Mg：0.024%，Al：47.23%，P：0.607%，Ca：0.310%，V：0.067%，Fe：0.264%，Ni：0.201%，Cu：0.0077%，As：0.041%，Sb：0.559%，Pb：0.028%	[59]
	c	Ni：1.1%，Fe：0.28%，Cu：0.0026%，V：0.14%，Sb：0.14%	[60]
加氢精制	d	V：10.2263%，Mo：1.9644%，Al：22.4345%，Co：1.3714%	[61]
	e	V_2O_5：14.5%，Mo：6.5%，Ni：27.3%，Fe：1.8%，Al_2O_3、油污：余量	[62]
催化重整	f	Al_2O_3：90.9%，SiO_2：0.29%，SO_3：0.21%，Cl：0.70%，TiO_2：0.03%，Fe_2O_3：0.13%，Re：0.39%，Pt：0.23%，LOI（烧失量）：7.00%	[63]
	g	Al_2O_3：93.2%，SiO_2：0.27%，SO_3：0.17%，Cl：0.80%，TiO_2：0.17%，Fe_2O_3：0.17%，Re：0.30%，Pt：0.29%，LOI（烧失量）：4.30%	[63]

3.4.2　炼油废催化剂的处理和利用方法

炼油废催化剂一般都会采用一些方法对其进行再生。再生后的催化剂若达不到反应所需的活性，则根据其成分的不同而采用不同的方法处理和利用。

3.4.2.1　FCC 废催化剂

FCC 催化剂失活的原因有重金属污染失活、积炭失活和水热失活 3 种。重金属污染失活是指 Ni、V、Fe 等重金属进入了催化剂导致其失活；积炭失活是指在 FCC 过程中，在进行主反应的同时催化剂表面沉积了一些副反应伴随生成的重质副产物，从而导致积炭失活；水热失活是指在高温反应条件下，FCC 催化剂的化学组成和相组成发生了变化，导致 FCC 催化剂失活[9]。FCC 废催化剂的处理和利用方法如下。

（1）磁分离技术

FCC 废催化剂中含有强磁性重金属，如 Ni、V、Fe 等[67]，可通过磁分离技术进行处理和利用。磁分离技术分为高梯度磁分离（HGMS）工艺和永久磁铁的磁分离工艺两类。1988年，日本石油公司开发了 HGMS 工艺，随后与美国 Ashland 石油公司合作开发了 Magna Cat 工艺，取得了良好的工业应用效果[68]。梁永辉[69]对低磁性 FCC 废催化剂进行了磁分离研究，并进行了工业放大，结果表明回收率为 40% 时，低磁剂的 Ni 质量分数降幅超过 20%，微反活性提高 5%，处理后的废催化剂返回到催化裂化装置后，产品性质保持稳定，每年可节约 20% 的新鲜催化剂。

（2）化学再生法

化学再生法是将废催化剂与一些化学物质接触并发生反应，以脱除沉积在废催化剂上的 Ni、V 等重金属，从而使催化剂的比表面积及空隙等性能得到恢复，使废催化剂可以重新使用[70,71]。美国 Chemeat 公司采用 Demet 脱金属工艺对 FCC 废催化剂进行再生[65]，V 的脱除率可达 40%～70%，经处理后催化剂的活性可恢复到新鲜催化剂的水平。吴聿等[72]采用无机和有机耦合法对 FCC 废催化剂进行再活化，处理后的废催化剂已在中国石油天然气股份有限公司大庆石化分公司进行试用，取得了良好的效果。

（3）其他处理方法

处理废弃 FCC 催化剂的方法还有很多，如填埋，作制作水泥、沥青和砖的配料等[5]。Palak 等[73]发现，FCC 废催化剂的防腐、防污垢和防微生物滋生的性能很好，FCC 废催化剂在 80℃下能承受化工厂的各种腐蚀，缓蚀效率达 90% 以上。刘欣梅等[74]以 FCC 废催化剂为原料，添加无机盐，调节碱度和结晶温度，制备出大比表面积的超细 Y 型分子筛，该 Y 型分子筛具有优异的水热性能。Zornoza 等[75]用 FCC 废催化剂对硅酸盐水泥进行了加速炭化实验，取得了良好的结果。张俊计等[76]通过焙烧、浸取过滤、水浴陈化、洗涤干燥 FCC 废催化剂，得到了符合相关应用要求的白炭黑。

3.4.2.2　催化加氢废催化剂

催化加氢催化剂失活的原因为积炭和有毒物质的沉积[28,77]。催化加氢废催化剂的处理和利用方法如下。

（1）器内再生

器内再生是把氮气或水蒸气当作热载体，将空气引入反应器内烧焦[78]，使废催化剂中的杂质得以去除。器内再生的不足之处较多，首先，器内再生时催化剂未经卸出及过筛，催化剂易结块，在烧焦过程中容易造成床层局部过热，并使烧焦时间延长；其次，器内再生的温度不好控制，若温度和氧含量没有协调好，容易造成床层超温而烧毁催化剂；另外，器内再生还会对环境造成一定的污染[78,79]。所以目前已经很少使用器内再生法。

（2）器外再生

器外再生是指将废催化剂卸出，在反应器外采用专门的再生装置进行再生[79]。器外再生优于器内再生，如果控制好再生时的温度和速度，可以恢复 90% 以上的催化剂活性[78]。我国器外再生技术已经取得了很多成果，王立兰等[80]对 RN-22 型加氢精制催化剂进行了器外再生，结果表明器外再生不仅避免了器内再生过程的设备腐蚀问题，而且再生后催化剂的活性较再生前有明显提高。

（3）金属组分回收

催化加氢废催化剂反复再生后，其活性达不到工艺要求，不能正常使用，然而废催化剂中含有 Pt、Pd 等贵金属和 Mo、W、V、Co 等金属，回收价值很高。目前金属组分回收的方法主要有酸浸、碱浸、酸碱两段浸出、生物浸出、电化学溶解等[81]。Banda 等[82]在 90 ℃时，将粒径为 250μm 的废催化剂在固液质量比为 5% 的情况下，浸入 3mol/L 的盐酸溶液中，对加氢脱硫废催化剂进行浸出实验，反应 60min 后 Mo 和 Co 的浸出率均可达到 90%

以上（分别为 97%和 94%），随后先用 TBP 溶液提取浸出液中的 Mo，再用阿拉明 308 溶液提取浸出液中的 Co，取得了很好的效果。

（4）其他方法

催化加氢废催化剂也可以通过填埋进行处理，但由于其中含有有用的金属成分，且随着填埋成本的增加，填埋处理已经不太可行。

3.4.2.3　催化重整废催化剂

催化重整催化剂失活的原因很多，如积炭、中毒、高温等。

（1）再生

催化重整废催化剂的再生一般分为碳燃烧、氯气补充和还原三个步骤。碳燃烧（烧炭）是在适当的氧浓度下将废催化剂上的积炭烧掉；氯气补充（补氯）是补充烧炭过程中损失的氯，同时分散反应和燃烧时所熔融的铂；还原是指将氯化更新后的氧化态催化剂还原到金属态，其中还原剂通常为氢[2]。

（2）其他方法

催化重整催化剂经过多次再生后，已无法满足使用要求，但催化剂中含有铂、钯等贵金属。目前从催化重整废催化剂中回收贵金属的方法有气相转移法(高温氯化挥发法)、载体溶解法、贵金属溶解法、火法熔炼法、机械剥离法、等离子熔融法等[83]。傅建国[83]采用焙烧—浸出—树脂交换—沉铂—精制工艺对 γ-Al_2O_3 为载体的催化重整废催化剂进行铂回收，铂的收率可达 98%以上。李勇等[84]采用加压碱溶浸出和常压酸溶富集的方法回收催化重整废催化剂中的铂和铼，铂和铼的回收率分别大于 99%和 92%。

3.4.3　炼油废催化剂处理总结

炼油厂废催化剂处理的第一步是再生，当废催化剂再生后无法满足反应所需的活性后，不同类型的废催化剂有不同的处理方式。其中，FCC 废催化剂中可能含有 Ni、V、Sb、Cu 等重金属，必须进行无害化处理；催化加氢废催化剂中可能含有 NiO 等成分，需进行无害化处理，还可能含有 Pt、Pd 等贵重金属和 Mo、Co 等有用资源，需要进行回收利用；催化重整废催化剂中可能含有 Pt、Pd、Ir 等贵金属，也应进行回收利用。未来炼油废催化剂的处理和利用的方向主要是再生、资源化、无害化等。

3.5　石油炼制废催化剂的形态特征及成分分析

3.5.1　材料与方法

3.5.1.1　实验样品

实验中采用的炼油废催化剂样品情况如表 3.4 所列，样品照片如图 3.1 和图 3.2 所示。

表 3.4　炼油废催化剂样品情况

类别	名称	来源
废 FCC 催化剂	样品 1	江苏某中石化炼厂
	样品 2	上海某中石化炼厂
	样品 3	上海某中石化炼厂
	样品 4	湖南某中石化炼厂
新鲜催化加氢催化剂	H-1	中石化某催化剂厂
	H-2	中石化某催化剂厂
	H-3	中石化某催化剂厂

四种废 FCC 催化剂样品如图 3.1 所示（彩图见书后）。

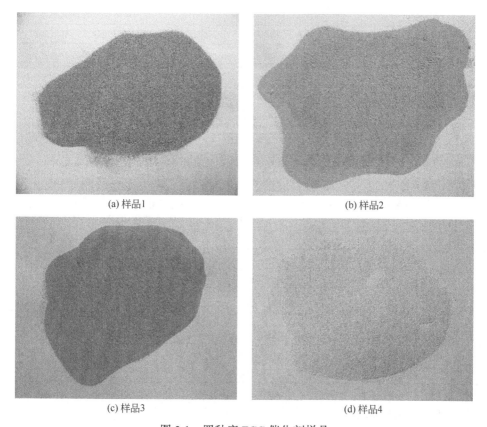

(a) 样品1　　　　　　　　　　　(b) 样品2

(c) 样品3　　　　　　　　　　　(d) 样品4

图 3.1　四种废 FCC 催化剂样品

三种新鲜催化加氢催化剂如图 3.2 所示（彩图见书后）。

3.5.1.2　实验试剂及主要设备

本实验中用到的试剂及其纯度和生产厂商见表 3.5。实验过程中配制溶液、定容等都使用去离子水。

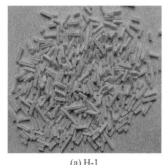
(a) H-1

(b) H-2

(c) H-3

图 3.2　三种新鲜催化加氢催化剂实物图

表 3.5　主要药品与试剂

药品与试剂名称	规格	生产厂商
浓硝酸	GR	上海凌峰化学试剂有限公司
浓盐酸	GR	上海凌峰化学试剂有限公司
浓硫酸	GR	上海凌峰化学试剂有限公司

本研究实验中用到的设备及其型号和生产厂商见表 3.6。

表 3.6　主要实验仪器

仪器	型号	生产厂商
能谱仪（EDS）	Falion 60S	美国 EDAX 公司
等离子体发射光谱仪（ICP-AES）	Agilent725ES	安捷伦科技有限公司
微波消解萃取仪	ETHOS A	深圳市华晟达仪器设备有限公司
全自动比表面积和孔隙度分析仪	TriStar Ⅱ 30	麦克默瑞提克（上海）仪器有限公司
箱式电阻炉	XS2-4-10	上海恒一科技有限公司
冰箱	SC-287NE	澳柯玛股份有限公司
电子天平	ME104E	瑞士梅特勒-托利多集团
实验室 pH 计	FE20	瑞士梅特勒-托利多集团
气浴恒温振荡器	THZ-82	江苏金坛市金城国胜实验仪器厂
电热恒温鼓风干燥箱	DHG-9030A	上海恒一科技有限公司
超声波清洗器	SK2200H	上海科导超声仪器有限公司
超纯水机	ELGA Classic UV MK2	英国 ELGA 公司

3.5.1.3　实验及分析方法

（1）EDS 半定量成分分析

取 1～2g 催化剂样品于瓷研钵中磨碎过 200 目筛后送样检测。

（2）ICP-AES 金属成分分析

① 将废 FCC 催化剂样品磨碎后，过 200 目筛（0.154mm），置于马弗炉中，在 600℃下灼烧 30min，将其中的有机物进行分解。待马弗炉冷却后取出样品放入干燥器冷却 6h 以上，待用。

② 准确称取 0.1000~0.2000g（精确到 0.0001g），研磨后倒入消解罐中，并向消解罐中依次加入 4mL 浓硝酸和 1mL 浓盐酸，旋紧消解罐盖子，将消解罐放入微波消解仪中，设定程序，使样品在 10min 内升高到 175℃，并在 175℃下保持 20min。冷却至室温，在通风橱中小心打开消解罐的盖子。

③ 将消解罐中的消解液直接转移至比色管中，用去离子水冲洗消解罐 3 次，并将液体倒入比色管，再用去离子水定容至 50mL，静置 6h 以上再取上清液，过 0.45μm 滤膜储存于冰箱（4℃）内以备 ICP-AES 分析待测元素的含量。分析前根据情况将样品稀释适当倍数待测。同时做全程序空白，每个样品做 3 个平行样。

（3）浸出毒性浸出方法

① 浸提剂的配制：将质量比为 2:1 的浓硫酸和浓硝酸的混合液缓慢加入到去离子试剂水（1L 水约 2 滴混合液）中，使 pH 值为 3.20±0.05，放入具塞试剂瓶中备用。

② 含水率的测定：称取 10g 废 FCC 催化剂样品置于称量瓶中，于 105℃下烘干，恒重至两次称量值的误差小于±1%，计算样品的含水率。（进行含水率测定后的样品，不得用于浸出毒性实验。）

③ 称取 20g 废 FCC 催化剂，置于 500mL 玻璃具塞瓶中。根据样品的含水率，按液固比为 10:1（L/kg）计算出所需浸提剂的体积，加入浸提剂，盖紧瓶盖后调节转速为（30±2）r/min，于（23±2）℃下振荡（18±2）h。在振荡过程中有气体产生时，应定时在通风橱中打开提取瓶，释放过度的压力。

④ 振荡完毕，静置隔夜后，取上清液储存于冰箱（4℃）内以备 ICP-AES 分析待测元素含量。同时做全程序空白，每个样品做 3 个平行样。

3.5.2 废 FCC 催化剂形态特征分析

在炼油过程中，FCC 催化剂经长时间循环使用，会因诸多原因而报废，目前鲜有文献对报废后的 FCC 催化剂的理化性质进行研究。本节通过粒径分布分析、BET 比表面积及孔径分析、XRD 分析、SEM 分析等分析手段研究报废后的 FCC 催化剂的理化性质，并与新鲜 FCC 催化剂的数据进行对比。

3.5.2.1 实验方法

（1）废 FCC 催化剂粒径分布分析方法

采用"四分法"将废 FCC 催化剂混合均匀，分别称取四种废 FCC 催化剂样品各 20.0g，将样品从上至下依次通过 60 目（250μm）筛、100 目（147μm）筛、120 目（125μm）筛、160 目（96μm）筛、180 目（80μm）筛和 200 目（75μm）筛，各筛均振荡约 5min，分别称取留在各筛网上样品的质量，计算各样品中不同粒径所占的比例。

（2）废 FCC 催化剂的表征

分别取混合均匀后的四种废 FCC 催化剂样品进行 BET 比表面积及孔径分析、SEM 分析，四种样品经研磨后过 200 目筛进行 XRD 分析。

3.5.2.2 废FCC催化剂的粒径分布分析

表 3.7 和图 3.3 为本实验研究的四种废 FCC 催化剂的粒径分布。

表 3.7 四种废 FCC 催化剂粒径分布表

项目	筛前质量/g	筛后损失/g	质量损失/%	>250μm/%	125～250μm/%	96～125μm/%	80～96μm/%	75～80μm/%	<75μm/%
样品 1	20.0252	19.4316	2.96	0.26	1.54	8.25	8.29	19.55	62.12
样品 2	20.0392	18.9828	5.27	0.23	1.48	13.14	12.81	16.76	55.57
样品 3	20.0120	18.8572	5.77	0.77	2.82	10.68	15.12	16.03	54.57
样品 4	20.0256	19.4800	2.72	0.29	2.62	13.03	11.43	19.25	53.37

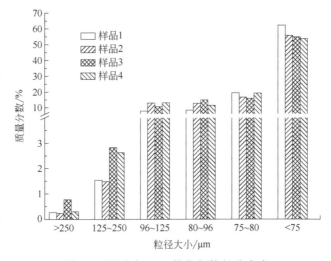

图 3.3 四种废 FCC 催化剂粒径分布表

由表 3.7 可知，筛后样品的质量较筛前会有一定程度的减小，而四种样品的质量损失并不大，均在 2%～6% 之间，这是因为一方面在样品分筛的过程中，一些样品会滞留在分样筛中造成质量损失；另一方面，废 FCC 催化剂样品十分细小，容易引起扬尘而造成筛样过程中的质量损失。结合图 3.3 可知，四种样品均有 50% 以上的颗粒粒径小于 75μm，粒径在 250μm 以上的均不足 1%，125～250μm 的也很少，在 1%～3% 之间，125μm 以下的颗粒开始增多。样品 1 粒径在 75～125μm 的颗粒占 35% 以上，而样品 2～样品 4 粒径在 75～125μm 的颗粒占 40% 以上。这说明废 FCC 催化剂中大多数都是粒径较细小的颗粒甚是粉末。

由粒径分布分析可知，大多数废 FCC 催化剂粒径的确十分细小，极易在空气中飘扬，所以相关人员在对其进行处理与处置过程中，应做好自我保护措施，以免废 FCC 催化剂通过呼吸道进入人体。

3.5.2.3 废FCC催化剂的比表面积与孔结构分析

用全自动比表面积和孔隙分析仪测定了四种废 FCC 催化剂的 BET 比表面积及孔结构，结果如表 3.8 所列。由于直接获取与四种实验样品对应的新鲜 FCC 催化剂比较困难，为对比废 FCC 催化剂与新鲜 FCC 催化剂的比表面积与孔结构，只能从公开发表的文献中查找新鲜 FCC 催化剂的有关数据。从文献中查到的三种新鲜 FCC 催化剂的 BET 比表面积及孔结构，结果如表 3.9 所列。

表 3.8　四种废 FCC 催化剂的 BET 比表面积及孔结构数据

项目	样品 1	样品 2	样品 3	样品 4
比表面积/(m²/g)	105.2	87.9	89.9	136.1
总孔体积/(mL/g)	0.170	0.125	0.135	0.171

表 3.9　三种新鲜 FCC 催化剂的 BET 比表面积及孔结构数据[85]

项目	样品 A	样品 B	样品 C
比表面积/(m²/g)	271	279	214
总孔体积/(mL/g)	0.265	0.249	0.146

如表 3.8 和表 3.9 所列，与新鲜 FCC 催化剂（样品 C 总孔体积除外）相比较，四种废 FCC 催化剂的比表面积与总孔体积均显著降低，分析认为，其原因可能是 FCC 工艺过程在进行主反应的同时伴随着多种副反应，这些副反应的产物会沉积在 FCC 催化剂表面，从而降低了 FCC 催化剂的比表面积与总孔体积。相反，比表面积和总孔体积的降低导致活性物质在 FCC 催化剂上的分散性降低，从而降低了反应效率，新鲜 FCC 催化剂在使用过程中逐渐成为废 FCC 催化剂。新鲜 FCC 催化剂中样品 C 的总孔体积与四种废 FCC 催化剂差距很小，这可能是由催化剂的制备过程中胶体堵塞了基质孔道所致[85]。

由 BET 比表面积及孔结构分析可知，FCC 催化剂经长时间使用变为废催化剂后，其 BET 比表面积和孔体积一般情况下均会有一定程度的减小。

3.5.2.4　废 FCC 催化剂的 SEM 分析

采用扫描式电子显微镜（SEM）分析了四种废 FCC 催化剂样品表面形貌特征，结果如图 3.4 所示。

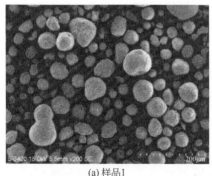 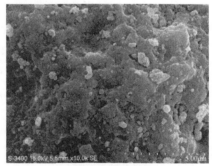

(a) 样品1　　　　　　　　　　　　(b) 样品1微球表面

图 3.4

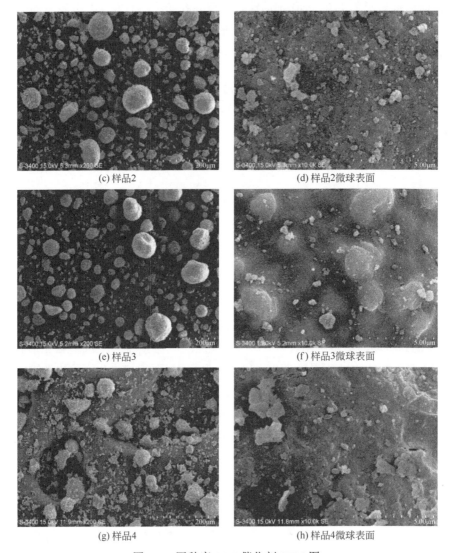

(c) 样品2

(d) 样品2微球表面

(e) 样品3

(f) 样品3微球表面

(g) 样品4

(h) 样品4微球表面

图 3.4 四种废 FCC 催化剂 SEM 图

从图 3.4 可以看出，四种废 FCC 催化剂外部形貌相对相似，与新鲜 FCC 催化剂相比[2,85]，废 FCC 催化剂中较为规则的微球减少，分布更加分散，粒径不一，并且存在很多碎片，其原因可能是在流化催化裂化过程中，FCC 催化剂微球相互碰撞。四种废 FCC 催化剂微球表面基本没有空隙，这进一步证明了比表面积和总孔体积的减少，原因可能是炼油过程中产生的积炭和原料油中的重金属在催化剂微球表面沉积堵塞了催化剂孔道。

3.5.2.5 废 FCC 催化剂的 XRD 分析

采用 X 射线粉末多晶衍射仪（XRD）分析了四种废 FCC 催化剂的组成材料及结构，结果如图 3.5 所示。另外，三种新鲜的 FCC 催化剂 XRD 图如图 3.6 所示（彩图见书后）。

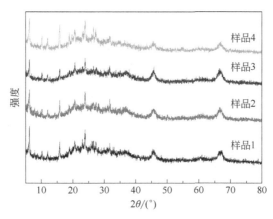

图 3.5　四种废 FCC 催化剂 XRD 图

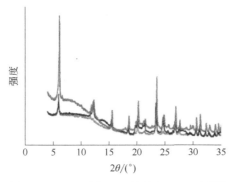

图 3.6　三种新鲜 FCC 催化剂 XRD 图[85]

如图 3.5 所示，四种废 FCC 催化剂的 XRD 图谱非常相似，说明它们的组成结构十分接近，但与新鲜催化剂（图 3.6）相比[85]，它们的出峰杂乱无序，峰强较低，且为无定形态。原因可能是 FCC 催化剂的化学成分和相组成在高温反应条件下发生了变化[86]；此外，催化剂表面的积炭和重金属的沉积也是影响 XRD 图谱出峰的原因之一。

3.5.3　废 FCC 催化剂的成分分析及浸出毒性

3.5.3.1　废 FCC 催化剂 EDS 分析

采用 X 射线能谱仪（EDS）分析了四种废 FCC 催化剂样品中大致的元素组成，结果如表 3.10 所列。

表 3.10　四种废 FCC 催化剂 EDS 分析　　　　　单位：%

元素种类	样品 1	样品 2	样品 3	样品 4
O	40.13	40.79	39.65	39.69
Al	32.26	30.8	30.63	30.11
Si	25.44	22.01	21.53	23.87
Ca	0.98	0.50	0.83	0.78
Na	ND	0.23	ND	ND

元素种类	样品 1	样品 2	样品 3	样品 4
V	1.20	ND	ND	0.81
Fe	ND	2.84	3.46	2.56
Ni	ND	2.82	3.89	2.18

注：ND 表示未检出。

由表 3.10 可知，四种废 FCC 催化剂样品中 Si、Al 含量差别不大，样品 2、样品 3 和样品 4 中 Fe 和 Ni 的含量都较高，而样品 1 中未检出 Fe 和 Ni。因 EDS 分析属于半定量分析，这里只是大致了解一下样品的组成元素，而准确的定量分析是经过 ICP-AES 分析的。

3.5.3.2 废 FCC 催化剂成分分析

采用电感耦合等离子体原子发射光谱仪（ICP-AES）分析了经强酸消解后的四种废 FCC催化剂部分元素的含量，结果如表 3.11 所列。

表 3.11 四种废 FCC 催化剂部分元素质量分数　　单位：%

元素种类	样品 1	样品 2	样品 3	样品 4
Al	23.52（±1.05）	21.23（±1.33）	20.51（±1.02）	18.98（±1.08）
Si	18.4（±0.63）	16.5（±0.89）	16.9（±0.54）	15.22（±0.92）
Fe	0.18（±0.057）	0.42（±0.063）	0.22（±0.068）	0.21（±0.052）
Cu	0.0020（±0.0004）	0.0011（±0.0003）	0.0007（±0.0004）	0.0053（±0.0004）
Zn	0.014（±0.0004）	0.032（±0.0021）	0.036（±0.0025）	0.011（±0.0004）
Sb	0.0013（±0.0004）	0.0076（±0.0012）	0.0039（±0.0004）	ND
Ni	0.14（±0.028）	0.23（±0.013）	0.31（±0.013）	0.0053（±0.0008）
Ba	0.013（±0.0005）	0.054（±0.0023）	0.01（±0.0011）	0.0058（±0.0012）
Pb	0.0031（±0.0004）	0.0091（±0.0011）	0.0070（±0.0012）	ND
As	0.020（±0.0028）	0.0086（±0.0012）	0.0097（±0.0011）	0.0061（±0.0002）
V	0.25（±0.014）	0.15（±0.0098）	0.17（±0.012）	0.0044（±0.0008）
Cr	0.0040（±0.0005）	0.0021（±0.0002）	0.0014（±0.0003）	0.0024（±0.0004）
Hg	ND	ND	ND	ND
Se	ND	ND	ND	ND
Be	ND	ND	ND	ND
Cd	ND	ND	ND	ND
La	1.55（±0.16）	0.73（±0.098）	0.77（±0.087）	1.87（±0.12）
Ce	0.85（±0.064）	1.41（±0.15）	1.44（±0.12）	0.40（±0.0046）

注：ND 表示未检出。

FCC 催化剂主要由基质与活性组分组成，如表 3.11 所列，这四种样品均为添加稀土元素的 FCC 催化剂，其组成成分和含量相似，进一步验证了 XRD 图谱的相似性。而与表 3.2中的新鲜 FCC 催化剂相比，重金属如 Ni、V、Zn、Ba、As、Pb、Cr、Cu 等进入到废 FCC

催化剂中，因为 FCC 催化剂长时间使用，原料油中包含的许多金属成分都沉积在催化剂的表面[9]。其中 Ni 和 V 的含量较高，达到 10^{-3} 数量级，其他元素含量均在 $10^{-6} \sim 10^{-4}$ 数量级。此外 Hg、Se、Be、Cd 四种浸出毒性指标均未检出。

3.5.3.3 废 FCC 催化剂含水率的测定

四种废 FCC 催化剂的含水率如表 3.12 所列。

表 3.12　四种废 FCC 催化剂含水率

项目	样品 1	样品 2	样品 3	样品 4
烘前质量/g	10.0058	10.0089	9.9978	10.0021
烘后质量/g	9.8057	9.8322	9.8579	9.8011
含水率/%	2.00	1.77	1.40	2.01

由表 3.12 可知，四种废 FCC 催化剂样品的含水率都较低，基本都没有超过 2.00%，而浸出毒性实验中，浸提剂与废 FCC 催化剂的比例为 10:1（L/kg），可见废 FCC 催化剂中本身所含水量相对于所需浸提而言十分微小，故可忽略不计。

3.5.3.4 废 FCC 催化剂浸出毒性实验

废 FCC 催化剂的危害主要是来自填埋后渗滤液中的重金属对环境的危害。四种废 FCC 催化剂浸出毒性浓度如表 3.13 所列。

表 3.13　四种废 FCC 催化剂浸出毒性浓度　　　　　　单位：mg/L

元素种类	样品 1	样品 2	样品 3	样品 4
Cu	ND	ND	ND	ND
Zn	0.19（±0.028）	0.20（±0.028）	0.62（±0.033）	0.25（±0.018）
Ni	1.40（±0.092）	1.50（±0.098）	2.50（±0.12）	0.036（±0.0014）
Pb	ND	ND	ND	ND
As	0.056（±0.013）	ND	ND	ND
Cr	ND	ND	ND	ND
Ba	0.14（±0.014）	0.18（±0.028）	0.17（±0.0071）	0.031（±0.0085）
Hg	ND	ND	ND	ND
Cd	ND	ND	ND	ND
Se	ND	ND	ND	ND
Be	ND	ND	ND	ND

注：ND 表示未检出。

从表 3.13 可以看出，四种废 FCC 催化剂浸出液中的重金属浓度相对较低，均低于浸出毒性标准[87]中的阈值，因此可以确定它们不是危险固体废物。但这并不意味着废 FCC 催化剂直接填埋对环境及人体健康无害，因为 FCC 废催化剂中有毒有害成分长期埋藏可能会缓慢浸出，对水、土壤、植被、微生物和人体造成危害。因此，有必要对催化裂化废催化剂进行环境风险评价。

3.5.4　催化加氢催化剂的成分分析

由于采集废催化加氢催化剂有难度，我们设法采集了新鲜的催化加氢催化剂进行了成分分析，以间接了解该类催化剂的成分。

采用 X 射线能谱仪（EDS）分析了三种新鲜催化加氢催化剂样品中大致的元素组成，结果如表 3.14 所列。

表 3.14　三种新鲜催化加氢催化剂 EDS 分析　　　　单位：%

元素种类	H-1	H-2	H-3
C	6.74	6.38	6.09
O	35.60	34.10	33.74
Al	27.90	36.62	35.14
Si	25.61	12.95	14.97
Ni	4.15	5.05	5.54
F	ND	1.68	1.56
Na	ND	0.38	0.22
P	ND	0.99	1.15
S	ND	1.85	1.59

注：ND 表示未检出。

由表 3.14 可知，三种新鲜催化加氢催化剂主要成分为 O、Si、Al，且每种催化剂中都添加了 Ni 作为活性组分，样品 H-1 中未检测出 F、Na、P、S，而样品 H-2 和 H-3 均检测出了该四种元素，但含量均不高。因 EDS 分析属于半定量分析，这里只是大致了解一下样品的组成元素，而准确的定量分析是经过 ICP-AES 分析的。

采用电感耦合等离子体原子发射光谱仪（ICP-AES）分析了经强酸消解后的三种新鲜催化加氢催化剂部分元素的含量，结果如表 3.15 所列。

表 3.15　三种新鲜催化加氢催化剂部分元素质量分数　　　　单位：%

元素种类	H-1	H-2	H-3
Al	21.55（±0.79）	28.86（±0.55）	25.18（±0.18）
Zn	0.0072（±0.0059）	0.032（±0.018）	0.018（±0.0071）
Fe	0.0053（±0.0006）	0.011（±0.0009）	0.0055（±0.0002）
P	0.058（±0.0024）	0.48（±0.0073）	0.55（±0.0078）
S	—	0.057（±0.0067）	0.045（±0.0020）
Cr	0.0008（0）	0.0008（0）	0.0008（0）
Cu	—	—	—
Ni	2.38（±0.16）	2.20（±0.075）	2.36（±0.0096）
Cd	—	—	—
Ba	—	—	—
Pb	—	—	—

元素种类	H-1	H-2	H-3
As	—	—	—
Hg	—	—	—
Mo	0.012（±0.0063）	0.84（±0.0089）	0.92（±0.041）
W	0.029（±0.0010）	0.22（±0.023）	0.47（±0.046）

由表 3.15 可知，该三种新鲜催化加氢催化剂的主要成分为 Al 和 Ni，其中均添加了 Ni、Mo、W 作为活性组分，且 Ni 的含量较高，在 2.00% 以上。由于 NiO 属于致癌物质，其含量大于 0.1% 时，该种固体废物就属于危险固体废物。因此，对于废催化加氢催化剂应重点关注其中 Ni 的含量及危害。

3.5.5 废 FCC 催化剂形态及成分评价

① 四种废 FCC 催化剂样品的粒径在 120μm 以上的均不到 10%，粒径在 75μm 以下的占 50% 以上，说明废 FCC 催化剂样品颗粒较细小，易在空气中飞扬。

② 与文献报道的新鲜 FCC 催化剂相比，四种废 FCC 催化剂相的 BET 比表面积与孔体积发生不同程度的减小，XRD 图谱衍射峰型杂且没有明显特征峰。另外，通过 SEM 图可看出废 FCC 催化剂微球大小不一，有破碎现象，微球表面较为平滑，无明显空隙特征。造成这些现象的原因可能是 FCC 催化剂经长期使用，表面及孔道中会沉积一些积炭和重金属。

③ 本实验研究的四种废 FCC 催化剂组分与含量差别并不明显，由于催化剂的长时间使用，催化剂的表面沉积了很多原料油中含有的重金属成分，如 Ni、V、Zn、Ba、As、Pb、Cr、Cu 等，其中 Ni 和 V 的含量较高，达到 10^{-3} 数量级，其余元素含量均在 $10^{-6}\sim10^{-4}$ 数量级。另外该四种废 FCC 催化剂原始组分均为添加了稀土元素 La、Ce 的 FCC 催化剂，其含量大部分在 0.5%～2% 之间。

④ 四种废 FCC 催化剂的浸出液中重金属浓度相对较低，均在浸出毒性标准中的阈值内。

⑤ 采集的新鲜催化加氢催化剂的主要成分为 Al 和 Ni，其中均添加了 Ni、Mo、W 作为活性组分，且 Ni 的含量较高，在 2% 以上。

3.6 石油炼制废催化剂的资源化研究

从国内外文献来看，目前废 FCC 催化剂的资源化方式一般有 3 种。

① 运用磁分离技术或者化学再生法对废 FCC 催化剂进行再生，得到可回用于 FCC 工艺的催化剂；

② 提取废 FCC 催化剂中的有价元素如 La、Ce 等；

③ 利用废 FCC 催化剂的组成成分合成一些新的材料，如建筑材料、防腐材料等。

本实验研究的废 FCC 催化剂是属于完全报废不能再生的 FCC 催化剂，故再生回用已不可能。本节主要研究利用废 FCC 催化剂去除低浓度氨氮废水中氨氮的可行性，为国内处理或处置废 FCC 催化剂提供参考。实验首先考察原始废 FCC 催化剂对氨氮的去除效果。考虑到废 FCC 催化剂的比表面积和孔体积均发生不同程度的减小，若原始废 FCC 催化剂对氨氮的去除效果较差，则采用一些方法对其进行改性处理，使改性后得到的产品能够用于较低浓度氨氮废水的去除。根据 3.5 部分的研究，四种废 FCC 催化剂形态特征及成分大致相同，由于样品 1 的采样量较多，选择样品 1 作为代表进行研究。

氨氮废水的来源众多、排放量大，炼油、化工、钢铁、制药、水产养殖等行业的工业废水中皆含有大量的氨氮，垃圾渗滤液、城乡地表径流也会含有氨氮[88]。虽然氨氮是一种营养物质，但当水中氨氮含量过高时，会导致水中藻类的快速生长和繁殖，形成水华现象，导致水中大量的溶解氧被消耗，致使水体质量变差、恶化。此外，在微生物的作用下，水中的氨氮可转化为亚硝酸盐氮，亚硝酸盐氮能与人体内的蛋白质结合形成致癌物，人类饮用此类水后容易引起肠道性疾病甚至致癌，会对身心健康构成极大威胁[89]。

去除废水中氨氮的方法众多，有生物法[90]、吹脱法[91]、折点氯化法[92]、膜分离法[93]、化学沉淀法[94]、离子交换吸附法[95]、催化氧化法[96]等。随着污染物排放标准的日趋严格，通过离子交换吸附法去除废水中氨氮已成为目前一种十分高效的方法，沸石作为一种良好的离子交换吸附剂被广泛应用于废水中氨氮的去除[95]。

沸石去除氨氮的机理主要是利用其对阳离子的选择性交换吸附能力以及可以再生的性能。沸石的吸附能力既要依靠内部较大的电场力，也要依靠表面的色散力。一方面，阳离子和一些阴离子分布在沸石晶格中，从而形成强电场，使沸石对氨氮（分子态）具有较强的吸附力；另一方面，氨氮（分子态）的直径相当于沸石孔穴和孔道的直径，因此沸石孔道和孔穴中的分子受到所有孔壁的色散力作用，形成超孔效应，使其吸附能力增强，废水中的氨氮（分子态）得以被吸附。另外，沸石具有很强的离子交换能力。沸石的孔穴直径为 0.6～1.5nm，孔道直径为 0.3～1nm，而 NH_4^+ 直径为 0.286nm，所以氨氮（离子态）可以通过沸石中的孔道和孔穴与沸石晶格中的 Ca^{2+}、Na^+ 等阳离子交换而被去除[97,98]。据相关资料报道[99-102]，天然沸石中阳离子选择交换顺序为：$Cs^+>Rb^+>K^+>NH_4^+>Ag^+>Na^+>Ca^{2+}>Mg^{2+}$，所以沸石对氨氮具有很强的选择性。

Wang 等[103]使用中国某地区的天然斜方沸石去除污泥渗滤液中的氨氮，研究表明：其他条件不变的情况下，氨氮去除率随沸石粒径的减小而升高；沸石对污泥渗滤液的吸附曲线符合 Langmuir 和 Freundlich 等温曲线，并且更加符合 Langmuir 吸附等温曲线；渗滤液中氨氮浓度范围为 11.12～115.16mg/L 时，该种沸石的最大吸附效率为 NH_4^+-N 1.74mg/g，吸附平衡时间约为 2.5h。严小明等[104]在江苏镇江研究了不同影响因素下天然沸石对氨氮废水的去除效果。实验结果表明：这种天然沸石对氨氮的吸附是一个快吸附、慢平衡的过程；随着沸石用量的增加，单位质量沸石对氨氮的吸附量降低；沸石粒径大于 80 目、pH 值为 7 左右、反应时间为 30min 左右、沸石投加量为 50g/L，是最佳工艺条件。

由于天然沸石表面的硅氧结构具有极性亲水性，以及沸石内部孔穴被半径大的阳离子和水分子填充，故天然沸石对氨氮的去除能力有限，通过一些改性方法可以使沸石对氨氮的去除能力提高，常用的改性方法有：高温焙烧、酸处理、碱处理、盐处理和骨架改性等[98]。

Wang 等[102]通过高温焙烧、碱处理、水热合成等步骤对天然沸石进行改性，并比较沸石改性前后对氨氮废水的去除能力，实验表明：当氨氮初始浓度为 250mg/L 时，沸石吸附氨氮的能力由 10.49mg/g 提升至 19.29mg/g，改性后沸石的吸附等温线也符合 Langmuir 和 Freundlich 吸附等温曲线。王萌等[105]选择盐、酸、高温三种方法进行不同组合对沸石进行改性，以研究改性后沸石对氨氮的去除性能，结果表明：最佳改性组合顺序为"盐+酸+高温"，改性后的沸石在 NH_4^+ 初始浓度为 15mg/L、30mg/L、50mg/L 下，对 NH_4^+ 的去除率分别为 87%、92% 和 94%，沸石对 NH_4^+ 的吸附等温曲线更符合 Langmuir 模型，其最大吸附容量为 8.23mg/g。

面源污染是指大气和地表的污染物通过地表径流冲刷或降雨进入水体（如河流、湖泊、水库等），造成环境污染的现象[106]。面源污染一般可分为农业面源污染和城市面源污染。前者是指在农业生产的降水过程中，农田中的农药和泥沙等可通过农田地表径流、地下渗水和农田排水等进入水体形成面源污染[107]；后者是指由于降雨（雪）的冲刷，污染物随降水进入排水管网，引发水体污染的现象[108]。

由于城市地表积累的污染物（城市垃圾、建筑物料、动物粪便等）以及空气沉降和汽车尾气，城市面源污染物主要有重金属、氮、磷和一些有机污染物[109]；而在农业生产过程中，会使用较大量的磷肥、氮肥和一些养殖饲料[107,110]，因此农业面源污染的主要污染物有总磷、氨氮、COD 等[111]。虽然氨氮是水中的营养素，但过多的氨氮可能会导致水体富营养化，使藻类等水生生物大量地生长繁殖，使有机物产生的速度远远高于消耗速度，使水体中有机物蓄积，破坏水生生态平衡，因此对农业面源污染中氨氮的控制是十分有必要的。

目前，有许多学者采用沸石床人工湿地的方法去除面源污染地表径流中的氨氮。徐丽花等[112]利用沸石床湿地处理农田暴雨径流中的氨氮，实验结果表明，当夏季停留时间为 8h，其他季节为 1d，进水间歇期不少于 2d 时，氨氮的去除率可达到 98.5%。王大卫等[113]利用改性粉煤灰合成了沸石，并将该种沸石作为填料，通过动态实验表明其对去除城市暴雨径流中的氨氮有良好效果。

考虑到废 FCC 催化剂中含有的沸石是很好的吸附及离子交换材料，这使得利用废 FCC 催化剂去净化废水成为了可能。

3.6.1 材料与方法

实验材料请参见本章的 3.5.1 部分。

3.6.1.1 原始废 FCC 催化剂吸附 NH_4^+-N 实验

取 1g 经研磨后过 200 目筛的废 FCC 催化剂样品 1，置于 100mL 具塞三角烧瓶中，向其中加入 50mL 的氯化铵溶液，使瓶内 NH_4^+-N 的初始浓度为 10mg/L。在(20±2)℃、160r/min

条件下水浴振荡8h,静置后取上清液离心,离心后的上清液过0.45μm滤膜,测滤液中NH_4^+-N的浓度。改变瓶内NH_4^+-N的初始浓度分别为30mg/L和50mg/L,重复上述实验。

3.6.1.2　原始废FCC催化剂改性方法的选择

将废FCC催化剂样品1于瓷研钵中研磨后过200目筛以备用。实验对比了酸碱盐浸泡,焙烧与水热合成、酸浸、焙烧与水热合成三种改性方法。对不同改性方法所得试样进行NH_4^+-N吸附实验,通过NH_4^+-N的去除率来确定最优的改性方法。

（1）酸碱盐浸泡实验

① 分别将10g研磨后的废FCC催化剂样品1置于3个500mL具塞三角烧瓶中,向3个三角烧瓶中分别加入3mol/L NaOH溶液、3mol/L盐酸溶液和3mol/L NaCl溶液各100mL,在(75±2)℃、120r/min条件下于水浴恒温振荡器中振荡8h。

② 采用0.5mol/L的NaOH溶液和0.5mol/L的盐酸溶液调节步骤①中振荡后的溶液pH值至7.0±0.1,通过布氏漏斗及抽滤泵用去离子水洗涤固体数次并在鼓风干燥箱中于105℃下干燥2h,干燥后得到的样品分别命名为试样A（3mol/L NaOH溶液浸泡）、试样B（3mol/L盐酸溶液浸泡）和试样C（3mol/L NaCl溶液浸泡）。

（2）焙烧与水热合成实验

① 将8g研磨后的废FCC催化剂样品1与8.5g NaOH固体混合放入玛瑙研钵中研磨均匀（保证$n_{Na_2O}/n_{SiO_2}=2:1$）,放入坩埚,置于马弗炉中在800℃下焙烧2h,取出并冷却至室温。

② 将焙烧后熔融的样品转移至100mL聚四氟乙烯不锈钢反应釜中,向反应釜中加入70mL水（保证氢氧化钠浓度为3mol/L）,在常温条件下进行磁力搅拌1h,使其混合均匀,然后静置常温老化10h。

③ 老化后的样品,随聚四氟乙烯不锈钢反应釜一同放入鼓风干燥箱中进行水热合成,在(92±1)℃条件下保持12h。

④ 水热合成后的样品用0.5mol/L的盐酸溶液调节溶液pH值至6.5±0.1,通过布氏漏斗及抽滤泵,用去离子水洗涤固体样品数次并干燥得到试样D。

（3）酸浸、焙烧与水热合成实验

① 分别将15g研磨后的废FCC催化剂样品1,置于3个500mL具塞三角烧瓶中,向3个三角烧瓶中分别加入1mol/L、3mol/L和5mol/L的盐酸溶液各150mL,在(75±2)℃、120r/min条件下振荡8h。

② 振荡后的样品用0.5mol/L的NaOH溶液调节溶液pH值至7±0.1,通过布氏漏斗及抽滤泵,用去离子水洗涤固体数次并干燥。

③ 洗涤干燥后的样品处理步骤如"（2）"中步骤①~步骤④,最终得到试样E（1mol/L盐酸溶液浸泡）、试样F（3mol/L盐酸溶液浸泡）和试样G（5mol/L盐酸溶液浸泡）。

（4）焙烧温度的选择实验

① 重复"（3）"中的步骤①与步骤②,其中步骤①仅用3mol/L盐酸浸泡。

② 取上述步骤洗涤干燥后的样品8g与8.5g NaOH固体,混合放入玛瑙研钵中研磨均匀

（保证 $n_{Na_2O}/n_{SiO_2}=2:1$），放入坩埚，置于马弗炉中，分别在 400℃、600℃下焙烧 2h，取出并冷却至室温。

③ 重复"（2）"中步骤②～步骤④，得到试样 H（400℃）和试样 I（600℃）。

（5）改性后的 FCC 催化剂 NH$_4^+$-N 去除效率的比较

① 取上述制备好的试样 A～I 经研磨过 200 目筛以备用。

② 取研磨后的试样 A～I 各 1g，置于 9 个 100mL 具塞三角烧瓶中，向其中加入 50mL 的氯化铵溶液，使瓶内 NH$_4^+$-N 的初始浓度为 10mg/L。在(20±2)℃、160r/min 条件下水浴振荡 8h，静置后取上清液离心，离心后的上清液过 0.45μm 滤膜，测滤液中 NH$_4^+$-N 的浓度。改变瓶内 NH$_4^+$-N 的初始浓度分别为 30mg/L 和 50mg/L，重复上述实验。

分别取混合均匀后试样 A～I 进行 SEM 分析，试样 A～I 经研磨过 200 目筛进行 XRD 分析。

3.6.1.3 改性后的废 FCC 催化剂吸附 NH$_4^+$-N 实验

（1）吸附平衡时间的确定

分别将 0.0500g 改性后的废 FCC 催化剂置于 9 个 100mL 具塞三角烧瓶中，依次加入 50mL 的氯化铵溶液，使瓶内 NH$_4^+$-N 的初始浓度为 10mg/L。将反应瓶置于恒温振荡箱中，在(20±2)℃、160r/min 条件下水浴振荡，分别于 1min、3min、5min、10min、20min、40min、60min、90min、120min 时取上清液离心，过 0.45μm 滤膜，测溶液中 NH$_4^+$-N 的浓度。改变瓶内 NH$_4^+$-N 的初始浓度分别为 30mg/L 和 50mg/L，重复上述实验。

（2）热力学实验

分别将 0.0500g 试样 I 置于 7 个 100mL 具塞三角烧瓶中，依次加入 50mL 的不同浓度的氯化铵溶液，使瓶内初始 NH$_4^+$-N 浓度分别为 10mg/L、20mg/L、30mg/L、50mg/L、100mg/L、200mg/L、400mg/L，于 160r/min、(20±2)℃下水浴振荡 1h，静置后取上清液离心，过 0.45μm 滤膜，测溶液中 NH$_4^+$-N 的浓度。

（3）投加量的影响

将 0.05g、0.1g、0.2g、0.5g、1.0g 试样 I 分别置于 5 个 100mL 具塞三角烧瓶中，向其中加入 50mL 的氯化铵溶液，使瓶内 NH$_4^+$-N 的初始浓度为 15mg/L。在(20±2)℃、160r/min 条件下水浴振荡 1h，静置后取上清液离心，过 0.45μm 滤膜，测溶液中 NH$_4^+$-N 的浓度。改变瓶内 NH$_4^+$-N 的初始浓度分别为 30mg/L 和 50mg/L，重复上述实验。

（4）pH 值的影响

分别将 0.0500g 试样 I 置于 7 个 100mL 具塞三角烧瓶中，向每个三角烧瓶中加入 50mL 的氯化铵溶液，使瓶内 NH$_4^+$-N 的初始浓度为 15mg/L，分别用 0.5mol/L、0.1mol/L 盐酸溶液与 0.5mol/L、0.1mol/L 氢氧化钠溶液调节具塞三角烧瓶中溶液至 pH 值分别为 4、5、6、7、8、9、10。在(20±2)℃、160r/min 条件下水浴振荡 1h，静置后取上清液离心，过 0.45μm 滤膜，测溶液中 NH$_4^+$-N 的浓度。

（5）温度的影响

分别将 0.0500g 试样 I 置于 5 个 100mL 具塞三角烧瓶中，向每个三角烧瓶中加入 50mL

的氯化铵溶液，使瓶内 NH_4^+-N 的初始浓度为 15mg/L，分别于 (10±2)℃、(20±2)℃、(30±2)℃、(40±2)℃、(60±2)℃，160r/min 条件下水浴振荡 1h，取上清液离心，过 0.45μm 滤膜，测溶液中 NH_4^+-N 的浓度。

（6）阳离子竞争的影响

分别将 0.0500g 试样 I 置于 4 个 100mL 具塞三角烧瓶中，向每个三角烧瓶中加入 50mL 的氯化铵溶液，使瓶内 NH_4^+-N 的初始浓度为 30mg/L，并向三角烧瓶中分别添加一定量的 KCl，使溶液中 K^+ 浓度为 0mmol/L、1mmol/L、2mmol/L、4mmol/L、8mmol/L，在 (20±2)℃、160r/min 条件下水浴振荡 1h，取上清液离心，过 0.45μm 滤膜，测溶液中 NH_4^+-N 的浓度。将 KCl 换成 NaCl、$CaCl_2$ 和 $MgCl_2$，重复上述实验步骤。

3.6.1.4　改性后的废 FCC 催化剂 NH_4^+-N 解吸实验

① 取 0.8000g 试样 I 置于 1000mL 具塞三角烧瓶中，向三角烧瓶中加入 800mL 的氯化铵溶液，使瓶内 NH_4^+-N 的初始浓度为 10mg/L，在 (20±2)℃、160r/min 条件下水浴振荡 1h，静置后取上清液离心，过 0.45μm 滤膜，测溶液中 NH_4^+-N 的浓度，通过布氏漏斗及抽滤泵得到吸附后的试样 I，在鼓风干燥箱中于 80℃下烘干以备用。

② 分别将 0.0500g 吸附饱和后的试样 I 置于 5 个 100mL 具塞三角烧瓶中，向每个三角烧瓶中加入 50mL 的去离子水，用 0.1mol/L 盐酸溶液与 0.1mol/L NaOH 溶液调节 pH 值，使 5 个三角烧瓶中溶液 pH 值分别为 3、5、7、9、11。在 (20±2)℃、160r/min 条件下水浴振荡 12h，静置后取上清液离心，过 0.45μm 滤膜，测溶液中 NH_4^+-N 的浓度。

3.6.2　废 FCC 催化剂改性方法的选择

3.6.2.1　改性方法的初筛

当模拟废水中的 NH_4^+-N 初始浓度分别为 10mg/L、30mg/L、50mg/L 时，原始废 FCC 催化剂样品 1 和改性后的试样 A～D 对 NH_4^+-N 的去除率如图 3.7 所示。

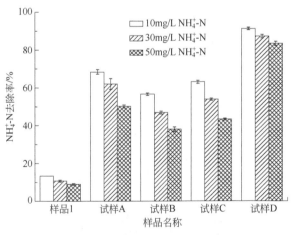

图 3.7　指定样品对不同浓度 NH_4^+-N 废水的去除率

由图3.7可知，原始废FCC催化剂样品1对NH_4^+-N的去除率较低，其对10mg/L NH_4^+-N去除率仅约为13%，而其对50mg/L NH_4^+-N去除率不到10%，分析原因可能是FCC催化剂经长时间使用后，其比表面积和孔体积均有所下降，对NH_4^+-N的吸附能力减弱。与原始废FCC催化剂样品1相比较，试样A～D对不同初始浓度的NH_4^+-N的去除率均有大幅增加，其中增幅最大的为试样D（焙烧+水热合成），其对10mg/L NH_4^+-N去除率达到了90%，对50mg/L NH_4^+-N去除率也达到了80%，表现出了较高的NH_4^+-N去除率。由此可见，焙烧+水热合成的改性方法明显优于酸碱盐浸泡方法。而在酸碱盐浸泡的改性方法中，按NH_4^+-N去除率从高到低的次序依次是：NaOH溶液浸泡>NaCl溶液浸泡>盐酸溶液浸泡。

原始样品1和改性后的试样A～D的XRD图谱分别如图3.8所示。

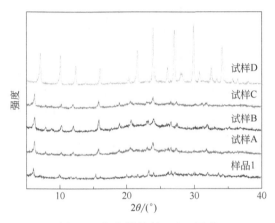

图3.8　指定样品的XRD图谱

由图3.8可知，经酸、碱或盐浸泡后的废FCC催化剂较原始样品1峰强度有一定的增强，可能是FCC催化剂经长期的使用，其表面及孔道中的V、Ni、Fe等重金属，堵塞部分孔道，并进入酸中心，影响了催化剂的活性，经酸、碱或盐浸泡处理后，孔道中的一些重金属被脱除，催化剂孔道的结构得以恢复，峰强度便有所升高[114]。孔道中重金属得以清除后，孔道中就会有更多的位点与溶液中的NH_4^+进行离子交换，从而提高了NH_4^+-N的去除效率。然而试样A和试样C较试样B而言能够更大程度地提高NH_4^+-N的去除率，其原因有可能是，在NaOH溶液与NaCl溶液浸泡过程中，部分Na^+进入废FCC催化剂孔道的位点中，使更多NH_4^+能够与Na^+进行离子交换。而试样D经焙烧和水热合成显示出了良好的NaA型沸石的特征峰（2θ=7.16°、10.16°、12.44°、16.10°、21.64°、23.98°、27.10°、30.80°、34.16°）。

原始样品1和改性后的试样A～D的SEM图谱分别如图3.9所示。

由图3.9可知，试样B（盐酸浸泡）和试样C（NaCl浸泡）微球表面较样品1本身的微球表面，其表面小颗粒杂质有所减小，其原因可能与XRD峰强增加原因一致——废FCC催化剂在酸或盐浸泡处理后，沉积在废FCC催化剂表面的一些重金属得到了脱除，使NH_4^+-N的吸附更加有利。而试样A微球表面经碱浸泡显得较为粗糙，也是对NH_4^+-N的吸附有利的[105]。而试样D显示出了具有NaA型沸石特征的立方晶体，与XRD的测定结果相吻合。

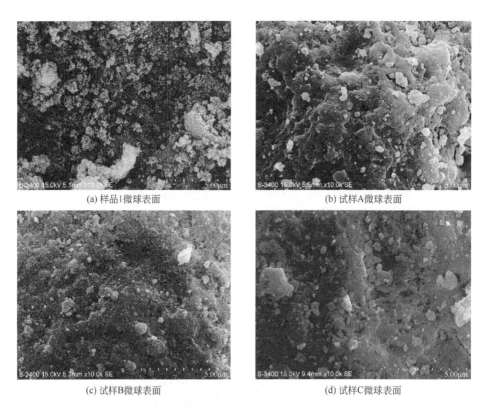

(a) 样品1微球表面   (b) 试样A微球表面

(c) 试样B微球表面   (d) 试样C微球表面

(e) 试样D微球表面

图 3.9　指定样品的 SEM 图

综上所述，"焙烧+水热合成"改性后的样品将形成较好的晶体结构，NH_4^+-N 去除率高于"酸、碱、盐浸"改性后的样品。考虑到废 FCC 催化剂中会沉积重金属，因此在"焙烧+水热合成"前用盐酸浸泡以洗涤其中的重金属离子，使后续焙烧和水热合成过程中有更多的 Na^+ 进入 FCC 催化剂中，从而使 NH_4^+-N 的去除效果更佳。

3.6.2.2　改性方法的优化

（1）焙烧与水热合成前酸浸浓度的影响

改性后的试样 E～G 对不同浓度 NH_4^+-N 废水的去除率如图 3.10 所示。

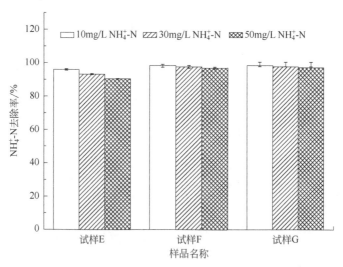

图 3.10　指定样品对不同浓度 NH₄⁺-N 废水的去除率

由图 3.10 和图 3.7 可知，与试样 D 相比，试样 E～G 对 NH₄⁺-N 的去除率又有了进一步的提高，去除率基本都在 90% 以上，其中试样 F 和试样 G 对模拟废水中 NH₄⁺-N 的去除率差别不大，均达到 95% 以上，说明在进行焙烧和水热合成改性前用一定浓度的盐酸溶液浸泡会对吸附 NH₄⁺-N 起到积极的作用，且一定范围内提高盐酸浓度（盐酸浓度从 1mol/L 增加到 3mol/L），会提高 NH₄⁺-N 的去除率，而盐酸浓度继续提高时（盐酸浓度从 3mol/L 增加到 5mol/L），NH₄⁺-N 去除率基本没有变化。

改性后的试样 D～G 的 XRD 图谱如图 3.11 所示（为方便比较将图 3.8 中 D 试样也放在该图中）。

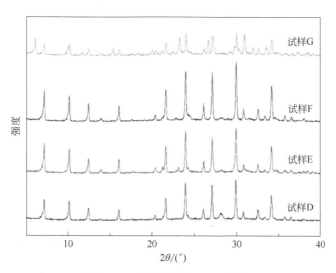

图 3.11　指定样品的 XRD 图谱

由图 3.11 可知，试样 D、试样 E 和试样 F 均显示出了良好的 NaA 型沸石的特征峰（2θ=7.16°、10.16°、12.44°、16.10°、21.64°、23.98°、27.10°、30.80°、34.16°），且试样 D、

试样 E、试样 F 峰强依次增加，表明在进行焙烧和水热合成改性前，用一定浓度的盐酸溶液浸泡会提高样品的结晶度，且一定范围内（1～3mol/L）酸浓度越大，峰强越高。而试样 G 虽然也显示出 NaA 型沸石的特征，但其峰强有明显的减弱，这可能是因为酸浸浓度过大破坏了 FCC 催化剂中的分子筛结构[115]，然而其对氨氮的去除率与试样 F 相似，都非常高。

改性后的试样 E～G 的 SEM 图谱如图 3.12 所示。

(a) 试样E微球表面　　　　　　　　　　　　　(b) 试样F微球表面

(c) 试样G微球表面

图 3.12　指定样品的 SEM 图

由图 3.12（a）、（b）和图 3.9（e）可知，试样 D、试样 E 和试样 F 显示出了良好的 NaA 型沸石特征的立方晶体，这与 Basaldella 研究的结果相吻合[116,117]，而晶体尺寸的大小为试样 F>试样 E>试样 D，这说明酸浸处理可提高合成晶体的结晶度，且一定范围内（1～3mol/L）酸浓度越大，结晶度越高，这与图 3.8 中的 XRD 图谱所反映的内容是一致的。然而，图 3.12（c）中规则的立方体结构较少，说明酸浸浓度太大不适宜 NaA 型沸石的合成，但这对模拟废水中 NH_4^+-N 的高去除率并不存在影响。

综上所述，经一定浓度盐酸（1～3mol/L）浸泡后的废 FCC 催化剂再进行焙烧和水热合成的样品，较不用盐酸浸泡直接进行焙烧和水热合成的样品，对模拟废水中 NH_4^+-N 的去除率要高。从 NH_4^+-N 去除效果和经济上考虑，3mol/L 盐酸浸泡为最佳。

（2）焙烧温度的影响

改性后的试样 H（400℃）和试样 I（600℃）对模拟废水中不同初始浓度 NH_4^+-N 的去除率如图 3.13 所示。

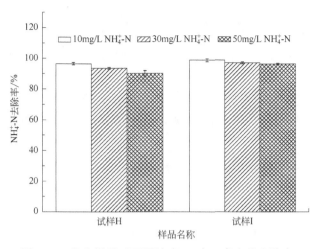

图 3.13　指定样品对不同浓度 NH₄⁺-N 废水的去除率

由图 3.13 可知，试样 H 和试样 I 对模拟废水中 NH_4^+-N 的去除率较高，且试样 I 的去除效果更好，三种不同浓度的模拟 NH_4^+-N 废水的 NH_4^+-N 去除率均超过 95%，说明提高焙烧温度可在一定程度上提高 NH_4^+-N 的去除率，结合图 3.10 可知，试样 I、试样 F 和试样 G 对 NH_4^+-N 的去除效果相近。

改性后的试样 F、试样 I 和试样 H 的 XRD 图谱如图 3.14 所示（为方便比较将图 3.11 中的 F 试样也放在该图中）。

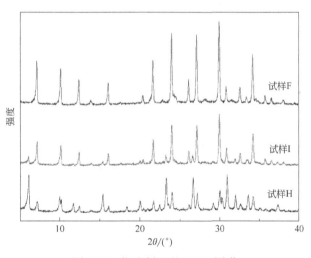

图 3.14　指定样品的 XRD 图谱

由图 3.14 可知，经 600℃下焙烧的试样 I 显示出了 NaA 型的特征峰（2θ=7.16°、10.16°、12.44°、16.10°、21.64°、23.98°、27.10°、30.80°、34.16°），但与 800℃下焙烧的试样 F 相比较，其峰强明显较弱，但就较低浓度 NH_4^+-N 去除率而言，两种试样的去除效果相似。而试样 H 并没有表现出 NaA 型的特征峰，其原因应该是焙烧温度过低，其对低浓度 NH_4^+-N 去除率相对试样 F 和试样 I 也略低。

改性后的试样 H 和试样 I 的 SEM 图谱如图 3.15 所示。

| (a) 试样H微球表面 | (b) 试样I微球表面 |

图 3.15　指定样品的 SEM 图

由图 3.15（a）可知，试样 H 中似乎有一层东西将杂质包裹在小晶体表面，而图 3.15（b）中的立方体的形成效果略好，但没有图 3.12（b）的立方体清晰显著，说明在一定范围内提高焙烧温度有利于 NaA 型沸石的合成，这与 XRD 的研究结果也是一致的。

综上所述，考虑到改性试样对模拟废水中较低浓度 NH_4^+-N 的去除效果和改性成本，我们选择试样 I 为最佳的改性废 FCC 催化剂并作为后续的研究对象，即选择将废 FCC 催化剂先经过 3mol/L 盐酸浸泡，再在 600℃下高温焙烧，最后进行水热合成的改性方法。

3.6.3　改性废 FCC 催化剂对 NH_4^+-N 的去除

3.6.3.1　吸附平衡时间的确定

以试样 I 为研究对象，研究了反应时间对改性废 FCC 催化剂去除 NH_4^+-N 的影响，结果如图 3.16 所示。

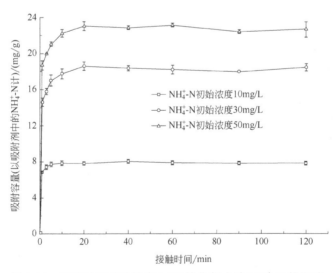

图 3.16　反应时间对改性废 FCC 催化剂去除 NH_4^+-N 的影响

由图 3.16 可知，随着反应时间的增加，改性废 FCC 催化剂对 NH_4^+-N 的吸附量逐渐上升，达到饱和后不再上升。这种变化趋势与 Du 等[118]利用中国某地的天然沸石去除 NH_4^+-N

的研究结果十分相似。出现这种现象的原因可能是，反应初始阶段，吸附剂（改性废FCC催化剂）上用于离子交换的位点都是空的，导致 NH_4^+ 与吸附剂上的 Na^+ 进行了离子交换，随着反应的不断进行，吸附剂上用于离子交换的位点逐渐被 NH_4^+ 填满，直至位点被完全填满后吸附剂对 NH_4^+-N 的吸附量达到饱和。另外，改性废FCC催化剂对模拟废水中 NH_4^+-N 的吸附是十分迅速的，反应1min后吸附剂对 NH_4^+-N 的吸附量就达到其最大吸附容量的80%以上。但是，随着反应时间的延长，吸附剂对 NH_4^+-N 的吸附速率发生了明显的下降，直至吸附速率为0，该反应仅需20min即达到平衡。Booker等[119]研究了澳大利亚某地的沸石对 NH_4^+-N 的去除情况，并研究了动力学实验，结果表明该种沸石对 NH_4^+-N 的吸附速率在开始的10min较快，经3h反应达到平衡。改性废FCC催化剂对 NH_4^+-N 的吸附速率如此之快的原因有：

① 反应之初，废水中 NH_4^+-N 浓度梯度较大，吸附剂上可用于离子交换的位点较多，随着反应的进行，废水中 NH_4^+-N 浓度梯度逐渐减小，吸附剂上可用于离子交换的位点逐渐减少，导致吸附剂对 NH_4^+-N 的吸附速率减小；

② 由于 NH_4^+-N 测定前，要进行离心并且经 $0.45\mu m$ 滤膜过滤，在进行这些操作时，溶液中仍混有吸附剂，NH_4^+-N 的吸附过程可能仍在进行，离心和过滤一共需要约8min。

为了更好地进行下一步的实验，选取60min为吸附平衡时间。

3.6.3.2　热力学实验

吸附等温曲线是用来描述吸附剂对溶液中 NH_4^+ 浓度的影响，并且对吸附剂的投加量进行优化的。吸附等温曲线包括一些经验式，如 Herry 等温线、Freundlich 等温线以及 Langmuir 等温线等。本实验通过 Freundlich 和 Langmuir 吸附等温模型来评价实验结果[102]。

Freundlich 吸附等温曲线模型用于描述非理想状态下多分子层间和非均相表面的吸附[120]，Freundlich 提出了一个含有两个常数项的指数方程来描述吸附等温曲线，其经验公式如式（3.1）所示：

$$Q=KC_e^{1/n} \tag{3.1}$$

式中　Q——单位质量吸附剂吸附 NH_4^+-N 的量，mg/g；

　　　C_e——反应达到平衡时，溶液中 NH_4^+-N 的浓度，mg/L；

　　K,n——经验常数，$n>1$。

两边取对数，Freundlich 经验式变为直线形式：

$$\ln Q = \ln K + \frac{1}{n}\ln C_e \tag{3.2}$$

Langmuir 吸附等温模型是用来描述单层分子的吸附行为，该理论基本假设有：单分子层吸附，固体表面分布均匀，被吸附在固体表面上的分子间无作用力，吸附平衡属于动态平衡[95]。Langmuir 经验式如式（3.3）所示：

$$Q=abC_e/(1+bC_e) \tag{3.3}$$

式中　Q——单位质量吸附剂吸附 NH_4^+-N 的量，mg/g；

　　　C_e——反应达到平衡时溶液中 NH_4^+-N 的浓度，mg/L；

a，b——经验常数。

经数学方法处理，Langmuir 经验式变为直线形式：

$$\frac{C_e}{Q} = \frac{1}{ab} + \frac{C_e}{a} \tag{3.4}$$

热力学实验数据经式（3.2）与式（3.4）的拟合如图 3.17 所示，K、a、b、$1/n$ 和对应的相关系数如表 3.16 所列。

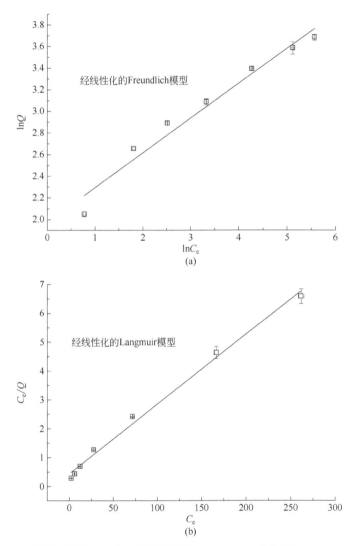

图 3.17　改性废 FCC 催化剂去除 NH_4^+-N 经线性化的 Freundlich（a）和 Langmuir（b）模型拟合图

表 3.16　改性废 FCC 催化剂吸附 NH_4^+-N 的 Freundlich 和 Langmuir 的拟合参数

样品	Freundlich			Langmuir		
	K	$1/n$	r^2	a	b	r^2
试样 I	7.187	0.322	0.962	41.27	0.0562	0.993

由表中 r^2 的值（>0.95）可知，Freundlich 等温线以及 Langmuir 等温线都可以较好地描述改性废 FCC 催化剂对 NH_4^+-N 的吸附，而两者相比较而言，Freundlich 等温线与实验数据更为吻合。Freundlich 等式中的 K 和 Langmuir 等式中的 a 都代表了吸附剂对模拟 NH_4^+-N 废水的吸附能力，K 和 a 都表现出了较高的数值（K=7.187，a=41.27），这表明改性废 FCC 催化剂对模拟 NH_4^+-N 废水中的 NH_4^+-N 有较好的去除能力。

由 Freundlich 吸附等温曲线模拟出的改性废 FCC 催化剂对废水中 NH_4^+-N 去除的吸附等温式为：

$$Q=7.187C_e^{0.322} \tag{3.5}$$

由 Langmuir 吸附等温曲线模拟出的改性废 FCC 催化剂对 NH_4^+-N 废水去除的吸附等温式为：

$$Q=2.319C_e/(1+0.0562C_e) \tag{3.6}$$

3.6.3.3 改性废 FCC 催化剂投加量对 NH_4^+-N 吸附的影响

投加不同质量的吸附剂（改性废 FCC 催化剂）对废水中不同浓度 NH_4^+-N 的去除情况如图 3.18 所示。

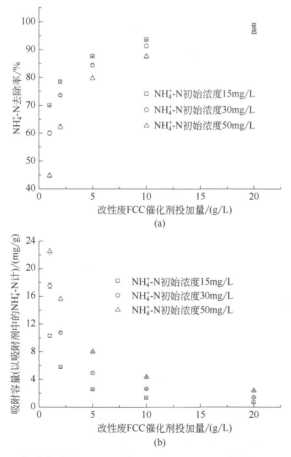

图 3.18 改性废 FCC 催化剂投加量对 NH_4^+-N 去除率（a）及其本身吸附容量（b）的影响

由图 3.18 可知，与预期结果一样，在本实验所设定的 NH_4^+-N 初始浓度下，在一定体积的模拟 NH_4^+-N 废水中，随着吸附剂用量的增加，模拟废水中 NH_4^+-N 的去除率逐渐增加 [图 3.18（a）]，而吸附剂对模拟废水中 NH_4^+-N 的吸附容量逐渐下降 [图 3.18（b）]。减少吸附剂的投加量以及增加模拟废水中 NH_4^+-N 的初始浓度都可以使吸附剂对 NH_4^+-N 的吸附容量增加，Zhou 等[121]和 Karapinar[122]等在对某种沸石去除 NH_4^+-N 废水的研究中得出了相同的结论。另外，在投加量一定的情况下，随着模拟废水中 NH_4^+-N 浓度的增加，吸附剂对废水中 NH_4^+-N 的吸附能力逐渐增大，模拟废水中 NH_4^+-N 的去除率降低。当固液比为 1∶50（g/mL），即每 50mL 溶液中加入 1g 吸附剂时，模拟废水中 NH_4^+-N 的去除率均大于 95%。模拟废水中 NH_4^+-N 初始浓度为 15mg/L、30mg/L 和 50mg/L 时，经改性废 FCC 催化剂吸附处理后，溶液中剩余 NH_4^+-N 的浓度分别为 0.15mg/L、0.83mg/L 和 1.84mg/L。结果表明，经过改性的废 FCC 催化剂对模拟废水中的 NH_4^+-N 具有良好的去除能力。

3.6.3.4　pH 值对改性废 FCC 催化剂吸附 NH_4^+-N 的影响

溶液 pH 值对改性废 FCC 催化剂吸附 NH_4^+-N 的影响如图 3.19 所示。

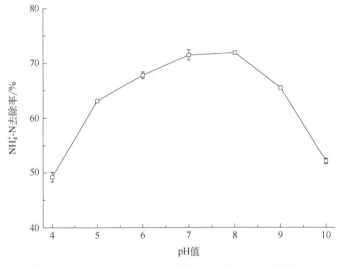

图 3.19　pH 值对改性 FCC 催化剂去除 NH_4^+-N 的影响

由图 3.19 可知，当 pH 值在 6~9 时，NH_4^+-N 的去除效果较好，其去除率均大于 65%，且当 pH 值为 7 和 8 时，NH_4^+-N 的去除率可达到 70%，随着 pH 值的减小，NH_4^+-N 的去除率也逐渐减小，当 pH 值为 4 时，NH_4^+-N 的去除率低于 50%，随着 pH 值的增大，NH_4^+-N 的去除率逐渐减小，当 pH 值为 10 时，NH_4^+-N 的去除率略高于 50%。NH_4^+-N 在溶液中以分子态（NH_3）和离子态（NH_4^+）存在，当溶液 pH 值较低时，NH_4^+-N 主要以离子态形式存在，由于 H^+ 直径为 0.24nm，NH_4^+ 直径为 0.286nm，相对于 NH_4^+，溶液中的 H^+ 更易与改性废 FCC 催化剂上的 Na^+ 发生离子交换吸附，导致溶液中 NH_4^+ 不能最大限度地被吸附剂所去除，致使去除率下降。当溶液 pH 值较高时，NH_4^+ 与 OH^- 结合形成 NH_3，因此，溶液中的 NH_4^+-N 主要以分子形式存在，由于 NH_3 不带电，不能与改性废 FCC 催化剂上的 Na^+ 发生离子交换，溶液中 NH_4^+-N 的去除主要取决于吸附剂表面的吸附作用，因此去除率降低。当溶液 pH 值为 7 左右时，溶液中的 NH_4^+-N 主要以 NH_4^+ 形式存在，且受 H^+ 的影响很小，溶液中的 NH_4^+ 能够最大限度地与改性废 FCC 催化剂上的 Na^+ 发生离子交换吸附，故溶液 pH 值在 7 左右时 NH_4^+-N 去除率达到最大。

3.6.3.5 温度对改性废 FCC 催化剂吸附 NH_4^+-N 的影响

溶液温度对改性废 FCC 催化剂吸附 NH_4^+-N 的影响如图 3.20 所示。

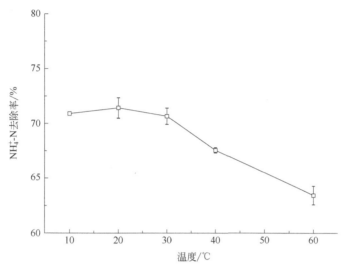

图 3.20　温度对改性 FCC 催化剂去除 NH_4^+-N 的影响

由图 3.20 可知，溶液温度在 10～60℃时，NH_4^+-N 去除率变化并不是十分明显，10℃、20℃、30℃条件下 NH_4^+-N 去除率几乎不变，随着温度的升高，NH_4^+-N 的去除率略有下降。一般认为，随着温度的升高，离子动能增大，扩散系数增加，反应速度加快，有利于离子交换的进行，NH_4^+-N 去除率应有升高，然而随着温度升高，NH_4^+ 更容易与 OH^- 结合生成 $NH_3 \cdot H_2O$，致使部分 NH_4^+ 不能够与改性废 FCC 催化剂上的 Na^+ 进行离子交换吸附，故试样 I 对 NH_4^+-N 的吸附量降低，导致高温情况下 NH_4^+-N 的去除率略有下降[123]。

3.6.3.6 阳离子竞争对改性废 FCC 催化剂吸附 NH_4^+-N 的影响

四种竞争性阳离子对改性废 FCC 催化剂吸附 NH_4^+-N 的影响如图 3.21 所示。

如图 3.21 可知，与空白样品（NH_4^+-N 溶液中不加任何其他阳离子）比较，竞争性阳离子的共存对改性废 FCC 催化剂去除 NH_4^+-N 的能力具有抑制的作用。然而，竞争性阳离子的种类不同，其抑制的效果也不同，抑制效果最强的为 K^+，当溶液中 K^+ 浓度达到 8mmol/L 时，NH_4^+-N 的去除率由 60% 以上下降到不足 20%，而 Na^+、Ca^{2+} 和 Mg^{2+} 的抑制效果几乎相当且都明显弱于 K^+，当溶液中该三种离子的浓度达到 8mmol/L 时，NH_4^+-N 的去除率由 60% 以上下降到 35% 左右。其原因是，溶液中新添加的阳离子会与 NH_4^+ 发生竞争，导致改性废 FCC 催化剂中部分原先与 NH_4^+ 进行离子交换量的位点与其他阳离子发生了交换，从而导致吸附剂对 NH_4^+-N 的吸附量减小，NH_4^+-N 的去除率降低，而 K^+ 的抑制作用最大，其原因可

能是 K^+ 与 NH_4^+ 的离子直径很相近，导致两种离子竞争激烈[124]。另外，不管是哪种阳离子，NH_4^+-N 溶液中阳离子（K^+、Na^+、Ca^{2+} 和 Mg^{2+}）浓度越大，其抑制作用越强，NH_4^+-N 的去除率越低。由于受沸石产地、结构、粒径等因素的影响，K^+、Na^+、Ca^{2+} 和 Mg^{2+} 这四种阳离子对 NH_4^+-N 去除率的影响不尽相同[125]。竞争性阳离子共存对天然片沸石去除 NH_4^+-N 的影响大小依次为 $Na^+>K^+>Ca^{2+}>Mg^{2+}$[126]，竞争性阳离子共存对天然斜方沸石去除 NH_4^+-N 的影响依次为 $K^+>Na^+≈Mg^{2+}>Ca^{2+}$[127]，竞争性阳离子共存对通过飞灰合成的沸石去除 NH_4^+-N 的影响依次为 $K^+>Ca^{2+}>Na^+>Mg^{2+}$[128]。

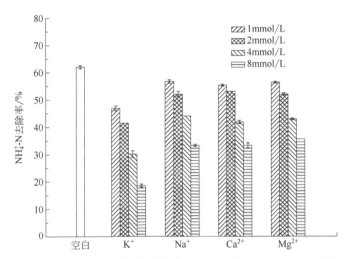

图 3.21　竞争性阳离子共存对改性 FCC 催化剂去除 NH_4^+-N 的影响

3.6.4　pH 值对改性废 FCC 催化剂 NH_4^+-N 解吸的影响

pH 值对改性废 FCC 催化剂吸附 NH_4^+-N 后解吸率的影响如图 3.22 所示。

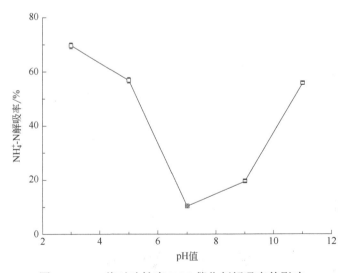

图 3.22　pH 值对改性废 FCC 催化剂解吸率的影响

如图 3.22 可知，中性条件下，经恒温振荡有十分少量的 NH_4^+-N 从吸附饱和的改性废 FCC 催化剂中解吸出来，而酸性和碱性条件下，解吸出的 NH_4^+-N 均较多，且酸性条件下 pH 值越小解吸率越高，碱性条件下 pH 值越大解吸率越高，这是由于酸性条件下溶液中有较多游离的 H^+，它极易与吸附在改性废 FCC 催化剂上的 NH_4^+ 发生离子交换，从而使 NH_4^+-N 解吸下来，而碱性条件下，由于使用的是 NaOH 溶液调节其 pH 值，溶液中的 Na^+ 也可以与吸附在改性废 FCC 催化剂上的 NH_4^+ 发生离子交换，从而使 NH_4^+-N 解吸下来。另外，酸性条件下的解吸率较碱性条件下的解吸率更高，其原因为 H^+ 较 Na^+ 更容易与 NH_4^+ 发生离子交换。

3.6.5　废 FCC 催化剂改性评价

① 通过多种方法对来自江苏省某中石化炼厂的废 FCC 催化剂进行改性研究，以 NH_4^+-N 的去除率作为评价标准，发现酸浸、碱融焙烧、水热合成的改性方法最佳，且改性后的废 FCC 催化剂本身具有 NaA 型沸石的特征。

② 当模拟废水中的 NH_4^+-N 浓度在 10～50mg/L 时，常温中性条件下，采用改性废 FCC 催化剂去除模拟废水中的 NH_4^+-N，其吸附速率较快，20min 即达到吸附平衡；Langmuir 模型更适合描述其吸附等温曲线。Langmuir 模型的经验常数说明该种改性废 FCC 催化剂对模拟废水中的 NH_4^+-N 有较高的吸附容量。

③ 改性废 FCC 催化剂对于模拟低浓度 NH_4^+-N 废水（NH_4^+-N 初始浓度在 15～50mg/L）显示出了良好的 NH_4^+-N 去除能力，当固液比为 1:50（g/mL）时，NH_4^+-N 去除率均达 95%以上。

3.7　石油炼制废催化剂的管理

根据 NanoMarkets 公司于 2009 年 1 月 29 日发布的研究报告，2015 年全球炼油工业对催化剂的需求量增至约 48 亿美元；我国对炼油催化剂的需求量也是巨大的，有资料显示，2015 年我国 FCC 催化剂销量达到 18 万吨，催化重整催化剂销量达到 800 吨，催化加氢催化剂销量达到 2.1 万吨，分别占世界销量的 20%、19%和 10%。然而，因为一些原因，催化剂会逐渐报废。随着炼油催化剂逐年递增，废催化剂的产量也在逐年增加[2]。据报道[129]，世界范围内每年会产生 50 万～70 万吨废催化剂，其中炼油催化剂占了很大比例。如果不对炼油废催化剂进行管理，催化剂中的有毒有害成分会对环境造成污染并危害人体健康，其中的一些贵重金属资源也会流失。因此，炼油废催化剂的有效处理和利用已成为一个非常重要的课题。

3.7.1　国外对石油炼制废催化剂的管理

由于废 FCC 催化剂中含有大量的重金属，特别是某些具有放射性的物质，对人以及周围环境有极大的危害。在国外，这种废催化剂已被视为有害物质，需要运输到远程"安全"有害物质排放点或进行掩埋处理。废催化剂运输、排放和处理的成本非常高。

3.7.1.1　美国的情况

美国对废催化剂的管理比较严格，具体措施如下[130]。

美国环保局已经把废加氢催化剂列为有害废料[131]。美国的环保法限定：进入环境前的有害物质必须转化为无害物质。因此在美国废催化剂不允许随便倾倒,掩埋废催化剂要缴纳巨额税款。每吨废催化剂直接掩埋费用已从 1991 年的 30 美元上升到 1996 年的 1000 美元，废催化剂的掩埋量从 97kt 降到 64kt。1993 年美国处理每吨无毒废催化剂的费用约 660 美元，处理每吨有毒废催化剂需 880 美元。有毒废催化剂的处理成本约为无毒废催化剂的 1.33 倍。

20 世纪 80 年代因环保法规的限制，美国废催化剂回收的品种已扩大到低值甚至赔本的有毒催化剂的回收。美国数量最多的废催化剂是石油和渣油加工用的加氢处理催化剂，1987 年美国的加氢脱硫催化剂的用量就达 12.7kt，目前已达 42kt/a。

从 1978 年起美国就建立了镍催化剂回收装置，其 73%的镍催化剂皆进行回收。到 1985 年美国就回收了 5.493t 的铂族金属,1995 年回收了 12.4～15.5t 的铂族金属。

Hertage 公司将废镍催化剂制成镍盐或镍溶液，将回收的硅藻土用作沥青路面的矿物填料等。废催化裂化催化剂已经成功地用于生产水泥。在美国，水泥窑大约每年处理 6×10^4t 废催化裂化催化剂[132]。美国已逐步采用以综合性、多部分、跨学科的研究计划来解决催化剂的回收利用问题。

3.7.1.2　日本的情况

日本由于缺乏各种金属资源，制造催化剂的主要原料都需要进口，因而早在 20 世纪 50 年代就开始废催化剂的回收利用，早期主要回收贵金属，1955 年后开始回收镍等有色金属，详细情况如下[83]。

1970 年日本就颁布了固体废物处理与清除法律，确认废催化剂为环境污染物。1974 年成立了废催化剂回收协会，会员约有 32 家企业，平均每年从废催化剂中回收的金属超过 10kt。日本三井公司专门制造从废汽车催化转化器回收贵金属的装置，日处理能力达到 1～20t。

据统计，1975—1980 年日本废催化剂的回收率不到 40%，但已回收了有色金属约 3 万吨。在废催化剂回收利用协会的组织下，该国就其催化剂的使用和生产展开了调查，并根据废催化剂的组成、形状、载体、污染程度、中毒情况及产生的数量等情况对废催化剂合理地进行了分类，并制定了相应的回收利用工艺。

由于日本工业集中，故其废催化剂便于集中回收，该国从废催化剂中回收的有用金属多达 24 种，通常由催化剂使用厂、催化剂生产厂及专门回收处理工厂三方协调回收事宜。

3.7.1.3　德国的情况

德国是世界上环保领先的国家之一。1972 年，德国就颁布了废弃物管理法，要求提高废弃物对环境的无害化程度，规定废弃物必须作为原材料再循环使用，其中包括对废催化剂的处理[133]。

德国的 Degussa 公司 1968 年就用捕集网回收铂网催化剂。1988 年，在 Hanak Wolfgang 新建 1000t/d 废重整催化剂回收装置，铂回收率可达 97%～99%，纯度可达 99.95%[83]。

3.7.1.4 英国的情况

英国 ICI Katalco 公司 1991 年 5 月就与 ACI 公司一起制订了催化剂管理计划（catalyst care programme），将废催化剂管理的规定和废催化剂的处理问题囊括在催化剂的综合服务中[134]。其中有关废催化剂规定：对于 ICI Katalco 所有的废催化剂，不管其类型、数量和位置都有一个确定的处理方法；将废催化剂当作另一种生产的原料进行消耗处理，而不是当作废料给扔掉；建立一个体系确保所有措施能根据有关法规要求消耗处理废催化剂。根据需要该体系能对其工艺进行核查；建立一个体系能根据包装和运输有关的法规要求，注意最大程度地减少废催化剂装运的危险性。

ACI 公司一直与金属处理部门合作开发，使现有的生产工艺能在更大范围内处理废催化剂。ACI 公司有一个专门委员会，开发那些很少有回收价值甚至无回收价值的废催化剂的新处理方法。而这些催化剂对环境的污染危险性很大，它们当中往往含有硫、砷、铅、汞等毒物。

阿迈隆金属公司（Amlon Metals Inc/Euromet）总部设在英国伦敦，是一个全球性的金属回收再生公司。该公司回收来自化工、石油加工及相关工业生产中产生的多种废催化剂。每年回收富含金属的二级物料约 65000t[133]。

3.7.1.5 法国的情况

欧洲最大的废催化剂回收公司法国 Eurecat 公司回收能力为 2.5kt/a，占全球回收量的 5%～10%[133]。

3.7.1.6 科威特的情况

科威特每年从加氢处理和加氢裂化装置作为固体废料卸出的废催化剂就达 7000t 左右[135]。

3.7.1.7 欧洲其他国家的情况

欧洲其他国家对废催化剂的管理情况如下[133]。

国际催化剂公司在美国、加拿大、日本、卢森堡均建有催化剂再生装置。哈晓/弗尔托联合公司、洲催化剂公司均进行废催化剂的再生处理。此外，荷兰的国际壳牌研究公司、伊凡诺夫化工研究所、波兰的石油与化学研究所及弗罗茨瓦夫工学院均开展过废催化剂的回收利用研究。罗马尼亚克拉约瓦化工联合企业开展过镍系废催化剂的回收。目前全世界对铂族金属的需求每年都在增加，铂族金属催化剂的回收已成为一种产业。

欧洲金属公司（Euromet）能向全世界范围提供回收项目，处理各种各样的有色金属和贵金属原料（包括废催化剂在内的副产品）。该公司是国际回收、再生和环境管理协会的一部分，在英国、美国、西班牙、瑞士和巴西都设有分公司。

3.7.2 国内对石油炼制废催化剂的管理

目前，废催化剂的回收利用通常由催化剂使用厂、催化剂生产厂及专门回收处理工厂三方协调处理。无论哪种情况，在废催化剂回收和处理过程中存在着技术、经济和政策环境方面的共同问题。我国的废催化剂回收工作虽始于 20 世纪 70 年代初，但由于各种原因，一直没有得到足够的重视。如今，随着环保、节能和资源综合利用的推进，废弃工业催化剂的回收利用应受到社会各界的重视。要不断提高环保意识，有关部门要尽快明确制定废催化剂回收的相关法律政策，对废催化剂的排放、收集、运输、管理、回收技术、设备、产品规格、试验方法等实施标准化要求，全面提升我国废催化剂回收利用水平。

我国废催化剂回收起步较晚，近年来随着国家对环境保护的重视以及原油和其他金属资源价格的上涨，国家也积极开展了废催化剂的回收利用工作，取得了很大的进展。

目前，废催化剂的回收利用工作中存在的主要问题是：由于废催化剂产品不同，而且催化剂制备本身存在一定的技术保密性，废催化剂回收利用存在一定的技术难度；国内对于催化剂的更换频率以及废催化剂的数量均高于国外，废催化剂回收压力大；回收网络不畅通，监管力度不够；回收生产规模小，技术力量薄弱；小型回收利用率低，回收难度大及经济价值低的再生资源浪费严重，有时还会造成不同程度的二次污染。

废催化剂回收工作已经发展了近二十年，但由于一些技术和经济问题，目前的回收利用率较低，主要局限于贵金属、钴、镍、钼、钒等少数含量较高、价值亦较贵的金属。对含有用金属量低而组分复杂的废催化剂的回收方面仍旧存在困难。

总之，废催化剂回收利用是一项实现资源节约、有发展前途的产业，已逐渐得到了各方重视。加强技术与管理的标准化、规范化，对废催化剂的排放、收集、运输、回收技术和设备、产品规格、测试方法等全面标准化管理，才能真正实现变废为宝、化害为益。

3.8 结语

① 炼油催化剂主要包括 FCC 催化剂、加氢精制催化剂、加氢裂化催化剂和催化重整催化剂 4 大类。综述了各种炼油催化剂催化原理、典型工艺、催化剂组成，分析了各种催化剂的失活或中毒的原因。炼油催化剂通常主要由活性物质、助剂和载体组成。炼油废催化剂中的铁、铝等金属因在自然界中广泛存在，不存在资源缺少问题，需重点关注其中稀有金属及贵金属的回收和利用。

② 每加工 1t 原油会产生 0.354kg 炼油废催化剂。

③ 国内外研究表明，再生是炼油废催化剂处理的第一步，当再生的废催化剂不能达到反应所需的活性要求时，不同类型的废催化剂有各自的处理方法。其中，可能含有 Ni、V、Sb、Cu 等重金属的废 FCC 催化剂，则必须进行无害化处理；可能含有 NiO 等成分的废催化加氢催化剂，需要进行无害化处理，还可能含有 Pt、Pd 等贵重金属和 Mo、Co 等有用资源的废催化剂，需要进行回收利用；废催化重整催化剂中可能含有 Pt、Pd、Ir 等贵金属，也应进行回收利用。未来炼油废催化剂的处理和利用将主要集中在再生、资源化、无害化等方面。

④ 对废 FCC 催化剂的改性研究表明，以 NH_4^+-N 的去除率作为评价标准，发现酸浸、

碱融焙烧、水热合成的改性方法最佳，且改性后的废 FCC 催化剂本身具有 NaA 型沸石的特征。当模拟废水中的 NH_4^+-N 浓度在 $10\sim50$mg/L 时，常温中性条件下，采用改性废 FCC 催化剂去除模拟废水中的 NH_4^+-N，其吸附速率较快，20min 即达到吸附平衡；Langmuir 模型更适合描述其吸附等温曲线。Langmuir 模型的经验常数说明该种改性废 FCC 催化剂对模拟废水中的 NH_4^+-N 具有较高的吸附容量。改性废 FCC 催化剂对于模拟低浓度 NH_4^+-N 废水（NH_4^+-N 初始浓度在 $15\sim50$mg/L）显示出了良好的 NH_4^+-N 去除能力，当固液比为 1:50（g/mL）时，NH_4^+-N 去除率均达到 95%以上，具有良好的应用前景。

参考文献

[1] 上海市经济和信息化委员会. 中国有望超过美国成世界第一大炼油国[EB/OL]. (2021-04-21). http://sheitc.sh.gov.cn/.

[2] 张广林, 孙殿成. 炼油催化剂[M]. 2 版. 北京: 中国石化出版社, 2012.

[3] 梁凤印. 流化催化裂化[M]. 北京: 中国石化出版社, 2006.

[4] 马锐. 钒对 FCC 催化剂脱除噻吩类硫化物性能的影响[J]. 化学工程, 2013, 41(4): 69-73.

[5] 李学平. FCC 催化剂现状及其发展方向[J]. 工业催化, 2003, 11(8): 21-23.

[6] Furimsky E. Spent refinery catalysts: environment, safety and utilization[J]. Catalysis Today, 1996, 30(4): 223-286.

[7] 刘丹, 郭东明, 李文深, 等. 我国 FCC 催化剂的发展近况[J]. 当代化工, 2012, 41(9): 946-949.

[8] 孙强, 张翠侦. A-高岭土在 FCC 催化剂中的应用[J]. 广东化工, 2015, 42(14): 7-8.

[9] 李豫晨, 陆善祥. FCC 催化剂失活与再生[J]. 工业催化, 2006, 14(11): 26-30.

[10] Cerqueira H S, Caeiro G, Costa L, et al. Deactivation of FCC catalysts[J]. Journal of Molecular Catalysis A: Chemical, 2008, 292(1): 1-13.

[11] 中国石化网站群[Z/OL]. http://www.sinopecgroup.com/group/gsjs/shwq/.

[12] 陆红军. FCC 催化剂介绍[J]. 南炼科技, 1997, 4(5): 45-48.

[13] 中海石油炼化有限责任公司惠州炼油分公司[EB/OL]. http://baike.baidu.com/view/6999921.htm-?fr=aladdin.

[14] 申德俊. FCC 催化剂现状[J/OL]. 石油炼制译丛, 1989(4): 26-31. https://wenku.baidu.com/view/28595ee0804d2b160a4ec034.html.

[15] 梁海宁. FCC 废催化剂细粉原位合成 Y 型分子筛[D]. 青岛: 中国石油大学, 2010.

[16] Elanany M, Koyama M, Kubo M, et al. Periodic density functional investigation of Lewis acid sites in zeolites: relative strength order as revealed from NH_3 adsorption[J]. Applied Surface Science, 2005, 246(1): 96-101.

[17] Katada N, Kageyama Y, Takahara K, et al. Acidic property of modified ultra stable Y zeolite: increase in catalytic activity for alkane cracking by treatment with ethylenediaminetetraacetic acid salt[J]. Journal of Molecular Catalysis A: Chemical, 2004, 211(1): 119-130.

[18] Long R B, Caruso F A. Hydrorefining catalysts: US 4419219[P]. 1983-12-06.

[19] Smith R H. Denitrogenation of syncrude: US 4090951[P]. 1978-05-23.

[20] Lappas A A, Nalbandian L, Iatridis D K, et al. Effect of metals poisoning on FCC products yields: studies in an FCC short contact time pilot plant unit[J]. Catalysis Today, 2001, 65(2): 233-240.

[21] Psarras A C, Iliopoulou E F, Nalbandian L, et al. Study of the accessibility effect on the irreversible deactivation of FCC catalysts from contaminant feed metals[J]. Catalysis Today, 2007, 127(s 1/4): 44-53.

[22] Roth S A, Iton L E, Fleisch T H, et al. Metals contamination of aluminosilicate cracking catalysts by Ni-and VO-tetraphenylporphin[J]. Journal of Catalysis, 1987, 108(1): 214-232.

[23] Habib Jr E T, Owen H, Snyder P W, et al. Artificially metals-poisoned fluid catalysts. Performance in pilot plant cracking of hydrotreated resid[J]. Industrial & Engineering Chemistry Product Research and Development, 1977, 16(4): 291-296.

[24] 方向晨. 加氢精制[M]. 北京: 中国石化出版社, 2006.

[25] 中华人民共和国国土资源部. 2011 中国国土资源公报[R]. 2012.

[26] 何松波, 赖玉龙, 毕文君, 等. K助剂对Pt-Sn-K/γ-Al$_2$O$_3$催化剂上C$_{16}$正构烷烃脱氢反应的影响[J]. 催化学报, 2010, 31(4): 435-440.

[27] Dufresne P. Hydroprocessing catalysts regeneration and recycling[J]. Applied Catalysis A: General, 2007, 322: 67-75.

[28] Marafi M, Atanislaus A. Spent catalyst waste management: a review: part Ⅰ—developments in hydroprocessing catalyst waste reduction and use[J]. Resources, Conservation and Recycling, 2008, 52(6): 859-873.

[29] 杜艳泽, 张晓萍, 关明华, 等. 国内馏分油加氢裂化技术应用现状和发展趋势[J]. 化工进展, 2013, 32(10): 2523-2528.

[30] 夏丽洪, 郝鸿毅, 罗海云, 等. 2011年中国石油工业综述[J]. 国际石油经济, 2012, 20(4): 73-81.

[31] 周彤, 肖生科. 催化重整催化剂的研究进展[J]. 中国高新技术企业, 2009(3): 172-173.

[32] 孙兆林. 催化重整[M]. 北京: 中国石化出版社, 2006.

[33] 中国物资再生协会贵金属产业委员会. 2016年最新国内催化重整装置产能及类型汇总(修正版)[Z/OL]. http://www.cpmrc.org/index.php?route=information/article&article_id=128.

[34] 路首彦. 国内外催化重整工艺技术进展[J]. 炼油技术与工程, 2009, 39 (8): 1-5.

[35] 朱和, 金云. 我国炼油工业发展现状与趋势分析[J]. 国际石油经济, 2005(5): 5-12.

[36] 柴国良. 催化剂工业生产消费现状与发展趋势(下)[J]. 上海化工, 2007, 32(3): 46-48.

[37] 蒙根, 孔德金, 祁晓岚, 等. 甲苯歧化与烷基转移催化剂的失活机理[C]. 中国化工学会2010年石油化工学术年会, 2010.

[38] 施至诚. CIP-1型裂解催化剂的研究[J]. 工业催化, 1996(2): 30-34.

[39] 杨勇刚, 罗勇. DCC-Ⅱ型工艺的工业应用和生产的灵活性[J]. 石油炼制与化工, 2000, 31(4): 1-7.

[40] 黄晓华. 新一代增产丙烯DCC工艺催化剂DMMC-1的工业应用[J]. 石油炼制与化工, 2007, 38(10): 29-32.

[41] 霍永清, 方纪才, 王亚民, 等. 多产液化气和高辛烷值汽油MGG工艺技术[J]. 石油炼制, 1993, 24(5): 41-51.

[42] 侯凯军. 反应温度对LCC-2催化剂催化裂解制低碳烯烃性能的影响[J]. 石化技术与应用, 2011, 29(1): 17-20.

[43] 袁胜华, 苏晓波, 张皓. 新型溶油加氢脱氮催化剂FZC-42的研制及工业放大[J]. 抚顺加工技术, 2005(5): 8-14.

[44] 彭全铸, 王继峰, 韩崇仁. 3936馏分油加氢精制催化剂的开发与应用[J]. 石油炼制与化工, 1996, 27(12): 18-21.

[45] 郝昭, 张海忠. 3996加氢精制催化剂的工业应用[J]. 润滑油, 2003, 18(3): 17-20.

[46] 杨清河, 戴立顺, 聂红, 等. 渣油加氢脱金属催化剂RDM-2的研究[J]. 石油炼制与化工, 2004, 35(5): 1-4.

[47] 刘喜来, 隋宝宽, 赵愉生. FZC-24B型油渣加氢脱硫金属催化剂的开发[J]. 石油技术与应用, 2007, 25(5): 391-394.

[48] 谢康琪, 苏光军, 罗桂清, 等. CB-3高变催化剂的应用[J]. 化肥工业, 1998, 25(5): 54-56.

[49] 李国友, 侯特超, 谢英查, 等. GCR-10连续重整催化剂的工业应用[J]. 石油炼制, 1997, 28(2): 1-4.

[50] 盘锦程. 3961连续重整催化剂性能考察[J]. 石油炼制与化工, 2002, 33(8): 22-24.

[51] 胡永康, 葛再贵, 韩崇仁, 等. 轻油型加氢裂化催化剂(3825)的研制与工业应用[J]. 石油炼制与化工, 1994, 25(11): 50-56.

[52] 葛在贵, 关明华, 王凤来. 高活性中压加氢裂化催化剂3905的性能与工业制备[J]. 石油炼制与化工, 1996, 27(4): 6-12.

[53] 胡永康, 关华明, 葛在贵, 等. 3903高活性中油型加氢裂化催化剂的研制[J]. 石油炼制, 1993, 24(3): 31-36.

[54] 赵琰. 3824中油型加氢裂化催化剂的工业应用[J]. 工业催化, 1993(1): 56-61.

[55] 陈松, 关明华, 陈才连, 等. 多产中间馏分油的加氢裂化催化剂3974的研制及其工业应用[J]. 石油炼制与化工, 2001, 32(2): 1-5.

[56] 王智, 王起军. ZHC-01型加氢裂化催化剂的工业应用[J]. 齐鲁石油化工, 2005, 33(1): 26-28.

[57] 中国石油化工总公司抚顺石化公司石油三厂催化剂厂——产品简介[J]. 石油炼制与化工, 1992(9): 70-76.

[58] 国家环境保护总局. 危险废物鉴别标准毒性物质含量鉴别: GB 5085.6—2007[S]. 北京: 中国标准出版社, 2007.

[59] 谢华林, 唐有根, 聂西度. 高分辨电感耦合等离子体质谱法测定FCC催化剂中微量元素[J]. 石油学报, 2007, 23(1): 104-108.

[60] 李满, 李春光, 夏明桂. 废FCC催化剂氧化处理炼油液态烃碱渣[J]. 武汉纺织大学学报, 2011, 24(3): 44-47.

[61] 寇祖星, 魏亿萍, 马淑涛. 炼油加氢废催化剂中金属分离回收工艺研究[J]. 广东化工, 2013, 40(5): 10-11.

[62] 马连湘, 王犇. 加氢脱硫废催化剂综合利用研究[J]. 无机盐工艺, 2006, 38(8): 48-50.

[63] Baghalha M, Gh Khosravian H, Mortaheb H R. Kinetics of platinum extraction from spent reforming catalysts in aqua-regia solutions[J]. Hydrometallurgy, 2009, 95(3): 247-253.

[64] 姚百胜, 罗保林. FCC 催化剂脱金属再生的研究进展[J]. 石油化工, 1998, 27: 766-772.

[65] 韩德奇, 洪国忠, 蔡驰, 等. 催化裂化废催化剂利用新途径[J]. 江苏化工, 2000, 28(4): 24-25.

[66] Marafi M, Stunislaus A, Furimsky E. Handbook of spent hydroprocessing catalysts[M]. UK: ElsevierB V, 2010.

[67] 殷北冰, 包静严, 王刚. 催化裂化废催化剂磁分离回用技术[J]. 应用科技, 2011, 38(8): 57-59.

[68] 周明, 吴聿, 叶红, 等. FCC 废催化剂的处理与综合利用[J]. 石油化工安全环保技术, 2011, 27(4): 57-59.

[69] 梁永辉. 低磁性催化裂化平衡剂磁分离回收技术研究和工业应用[J]. 炼油技术与工程, 2011, 41(10): 43-46.

[70] 梁海宁, 刘欣梅, 昌兴文, 等. 炼油废催化剂的处理和利用[J]. 炼油技术与工程, 2010, 40(1): 1-5.

[71] 赵海军, 王凌梅, 韩长红, 等. FCC 催化剂的分离再生和回用技术展望[J]. 石油与天然气化工, 2006, 35(6): 455-458.

[72] 吴聿, 张国静, 张新功, 等. 化学法 FCC 废催化剂复活工艺及工业应用[J]. 炼油技术与工程, 2011, 41(11): 32-34.

[73] Palak A T, Preeti R. Spent FCC catalyst: potential anti-corrosive and anti-biofouling material[J]. J Ind Eng Chem, 2014, 20(4): 1388-1396.

[74] 刘欣梅, 李亮, 杨婷婷, 等. FCC 废催化剂细粉合成超细 Y 型分子筛[J]. 石油学报, 2012, 28(4): 555-560.

[75] Zornoza E, Payá J, Monzó J, et al. The carbonation of OPC mortars partially substituted with spent fluid catalytic (FC3R) and its influence on their mechanical properties[J]. Construct Build Mater, 2009, 23(3): 1323-1328.

[76] 张俊计, 吴秀娟, 武斌, 等. 以 FCC 废催化剂为原料生产白炭黑的方法: CN 201110117785.7[P]. 2011-12-14.

[77] Dufresne P. Hydroprocessing catalysts regeneration and recycling[J]. Appl Catal A: General, 2007, 322: 67-75.

[78] 沈浩. 加氢催化剂再生技术的发展[J]. 河北化工, 2009, 32(10): 38-40.

[79] 李杨, 单江峰, 邹维方. 加氢催化剂的器外再生[J]. 工业催化, 2002, 10(3): 16-17, 46.

[80] 王立兰, 康少军, 张藻平, 等. RN-22 加氢精制催化剂的器外再生及工业应用[J]. 化工科技, 2009, 17(4): 41-43.

[81] Marafi M, Atanislaus A. Spent hydroprocessing catalyst management: a review: part Ⅱ. Advanced in metal recovery and safe disposal methods[J]. Res, Con Recycl, 2008, 53: 1-26.

[82] Banda N, Nguyen T H, Sohn S H, et al. Recovery of valuable metals and regeneration of acid from the leaching solution of spent HDS catalysts by solvent extraction[J]. Hydrometallurgy, 2013, 133: 161-167.

[83] 傅建国. 从石油重整废催化剂中回收铂[J]. 中国有色冶金, 2006 (2): 43-44, 50.

[84] 贵州资源（易门）有限公司. 一种含铂-铼重整催化剂的综合回收方法: CN 201310310833.3[P]. 2013-11-13.

[85] 王世环, 张杰潇, 许明德, 等. FCC 催化剂后处理工艺制备催化剂的表征[J]. 石油炼制与化工, 2014, 45(8): 11-16.

[86] 刘腾, 邱兆富, 杨骥, 等. 我国废炼油催化剂的产生量、危害及处理方法[J]. 化工环保, 2015, 35(2): 159-164.

[87] 国家环境保护总局. 危险废物鉴别标准 浸出毒性鉴别: GB 5085.3—2007[S]. 北京: 中国环境科学出版社, 2007.

[88] 胡孙林, 钟理. 氨氮废水处理技术[J]. 现代化工, 2001, 21(6): 47-50.

[89] Jha V K, Hayashi S. Modification on natural clinoptilolite zeolite for its NH_4^+ retention capacity[J]. Journal of Hazardous Materials, 2009, 169(1): 29-35.

[90] Du R, Peng Y, Cao S, et al. Advanced nitrogen removal with simultaneous Anammox and denitrification in sequencing batch reactor[J]. Bioresource Technology, 2014, 162(6): 316-322.

[91] Quan X, Wang F, Zhao Q, et al. Air stripping of ammonia in a water-sparged aerocyclone reactor[J]. Journal of Hazardous Materials, 2009, 170(2): 983-988.

[92] Soares J, Silva S A, de Oliveira R, et al. Ammonia removal in a pilot-scale WSP complex in northeast Brazil[J]. Water Science and Technology, 1996, 33(7): 165-171.

[93] Liu H, Wang J. Separation of ammonia from radioactive wastewater by hydrophobic membrane contactor[J]. Progress in Nuclear Energy, 2016, 86: 97-102.

[94] Stratful I, Scrimshaw M D, Lester J N. Conditions influencing the precipitation of magnesium ammonium phosphate[J]. Water Research, 2001, 35(17): 4191-4199.

[95] Jorgensen T C, Weatherley L R. Ammonia removal from wastewater by ion exchange in the presence of organic contaminants[J]. Water Research, 2003, 37(8): 1723-1728.

[96] Zhu W, Bin Y, Li Z, et al. Application of catalytic wet air oxidation for the treatment of H-acid manufacturing process wastewater[J]. Water Research, 2002, 36(8): 1947-1954.

[97] 冯灵芝. 斜发沸石去除水中氨氮的试验研究[D]. 郑州: 郑州大学, 2006.

[98] 李建霜. 沸石对生活污水氨氮处理的研究[D]. 重庆: 重庆交通大学, 2014.

[99] Ames Jr L L. The cation sieve properties of clinoptilolite[J]. Am. Mineralogist, 1960, 45: 689-700.

[100] Farkaš A, Rožić M, Barbarić-Mikočević Ž. Ammonium exchange in leakage waters of waste dumps using natural zeolite from the Krapina region, Croatia[J]. Journal of Hazardous Materials, 2005, 117(1): 25-33.

[101] Ostroski I C, Silva E A, Arroyo P A, et al. Experimental and modelling studies of ion exchange equilibria between zeolite NaY and an electrolytic solution of iron[J]. Fluid Phase Equilibria, 2014, 372(25): 76-84.

[102] Wang Y F, Lin F, Pang W Q. Ammonium exchange in aqueous solution using Chinese natural clinoptilolite and modified zeolite[J]. Journal of Hazardous Materials, 2007, 142(1): 160-164.

[103] Wang Y, Liu S, Xu Z, et al. Ammonia removal from leachate solution using natural Chinese clinoptilolite[J]. Journal of Hazardous Materials, 2006, 136(3): 735-740.

[104] 严小明, 杨朗, 钱吉彬, 等. 天然沸石吸附氨氮[J]. 南京工业大学学报 (自然科学版), 2009, 31(2): 89-92.

[105] 王萌, 房春生, 颜昌宙, 等. 沸石的改性及其对氨氮吸附特征[J]. 环境科学研究, 2012, 25(9): 1024-1029.

[106] 陈吉宁, 李广贺, 王洪涛. 滇池流域面源污染控制技术研究[J]. 中国水利, 2004(9): 47-50.

[107] Guo W, Fu Y, Ruan B, et al. Agricultural non-point source pollution in the Yongding River Basin[J]. Ecological Indicators, 2014, 36: 254-261.

[108] 尹澄清. 城市面源污染问题: 我国城市化进程的新挑战[J]. 环境科学学报, 2006, 26(7): 1053-1056.

[109] 韩冰, 王效科, 欧阳志云. 城市面源污染特征的分析[J]. 2005, 21(2): 1-4.

[110] Babin N, Mullendore N D, Prokopy L S. Using social criteria to select watersheds for non-point source agricultural pollution abatement projects[J]. Land Use Policy, 2015, 14: 1-7.

[111] 徐文. 西南涌农业面源污染特征与控制[D]. 广州: 广东工业大学, 2011.

[112] 徐丽花, 周琪. 人工湿地控制暴雨径流污染的实验研究[J]. 上海环境科学, 2002, 21(5): 274-277.

[113] 王大卫, 刘翔. 粉煤灰合成沸石去除城市暴雨径流中氨氮[J]. 环境工程学报, 2012, 6(1): 195-200.

[114] Fu C M, Maholland M K, Lowery R E. Reactivation of spent, metal-containing cracking catalysts: US 5151391[P]. 1992-09-29.

[115] 郑淑琴, 黄石, 钱东, 等. FCC 废催化剂的改性及其对重金属离子的吸附性能[J]. 石油学报 (石油加工), 2010, 26(4): 612-616.

[116] Basaldella E I, Tara J C. Modification of crystallite morphology during synthesis of LTA zeolite using triethanolamine as additive[J]. Materials Letters, 1998, 34(3): 119-123.

[117] Basaldella E I, Sánchez R M T, Conconi M S. Conversion of exhausted fluid cracking catalysts into zeolites by alkaline fusion[J]. Applied Clay Science, 2009, 42(3): 611-614.

[118] Du Q, Liu S, Cao Z, et al. Ammonia removal from aqueous solution using natural Chinese clinoptilolite[J]. Separation and Purification Technology, 2005, 44(3): 229-234.

[119] Booker N A, Cooney E L, Priestley A J. Ammonia removal from sewage using natural Australian zeolite[J]. Water Science and Technology, 1996, 34(9): 17-24.

[120] Liu H, Dong Y, Liu Y, et al. Screening of novel low-cost adsorbents from agricultural residues to remove ammonia nitrogen from aqueous solution[J]. Journal of Hazardous Materials, 2010, 178(1): 1132-1136.

[121] Zhou L, Boyd C E. Total ammonia nitrogen removal from aqueous solutions by the natural zeolite, mordenite: a laboratory test and experimental study[J]. Aquaculture, 2014, 432(1): 252-257.

[122] Karapinar N. Application of natural zeolite for phosphorus and ammonium removal from aqueous solutions[J]. Journal of Hazardous Materials, 2009, 170(2): 1186-1191.

[123] Rodrıguez-Iznaga I, Gomez A, Rodrıguez-Fuentes G, et al. Natural clinoptilolite as an exchanger of Ni^{2+} and NH_4^+ ions under hydrothermal conditions and high ammonia concentration[J]. Microporous and Mesoporous Materials, 2002, 53(1): 71-80.

[124] 彭里程, 吴德意, 隋艳明, 等. 竞争性阳离子对粉煤灰合成沸石除氨氮的影响[J]. 环境科学与技术, 2010, 33(4): 146-149.

[125] 安莹, 王志伟, 张一帆, 等. 天然沸石吸附氨氮的影响因素[J]. 环境工程学报, 2013, 7(10): 3927-3932.

[126] Huang H, Xiao X, Yan B, et al. Ammonium removal from aqueous solutions by using natural Chinese (Chende) zeolite as adsorbent[J]. Journal of Hazardous Materials, 2010, 175(1): 247-252.

[127] 张曦, 吴为中, 温东辉, 等. 氨氮在天然沸石上的吸附及解吸[J]. 环境化学, 2003, 22(2): 166-171.

[128] Zhang M, Zhang H, Xu D, et al. Removal of ammonium from aqueous solutions using zeolite synthesized from fly ash by a fusion method[J]. Desalination, 2011, 271(1): 111-121.

[129] 王锐利, 周国平, 吴任超, 等. 废催化剂回收贵金属工艺及前处理技术研究[J]. 资源再生, 2011(9): 58.

[130] 孙锦宜. 美国废催化剂的回收利用现状[J]. 环境导报, 2006(2): 43.

[131] Rapaport D. Are spent hydrocracking catalysts listed hazardous wastes? [J]. Hydrocarbon Processing, 2000, 79(7): 11-22.

[132] Clifford R K. Spent catalyst management[J]. Petroleum Technology Quarterly, 1997, 2(3): 33-39.

[133] 段理杰, 杨永青, 郝大玮, 等. 废催化剂回收利用的方法和现状分析[J]. 中国科技纵横, 2010(2): 291-292.

[134] 刘焕群. 国外废催化剂回收利用[J]. 中国资源综合利用, 2000, 18(12): 35-37.

[135] 姚国欣. 废催化剂的处理和利用[C]. 北京: 第十七届世界石油大会论文集, 2004: 449-453.

第 **4** 章

石油化工废催化剂污染管理与资源化

4.1　概论

石油化工催化剂是催化剂工业中的重要产品，种类繁多，主要有丙烯腈催化剂、聚烯烃催化剂（包括聚乙烯催化剂和聚丙烯催化剂）、长链烷烃脱氢催化剂、乙苯脱氢制苯乙烯催化剂、甲苯歧化和烷基化转移系列、二甲苯临氢异构化催化剂、乙烯氧化制环氧乙烷催化剂七个系列[1,2]。

4.1.1　丙烯腈催化剂

1948 年，壳牌公司首次在 Cu_2O 催化剂上发现了丙烯选择性氧化生成丙烯醛反应，开创了烯烃选择性氧化制丙烯醛、丙烯酸等基本有机化工原料的新途径。1954 年，Mars 和 Krevelen 提出了氧化还原循环机制。1960 年 Sohio 公司(现并入 BP 公司)开发了 C-A 型 P/Mo/Bi/SiO₂ 催化剂，成功开发了丙烯氨氧化制备丙烯腈新工艺，C21、C41、C49、C49MC 等催化剂经过不断改进，在工业上得到了广泛的应用，其中 C49MC 催化剂的性能优异，占据了 90%以上的国际市场。日本旭化成也研究并投入使用了 NS-733 系列丙烯腈催化剂。国产催化剂的研究始于 20 世纪 60 年代，上海石油化工研究院前后研制了 8 代丙烯腈催化剂并在工业上进行使用。20 世纪 80 年代中期，上海石化院成功研制的 MB-82 催化剂在国内 5 家工厂投入应用。20 世纪 90 年代初开发成功的 MB-86 催化剂已在 8 个工厂中投入应用，当时丙烯腈收率达到 79%～80%，超过了进口催化剂。1997 年，MB-96 催化剂研制成功并在 6 个工厂应用，丙烯腈收率超过 80%。2000 年，适用于高压、高空速的 MB-98 催化剂研制成功并于 2001 年实现工业化。近年来上海石化院研制的 SANC-08 和 SANC-11 系列催化剂在上海石化、齐鲁石化、上海赛科和山东科鲁尔等丙烯腈装置上得到应用，具有适应性强、丙烯腈单收高、清洁性能优异的优点。

（1）催化原理

丙烯-氨氧化催化剂一般为过渡金属氧化物，在各种催化反应中，过渡金属氧化物催化剂的选择性氧化反应最低，主要是因为反应产物可以作为中间产物继续参与反应，主要的副产物是深度氧化反应。在催化剂作用下，氧气作为反应物通过连续地重复循环，将反应物持续氧化成产物。丙烯-氨氧化的基本化学步骤包括活化 $O_2(NH_3)$、活化烯烃分子、插入 O(N)、生成产物、深度氧化等。

丙烯氨氧化在 Mo-Bi 多组分催化剂上的反应主要有两种机理[3]：

① 丙烯氧化成醛后与氨反应。在低温情况下，丙烯脱去 α-H 生成烯丙基中间体，继续被氧化生成各种醛类，醛类物质会和氨反应生成丙烯腈。

② 丙烯脱氢氨解。高温时，催化剂吸附的 NH_3 会被活化为＝NH，同时丙烯被氧化为烯丙基中间体，该中间体与＝NH 通过分子内的电子转移最终形成丙烯腈。

当丙烯腈形成时，催化剂的活性相已从初始的氧化态转变为还原态。通过气相氧的氧化，还原态的催化剂重新恢复到氧化态，从而活化失活后的催化剂，完成一个氧化还原循环。

（2）催化剂的组成

丙烯腈催化剂的主要成分如表 4.1 所列。

表 4.1 丙烯腈催化剂主要成分

催化剂名称	主要成分	参考文献
MB96 型	Mo-Bi-Fe 多元组分	[3]
MB98 型	Mo-Bi-Fe 多元组分	[3]
CTA-6 型	Mo-Bi-Fe 多元组分（含镍、钾）	[3]

（3）典型工艺

1940 年，建立了由环氧乙烷与氢氰酸合成丙烯腈的工业生产装置。1952 年，乙炔取代了环氧乙烷，大大降低了加工成本。1959 年，出现了由丙烯、氨氧化合成丙烯腈的方法，这种方法出现后，发展迅速。1960 年，美国美孚石油公司建立了第一个以丙烯、氨和空气为原料的氨氧化法合成丙烯腈的化工厂，这种新工艺被称为 Sohio 法。随后，英国 Distillers 公司、意大利 Montedison 公司、法国 Ugine 公司和奥地利 OSW 公司相继开发了自己的催化剂和氨氧化法工艺。我国的氨氧化法制丙烯腈始于 1960 年[4]。

目前，全球 95%以上的丙烯腈生产采用的是 BP 公司开发的丙烯氨氧化法生产工艺（Sohio 工艺）。以化学纯丙烯（丙烯含量 92%～94%）和氧气为原料（进料体积比为丙烯：氨：空气=1：1.2：10），主要采用磷 2 钼 2 铋系催化剂，采用流化床反应器，压力设置为 0.05～0.1MPa，在 400～500℃温度下，用空气对丙烯进行氨氧化反应，反应器中的接触时间为 10s 或更短。在流化床反应器内，丙烯、氨和空气通过氨氧化生成丙烯腈，副产品包括乙腈、氢氰酸、丙烯醛、丙烯酸和 CO_2，以及少量未反应的丙烯和氨。除去未反应的氨，反应气体进入吸水塔，气体中的有机物被塔内的低温水吸收。然后，将吸收液送去丙烯腈回收精制工序，可将高纯度丙烯腈、氢氰酸和粗乙腈分别分离出来[5]。

（4）失活原因

MB 系列催化剂在长期运转后，催化剂活性显著降低，主要是因为催化剂表面积炭以及主要活性组分钼的损失。

Mo、Bi 的流失如下：

$$B_2Mo_3O_{12} \xrightarrow{C_3H_6,\ NH_3} B_2MoO_6 + 2MoO_2 + 2[O]$$

$$Fe_2(MoO_4)_3 + MoO_2 \xrightarrow{C_3H_6,\ NH_3} 2FeMoO_4 + 2MoO_3$$

$$Bi_2MoO_6 \xrightarrow{C_3H_6,\ NH_3} 2Bi + MoO_2 + 4[O]$$

丙烯腈催化剂是一种用于丙烯转化的变换催化剂，以三氧化二铝和二氧化硅为载体，钼、铋、钴、镍等为活性组分。经过一段时间的使用，催化剂的化学组成和表面状态会发生变化，因而导致失活[6]。

在催化剂使用过程中，主要活性组分 Mo 的损失、结构变化和催化剂表面积炭等原因也会导致催化剂性能降低[7]。

4.1.2 聚乙烯催化剂

聚乙烯有很多种类，不同种类之间，产品的性能也有很大不同，这取决于它的基本分子结构。为满足不同材料的性能要求，聚乙烯分子结构可通过调控聚乙烯催化剂和生产工艺发生改变。催化剂是烯烃聚合的核心，每次催化剂有重大改进都会促进烯烃聚合工艺的突破。20 世纪 80 年代之前，烯烃聚合催化剂研究的重点是追求更高的催化效率，随着聚烯烃催化剂的进一步发展，特别是茂金属催化剂和后过渡金属催化剂的出现，研制出了多种聚乙烯产品。目前，聚乙烯催化剂主要有铬基催化剂、齐格勒-纳塔（Ziegler-Natta）催化剂、茂金属催化剂、非茂金属催化剂、双功能催化剂等[8]。

（1）催化原理

聚合过程可根据反应过程中所产生中间体性质的不同分为自由基聚合、阳离子聚合、阴离子聚合、配位聚合 4 类。

① 自由基聚合：

$$ROOR（加热） \longrightarrow 2RO \cdot$$

这个自由基会与乙烯发生自由基加成，

$$RO \cdot + CH_2{=}CH_2 \longrightarrow ROCH_2CH_2 \cdot$$

产生的烷氧乙烷会与另一分子的乙烯加成，

$$ROCH_2CH_2 \cdot + CH_2{=}CH_2 \longrightarrow ROCH_2CH_2CH_2CH_2 \cdot$$

然后这个分子又去加成另一个乙烯。

链终止：$—(CH_2CH_2 \cdot)_n—$ 去夺取另一分子的聚合体上的氢，结果是一种聚合体为烷烃，另一种聚合体为烯烃。

还有一种是：$RO—(CH_2CH_2 \cdot)_n— \ + \ —(\cdot CH_2CH_2)_m—RO \longrightarrow$
$$RO—(CH_2CH_2)_n—(CH_2CH_2)_m—RO$$

② 阳离子聚合（碳正离子机理）：

$$BF_3{+}H_2O \longrightarrow H{+}BF_3(OH)$$

乙烯和 H^+ 发生亲电加成：$CH_2{=}CH_2{+}H^+ \longrightarrow CH_3CH_2(+)$，乙烷基碳正离子又去进攻另一分子乙烯。

$$CH_3CH_2(+){+}CH_2{=}CH_2 \longrightarrow CH_3CH_2CH_2CH_2(+) \quad \cdots\cdots$$

链终止：最后一个碳正离子夺取 OH^-。

③ 阴离子聚合：

$$CH_2{=}CH_2{+}NaNH_2 \longrightarrow H_2N—CH_2CH_2(-)$$
$$HOCH_2CH_2(-){+}CH_2{=}CH_2 \longrightarrow HOCH_2CH_2CH_2CH_2(-)$$
$$\cdots\cdots$$

链终止：最后一个负碳夺取氨上的一个氢。

④ 配位聚合：

催化剂为烷基铝-四氯化钛（TiCl$_4$-AlR$_3$）。TiCl$_4$-AlR$_3$ 加热络合后，中间原子 Ti 有空轨道，可以与烯烃的双键进行络合。络合后可以插入到 Ti 与 R$_2$（烷基铝的乙基）之间，然后又空出一个 d 轨道，与另一分子的乙烯发生络合。又会进行插入的反应，最后得到的聚乙烯的分子链和 Ti 的金属键通过一个 H 的插入得到聚乙烯[8]。

（2）催化剂组成

聚乙烯催化剂的主要成分如表 4.2 所列。

表 4.2　聚乙烯催化剂主要成分

催化剂名称	主要成分	参考文献
BCH 型	钛、镁、氯和少量挥发组分	[9]
YLH-1 型	钛：4%～6%	[9]
QCP-1 型	铬（活性中心），有机铝（还原剂）	[10]
钒系	钛、钒、锆、一氯二乙基铝、三异丁基铝	[11]
双峰或宽峰分子量分布聚烯烃复合催化剂	钛、镁、铝、氯	[12]

（3）典型工艺

当代典型的聚乙烯生产工艺有：a. 巴塞尔公司气相法 Spherilene 工艺；b. 北欧化工公司北星（Bastar）工艺；c. BP 公司气相法 Innovene 工艺；d. 埃克森美孚公司管式和釜式反应工艺；e. 三井化学公司低压浆液法 CX 工艺；f. 雪佛龙-菲利浦斯公司双回路反应器 LPE 工艺；g. Univation 公司低压气相法 Unipol 工艺；h. Stamicarbon 公司 Compact 工艺；i. 巴塞尔聚烯烃公司 Hostalen 工艺；j. 埃尼化学公司高压法工艺；k. Stamicarbon 公司高压法工艺；l. 巴塞尔公司高压法 Lupo-tech 工艺；m. 诺瓦化学公司 Sclairtech 工艺[13,14]。

（4）中毒原因

乙烯装置的催化剂主要由钛的化合物和作为助催化剂的铝的有机化合物组成，在这个催化剂体系中，主催化剂和助催化剂经络合后才具有反应活性，聚合反应催化剂活性中心位于这两种化合物发生反应而形成的钛—烷基（Ti—R）键上，根据以下方程可重复进行乙烯聚合反应[15]。

$$Ti-R + C=C \longrightarrow \underset{\underset{C=C}{|}}{Ti-R} \longrightarrow Ti-C-C-R$$

（配位）　　（嵌入，聚合反应）

根据杂质对催化剂活性中心的影响，杂质主要分为以下 3 类。

1）一氧化碳类杂质

这类杂质与烷基铝化合物之间不会发生反应，但与催化剂活性中心作用，使催化剂中毒并使催化剂活性降低，其反应方程为：

$$Ti-R + CO \longrightarrow \underset{\underset{O}{\|}}{Ti-C-R} \text{（无活性）}$$

2）乙炔类杂质

这类杂质与烷基铝化合物之间不会发生反应，选择性地吸附（配位）在催化剂活性中心上，导致催化剂暂时中毒，当发生脱附时，催化剂活性会恢复到原始状态，其方程为：

$$\text{Ti—R} + \text{C}\equiv\text{C} \rightleftharpoons \underset{|}{\overset{}{\text{Ti—R}}}\quad\text{（无活性）}$$
$$\text{C}\equiv\text{C}$$

3）二氧化碳类杂质

这类杂质不仅与催化剂活性中心反应，还与烷基铝化合物发生反应，当烷基铝浓度变大时，杂质对催化剂活性中心的影响会减小，其反应方程为：

$$\text{Al(C}_2\text{H}_5)_3 + \text{CO}_2 \longrightarrow \text{(C}_2\text{H}_5)_2\text{Al—O—}\underset{\overset{\|}{O}}{\text{C}}\text{—C}_2\text{H}_5$$

$$\text{Ti—R} + \text{CO}_2 \longrightarrow \text{Ti—O—}\underset{\overset{\|}{O}}{\text{C}}\text{—R （无活性）}$$

上述三类杂质均与催化剂活性中心（Ti—R）相互作用，导致催化剂活性下降，但也存在一定的差异，一氧化碳会永久性地毒害催化剂，造成催化剂活性永久丧失；乙炔类杂质会暂时使催化剂中毒，并在解吸时恢复催化剂的原始活性；虽然二氧化碳可以使催化剂失活，但当烷基铝浓度较高时，烷基铝可以起到屏蔽作用，杂质对催化剂活性中心的影响也会随之降低。

4.1.3 聚丙烯催化剂

聚丙烯（PP）催化剂的发展情况如表 4.3 所列。

表 4.3 聚丙烯催化剂的发展

催化剂	活性/(kg/g)	等规度/%	粒形	工艺特点
第一代 TiCl$_3$/Et$_2$AlCl	0.8~1.2	88~91	不规整粉	需后处理
第二代 TiCl$_3$/Et$_2$AlCl/Lewis 碱	3~5	95	不规整粉	需后处理
第三代 TiCl$_3$/给电子体/MgCl$_2$/Et$_3$Al	5	92	不规整粉	不需后处理
第四代 超高活性 TiCl$_3$/给电子体/MgCl$_2$/Et$_3$Al	>30	≥98	球形多孔	不脱灰和无规物、不造粒
第五代 茂金属-铝氧烷	>30	>98	现已工业化生产	

自 20 世纪 50 年代 Ziegler-Natta 催化剂问世以来，经过不断的改进，如表 4.3 所列聚丙烯催化剂已发展到第五代。催化剂的活性也由最初的几十倍提高到数万倍，按过渡金属计，催化剂的活性已达到数百万倍以上，聚丙烯的等规度也已超过 98 %，简化了生产工艺，都有利于催化剂的开发。目前正在开发的茂金属催化剂是第五代催化剂，美国的 Fina 公司、

埃克森美孚公司，日本的三井石化、窒素等公司，都在进行茂金属聚丙烯的研发，并且已研制出可以使用的工业产品[16]。

（1）催化原理

液相本体聚丙烯的反应为催化均聚，所用的催化剂为钛系催化剂体系。目前，小本体液相聚丙烯常用的催化剂是以氯化镁为载体的复合Ⅱ型高效负载型催化剂。在催化剂作用下，丙烯发生聚合，得到规整的立体结构聚丙烯。

聚丙烯等规度的高低与所用的催化剂体系有关，主催化剂的晶体结构对催化剂性能，特别是定向性能有明显的影响。例如，当使用三氯化钛-一氯二乙基铝络合Ⅱ型催化剂时，其主要由粒径 0.01μm 的微晶堆积组成，具有海绵状多孔结构，比表面积为 100～150m²/g，活性可达 8～15kg/g，三氯化钛具有 α、β、γ 和 δ 四种晶型，其中由 δ 型的三氯化钛制备的聚丙烯的等规度可达 97%。助催化剂主要起到还原和烷基化主催化剂的作用，还可以使聚合物链转移并使乙烯得到净化。

高效载体催化剂制备方法不同于络合Ⅱ型催化剂，所用的助催化剂也不同，它具有催化活性高、质量好、产品应用范围更广泛的特点，但在丙烯聚合过程中也起着相同的作用。

一般丙烯聚合过程如下（反应过程如下）。

① 链引发

$$[Cat]+—R+ \overset{\delta+}{CH_2}=\overset{\delta-}{CH} \longrightarrow [Cat]+ —CH_2—CH—R$$

② 链增长

$$[Cat]+ —CH_2—CH—R + nCH_2=CH \longrightarrow [Cat]+ —CH_2—CH—(CH_2—CH)_n—R$$

③ 链终止

自动终止，一般在 50℃ 以下方能进行。

$$[Cat]+ —CH_2—CH—(CH_2—CH)_n—R \longrightarrow [Cat]+ —H + CH_2=C—(CH_2—CH)_n—R$$

向单体转移：

$$[Cat]+—CH_2—CH—(CH_2—CH)_n—R +CH_2=CH \longrightarrow [Cat]+ —CH_2—CH—+CH_2=C—(CH_2—CH)_n—R$$

向烷基铝转移：

$$[Cat]+—R—R_2Al—CH_2—CH—(CH_2—CH)_n—R—AlR \longrightarrow [Cat]+—R—R_2Al—CH_2—CH—(CH_2—CH)_n—R$$

而其中：

$$R_2Al—CH_2—CH—(CH_2—CH)_n—R \longrightarrow R_2Al—CH_2=C—(CH_2—CH)_n—R$$

又再生为铝的有机化合物 RAlH。

④ 链转移。向 H_2 转移，聚合过程中，用氢气量调节分子量，就是发生链转移反应。

$$[Cat]+-CH_2-CH-(CH_2-CH)_n-R+H_2 \longrightarrow [Cat]+-H+CH_3-CH-(CH_2-CH)_n-R$$
$$\quad\quad\quad\quad CH_3 \quad\quad CH_3 \quad\quad\quad\quad\quad\quad\quad\quad\quad CH_3 \quad\quad CH_3$$

（2）催化剂的成分

聚丙烯催化剂的主要成分如表 4.4 所列。

表 4.4 聚丙烯催化剂主要成分

催化剂名称	主要成分	文献
N 型催化剂	钛、氯、三乙基铝、二苯基二甲氧基硅烷、环己基甲基二甲氧基硅烷	[17]
DQ-Ⅵ	钛、镁、酯	[18]
GF-2A	钛、氯、三乙基铝、二苯基二甲氧基硅烷、环己基甲基二甲氧基硅烷	[17]
CS-Ⅱ	钛、镁、氯、挥发酚	[19]
PTK 系列	钛、氯、灰分	[19]
TK-Ⅱ	钛、镁、氯、苯甲酸乙酯、邻苯二甲酸二异丁酯、三乙基铝、二苯基二甲氧基硅烷、环己基甲基二甲氧基硅烷	[17]

（3）典型工艺

聚丙烯生产工艺主要分为溶液法、淤浆法、本体法、气相法和本体-气相法组合工艺 5 大类。目前，世界上较为先进的生产工艺主要有气相法和本体-气相组合法，这些工艺技术都采用本体法、气相法或本体法和气相法的组合工艺生产均聚物和无规共聚物，然后与气相反应器系统（一个或两个）进行串联，生产抗冲共聚物。这些技术满足了大规模装置（20×10^4t/a 以上）及运行经济性、产品多样性和高性能的要求，应用十分广泛。

目前，世界上先进的 PP 生产工艺主要有 Lyondell Basell 公司的 Spheripol 工艺、Prime Polymer 公司的 Hypol Ⅱ 工艺、Borealis 公司的 Borstar 工艺、Ineos 公司的 Innovene 工艺、DOW 公司的 Unipol 工艺、NTH 公司的 Novolen 工艺、Lyondell Basell 公司的 Spherizone 工艺、JPP 公司的 Horizone 工艺以及住友化学公司的 Sumitomo 工艺、Lyondell Basell 公司的 Catalloy 工艺等[20]。

（4）中毒原因

丙烯聚合过程中，极性组分如水、硫及其化合物、一氧化碳、二氧化碳等，不饱和烃如丙炔、丙二烯、丁烯、丁二烯等和其他如有机砷等是有害物质，会对催化剂造成毒害，从而降低其活性。逯云峰等[21]与冯续[22]的研究表明，丙烯中的水将与主催化剂和活化剂发生反应，对于高效催化剂，当水的体积分数大于 5×10^{-6} 时，催化剂的活性显著下降，并增加了消耗量；此外，丙烯中的硫杂质有很大的毒性，尤其是 COS、CS_2，会终止聚合反应，此外硫、砷、磷的电负性极强，当它们处于低价态(H_2S、AsH_3、PH_3)时，可通过未共用电子对与 Ti 八面体空位键合，使活性中心失活；氧基团会使高效催化剂的活性中心发生氧化，使 $TiCl_3$ 氧化为 TiO_2 和 $TiCl_4$ 而无聚合活性；CO 可以进入聚合链，影响催化剂的定向能力，CO 和 CO_2 也可以终止聚合链，使催化剂的活性降低[23]。

4.1.4 长链烷烃脱氢催化剂

烷基苯是生产阴离子表面活性剂的主要原料。目前,工业生产烷基苯的工艺有正构烷烃脱氢、氯化、石蜡裂解、四聚丙烯叠合、正构烷烃氯化-脱氯化氢和乙烯齐聚。20 世纪 70 年代以来,生产烷基苯主要采用美国环球油品公司(UOP)的烷烃脱氢-HF 烷基化工艺。该工艺以高纯度直链正构烷烃为原料,经催化脱氢制备相应的单烯烃。烷烃脱氢催化剂是该工艺中的重要一环[24]。

1980 年,国内引进的首套 UOP 公司的 $5×10^4$t/a 大型烷基苯联合生产装置在南京烷基苯厂一次投料成功开车投产,当年便达到了设计负荷,使我国的烷基苯生产水平跃升了 20 年,与当时的世界先进水平接近,我国也摆脱了每年要用大量外汇进口烷基苯的局面。该装置采用烷烃脱氢-HF 烷基化工艺,使用的脱氢催化剂为贵金属负载多组分催化剂。

南京烷基苯厂和抚顺洗涤剂化工厂分别于 1986 年和 1996 年实现了长链烷烃脱氢催化剂的国产化。国内三家烷基苯生产厂使用的 NDC(南京烷基苯厂研发)型和 DF(抚顺洗涤剂化工厂研发)型国产脱氢催化剂均为铂系催化剂。目前,NDC 型催化剂已开发出第四代(NDC-4),DF 型催化剂已开发出第三代(DF-3)[25]。

(1)催化原理

在脱氢催化剂的作用下,正构烷烃通过临氢脱氢可生成相应的单烯烃。这些单烯烃在氟化氢(催化剂)的存在下可与苯进行烷基化反应,生成直链烷基苯。主要反应如下。

1)脱氢反应

主反应:正构烷烃 —→ 烷烯烃 + 氢气

副反应:① 继续脱氢,生产二烯、三烯、多烯,直至氢气、碳;

② 脱氢环化,生成环烷,再迅速脱氢成芳烃;

③ 异构化,得到不同支链的异构烃;

④ 裂解,得到气态氢和低沸物,包括烷烃和烯烃;

⑤ 催化剂上的结炭。

2)烷基化反应

主反应:烷烯烃 + 苯 —→ 直链烷基苯

副反应:① 烷烯烃 + 苯 —→ 异构烷基苯;

② 烷烯烃 + 苯 —→ 二烷基苯;

③ 二烯烃 + 苯 —→ 二苯烷;

④ 二烯烃 + 苯 —→ 1,3 二烷基茚满 + 1,4 二烷基萘满;

⑤ 烷烯烃 + 氟化氢 —→ 烷烃的氟化物。

(2)催化剂的组成

长链烷烃脱氢催化剂的主要成分如表 4.5 所列。

表 4.5 长链烷烃脱氢催化剂主要成分

催化剂名称	主要成分	文献
DF-2	铂、锡,ⅣA、ⅠA 族助剂,氧化铝,锂、钠、钾等碱金属	[26]
DF-3	铂、锡、氧化铝,锂、钠、钾等碱金属	[26]

催化剂名称	主要成分	文献
DEH-7	铂、锡、氧化铝，锂、钠、钾等碱金属	[26]
NDC-2	铂、锡、氧化铝，锂、钠、钾等碱金属	[26]
NDC-4	铂、锡、氧化铝，锂、钠、钾等碱金属	[26]

（3）典型工艺

烷基苯主要由 $C_{11}\sim C_{14}$ 烯烃（或卤代烃）与苯进行烷基化反应生成，主要有以下 3 种生产方法：

① 在 $AlCl_3$ 催化剂存在下，正构烷烃氯化生成的氯化烷烃和苯进行烷基化反应；

② 正构烷烃氯化生成的氯化烷烃，再脱氯化氢生成相应的内烯烃，然后与苯进行烷基化反应；

③ 正构烷烃在铂催化剂催化下直接脱氢生成烯烃，在 HF 催化剂存在下烯烃和苯进行反应生成烷基苯。

第 3 种方法也被称为 UOP 工艺。由于氯化法物料消耗高，脱氯化氢法反应转化率低，工艺流程过于复杂，所以 20 世纪 80 年代后期建成的烷基苯生产装置基本采用 UOP 公司的 HF 法。

为克服 HF 法存在的 HF 储运和废液处理等方面存在的不足，UOP 和 Petresa 公司后来开发了以 SiO_2-Al_2O_3 固体酸为催化剂的"Detal"新工艺，并成功将其工业化。据欧洲 LAB/LAS 研究中心 Ecosol 统计，目前全球 LAB 产量的 83%采用 HF 法、8%采用 Detal 法、9%采用 $AlCl_3$ 法。

（4）失活原因

长链烷烃脱氢催化剂的失活主要有如下 N 种原因。

1）积炭

由于原料中含有少量的芳烃和极性物质，以及烷烃脱氢过程中产生的少量芳烃和多烯烃，它们会在较高的反应温度下脱氢生成多环芳烃。随着反应时间的增加，多环芳烃不断缩合，分子中氢含量持续降低，碳含量增加。在催化剂表面上经过反复聚合和脱氢后，可生成高分子的稠环芳烃，直至生成的焦炭覆盖在催化剂表面的活性中心，大量的焦炭导致催化剂上孔的堵塞，阻止反应物分子进入孔内活性中心，而使催化剂活性逐步降低。

2）烧结

催化剂的烧结是指在一定的反应条件下，催化剂上高度分散的铂晶粒由于表面迁移和熔结发生逐渐聚集或晶体变大，导致结构变化从而失去活性中心的过程。在过热时，这一过程会加速。正常情况下，脱氢催化剂使用后的失活属于暂时失活，可通过在空气中烧炭恢复其活性[27]。

4.1.5 乙苯脱氢制苯乙烯催化剂

早在 20 世纪 30 年代，苯乙烯的工业生产就已经开始了，当时使用的催化剂主要是铝矾土体系。由于需要复杂的再生工艺，所以在 20 世纪 40 年代又开发了氧化铁-氧化钾催化剂，这些催化剂可以在蒸汽存在下自行再生。后来，含结构稳定剂 Cr 的 Fe-K-Cr 系催化剂占据了主要地位，并得到了广泛应用。20 世纪 60 年代，人们将 V 等元素添加到 Fe-K-Cr 系催化剂中，用以提高苯乙烯选择性。20 世纪 70 年代，随着全球环保意识的逐渐增强，各国逐步淘汰了含 Cr 量较大的 Fe-K-Cr 系脱氢催化剂，又开发了具有高选择性的含有 Ce、Mo 氧化物的 Fe-K-Ce-Mo 系催化剂，并在绝热型反应器内得到广泛的应用。20 世纪 80 年代，UCI 公司开发出 G84C 脱氢催化剂，很快又出现了 G84C 改进型催化剂，即 G84D、G84E、G84F 系列催化剂。同时，美国标准催化剂公司也成功开发了 C035、C045 新型乙苯脱氢催化剂。近年来，德国南方化学公司又相继成功开发出 Stryomax1-4 型苯乙烯催化剂，由于其具有优异的反应性能，被许多国家的苯乙烯生产商采用。

兰化公司合成橡胶厂研制的 315 型催化剂是我国最早开发的铁系催化剂，自 20 世纪 70 年代中期以来，厦门大学先后开发了 11# 和 210 型无 Cr 催化剂。近年来，上述两单位又研制出 345 型、355 型和 XH-02 型、XH-03 型、XH-04 系列催化剂。中国科学院大连化学物理研究所以氧化铁为原料，添加了碱性促进剂和金属氧化物作为助剂，并成功研制出 DC 系列催化剂。在 1984 年后的十多年中，上海石油化工研究院先后研制出了 GS-01～GS-08 系列催化剂，并在国内多套绝热或等温反应器中成功得到应用。GS-05、GS-06B、GS-08 催化剂多次成功应用于进口的大型装置上。国产化催化剂的成功研发和工业应用，使我国该类催化剂的研究水平得到了极大的提高，推动了苯乙烯制造技术的全面国产化进程，同时产生了良好的经济效益和社会效益[28]。

（1）催化原理

苯环与催化剂中的 Fe^{3+} 或 Fe^{2+} 或 Fe^{2+}-Fe^{3+} 进行亲核配位，生成烯丙基自由基或烯丙正基中间过渡物，在高温状态下，烯丙基自由基会发生异构化，进而生成苯乙烯。

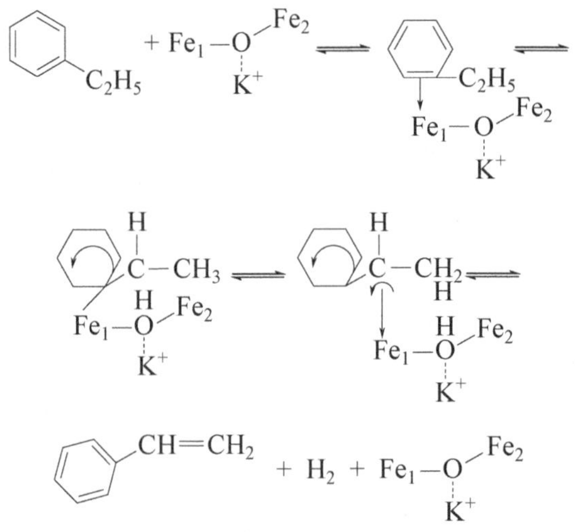

（2）催化剂的组成

乙苯脱氢制苯乙烯催化剂的主要成分如表 4.6 所列。

表 4.6 乙苯脱氢制苯乙烯催化剂主要成分

催化剂名称	主要成分	文献
315 型	氧化铁、氧化铜、三氧化二铬、氧化钾、氧化镁、硅土	[27]
365 型	氧化铁、氧化铜、三氧化二铬、氧化钾、氧化镁、硅土	[27]
XH-02 系列	氧化铁、铁、钾（低含量）、铈、镁	[28]
XH-03 系列	氧化铁、铁、钾（高含量）、铈、镁、其他过渡金属	[28]
XH-04 系列	氧化铁、铁、钾（低含量）、铈、镁、其他金属	[28]
GS-05 系列	氧化铁、氧化钾、钼、铈、其他助催化剂	[29]
GS-06B 系列	氧化铁、氧化钾、钼、铈、其他助催化剂	[29]
GS-08 系列	氧化铁、氧化钾、钼、铈、其他助催化剂	[29]

（3）典型工艺

1839 年，苯乙烯被发现，1930 年美国道化学公司首创了乙苯热脱氢制苯乙烯技术，1937 年美国陶氏化学公司和德国巴斯夫公司同时实现了乙苯脱氢制苯乙烯的工业化生产，为现代的苯乙烯大规模生产奠定了基础。长期以来，苯乙烯的主要生产方法一直是乙苯脱氢法，并且延续至今[30,31]。目前，绝热工艺是乙苯脱氢生产苯乙烯主要生产工艺。UOP/Lummus 法、Fina/Badger 法都是其代表方法，另外还有苯乙烯-环氧丙烷联产法和由 UOP/Lummus 法改进而来的 Smart 法[32]。

（4）失活原因

在工业运转中，乙苯脱氢制苯乙烯催化剂寿命为 1～2 年，随着时间推移，其活性和选择性都会下降。

乙苯脱氢制苯乙烯催化剂中毒的根本原因是催化剂中钾组分的迁移和损失。此外，氯中毒、积炭和烧结也会降低催化剂的活性。

1）钾的流失

乙苯脱氢制苯乙烯催化剂的活性与组分 γ-Fe_2O_3 的含量成正比。高温下如果没有像 K_2O 之类的相结构稳定助催化剂的作用，会使 Fe_2O_3 在高温下易转化为 Fe_3O_4，导致催化剂活性下降。副反应乙苯 $\longrightarrow$ 苯+乙烯，在催化剂酸性中心进行，K_2O 具有抑制作用。K_2O 在水蒸气存在时具有消除积炭的作用。

所以，钾的流失改变催化剂的结构，使活性下降，削弱自身除炭能力，增加副反应的发生。

2）积炭

积炭会影响乙苯脱氢制苯乙烯催化剂的活性，其速率与催化剂的结构组成和工艺条件密切相关。短时间内催化剂的失活并不是由积炭造成，而是 Fe^{3+} 的还原，但如果长时间运行，积炭会造成催化剂的活性降低。

3）氯化物的作用

有机氯浓度达到 $(3～5)\times10^{-6}$ 时催化剂活性剧烈下降，氯易和 K_2O 生成 KCl，高温挥发，造成钾的流失，氯是催化剂的永久性毒物。

4.1.6 甲苯歧化和烷基化转移系列

在下游聚酯行业强劲需求的推动下，二甲苯的需求近年来快速增长。甲苯歧化和烷基转移工艺是生产二甲苯的主要工艺之一。

甲苯歧化工艺主要包括 Tatoray、Xylene-Plus、TransPlus、MTDP、MTPX、PX-Plus6种。其中，Tatoray、Xylene-Plus 和 TransPlus 等属于传统的非选择性甲苯歧化工艺，而MTDP、MTPX、PX-Plus 则属于选择性甲苯歧化工艺，产物中，82%～90%（质量分数）为对二甲苯。

甲苯选择性歧化工程中使用的催化剂主要是 ZSM-5 分子筛和丝光沸石，通过加入微量金属、磷等物质以及改变催化剂结构和酸强度等方法，使其具有较高的甲苯转化率和二甲苯（尤其是对二甲苯）选择性，适用于工艺条件较为宽广的装置。由于甲苯选择性歧化技术可以有效地扩大对二甲苯的来源，因此近年来高效甲苯选择性歧化催化剂的研究和开发工作发展迅速。研究人员认为，沸石的酸性活性中心引起的异构化反应可以通过调节表面酸性来抑制；或者控制沸石的孔径，使苯和对二甲苯能够容易地进出狭窄的通道，而间二甲苯和邻二甲苯的扩散比较困难，从而达到选择性歧化制备对二甲苯的目的。

在催化剂的制备方面，埃克森美孚（ExxonMobil）公司选用聚硅氧烷在 ZSM-5 分子筛上进行高效液相沉积或气相沉积 SiO_2 改性，制备用于 MTPX 工艺的催化剂；中国石化上海石油化工研究院(SRIPT)还开发了 ZSM-5 分子筛酸性结构改性材料，随改性材料水平的提高，ZSM-5 分子筛的酸含量逐渐降低，而酸强度分布始终保持不变。SRIPT 研发设计的SD-01 甲苯选择性歧化催化剂已在中国石化扬子石化公司和天津分公司得到应用。为在工业生产中充分利用廉价的重芳烃（C_9 和 C_{10} 芳烃）资源，合理提高混合二甲苯产量，原油和石化企业先后开发设计了适合用于工业生产的甲苯歧化和烷基转移工艺与催化剂。ExxonMobil 公司认为重芳烃烷基转移含量变高，会使催化剂失活速率变快；且甲苯歧化反应中副产的 C_{10+} 芳烃越多，失活速率也越快，因此，在烷基转移反应之前，应从进料芳烃的苯环上除去乙基和丙基并使其饱和。为此，ExxonMobil 公司开发了一种双床催化体系，其中第一种分子筛催化剂（约束指数为 3～12，即 10 元环分子筛，如 ZSM-5 和 ZSM-11等分子筛）和含量为 0.01%～1%（质量分数）的金属应填充在第一床层；而第二床层上填充第二种分子筛催化剂（约束指数低于 3，即 12 元环分子筛，如 ZSM-12、MOR、MCM-22等分子筛）和含量也为 0.01%～1%（质量分数）的金属。在高空速下，该催化体系也可使用，且失活速率比较低。UOP 公司开发了一种含有晶体的球状聚集物的新型催化剂，其中包含新型 UZM-14 硅铝沸石材料，该材料具有至少 0.10mL/g 的孔体积和 MOR 骨架结构。MOR 结构包括 SiO_4 和 AlO_4 的三维四面体，因此晶格包含 12 元环通道，并平行于晶轴，形成圆柱状结构。基于 UZM-14 材料的催化剂在 C_7、C_9、C_{10} 芳烃进行烷基转移增加二甲苯产量方面具有独特的吸附性能，且活性和稳定性都比较高；为满足生产企业利用 C_{10} 重芳烃的要求，并提高装置经济效益，SRIPT 研制的 HAT-096M 催化剂能将 C_{10} 芳烃最高含量为 7%（质量分数）的重芳烃原料进行处理，该催化剂在中国石油辽阳石化分公司的装置上应用 3 年，性能十分稳定，甲苯和 C_9 的平均质量转化率达 45%，二甲苯和苯的平均摩尔选择性可达 97%[33]。

（1）催化原理

反应机理：碳正离子反应机理[34]。

碳正离子 R$^+$ 的形成：各种酸性催化剂提供 H$^+$（质子），芳烃是对 H$^+$ 有亲和力的弱碱，很容易通过与 H$^+$ 亲和力形成碳正离子。

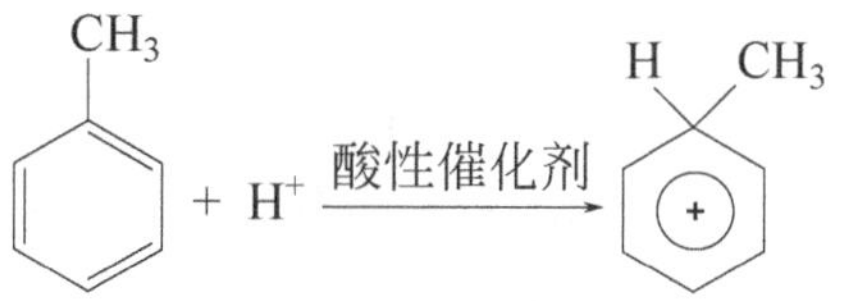

碳正离子的进一步反应：烷基芳烃的碳正离子上的烷基会向另一个烷基芳烃分子上进行转移，成为烷基数比原来少一个的芳烃，而后者质子剥离，形成一种比原来多一个烷基数的芳烃。

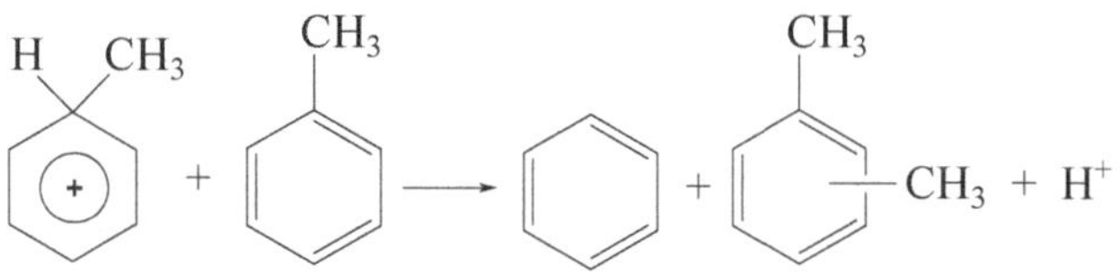

（2）催化剂的组分

甲苯歧化和烷基化转移系列催化剂的主要成分如表 4.7 所列。

表 4.7　甲苯歧化和烷基化转移系列催化剂主要成分

催化剂名称	主要成分	文献
ZA-90	氢型丝光沸石、氧化铝	[34]
ZA-92	氢型丝光沸石、氧化铝	[34]
HAT-095	氢型丝光沸石、氧化铝、助催化剂组分	[34]
HAT-096	氢型丝光沸石、氧化铝、助催化剂组分	[34]
HAT-096M	氢型丝光沸石、氧化铝、助催化剂组分	[34]
HAT-097B	氢型丝光沸石、氧化铝、助催化剂组分	[34]
MXT-01	大孔分子筛	[35]

（3）典型工艺

甲苯与 C$_9$ 芳烃在分子筛催化剂作用下选择性地转化为苯和二甲苯。目前，主要有：临氢和非临氢转化两大系列转化技术。

20 世纪 60 年代，ARCO 公司成功研发了 Xylene-Plus 技术，Axens 公司是专利持有人。该技术为非临氢转化技术，使用移动床反应器和非贵金属催化剂。催化剂易结焦，需要进行连续再生。

Tatoray 技术于 1969 年实现工业化，其反应原料为甲苯和 C$_9$ 芳烃，采用绝热固定床反应器，丝光沸石催化剂，并需临氢操作。

1988 年，甲苯选择性技术（MSTDP）成功实现工业化，其工艺流程类似于甲苯歧化法（MTDP），该工艺主要通过对催化剂进行改性，堵塞沸石的部分孔道，提高大空间位阻的间二甲苯（MX）和邻二甲苯（OX）的扩散阻力，而小空间位阻的对二甲苯（PX）则可以自由通过，实现分子通行控制，突破热力学屏障，从而实现甲苯的选择性歧化。反应产物二甲苯中 PX 的含量超过热力学平衡组成，可达到 82%～90%。在 MSTDP 工业化基础上，

Mobil 公司研究了一种新型沸石择形化处理方法，研制出新的 ZSM-5 催化剂，并研发了甲苯制 PX 的 MTDP 工艺。

UOP 公司最新研发了 PX-Plus 工艺，这基本上是一种甲苯选择性歧化工艺。该工艺使用一种沸石催化剂，通过改变沸石微孔孔径来实现选择性歧化。该工艺的甲苯转化率为30%，二甲苯中 PX 含量为 90%，苯与二甲苯物质的量比为 1.37，根据转化后的甲苯计，PX 的质量产率为 41%，低于 MSTDP（44%）。

自 20 世纪 90 年代以来，上海石化研究院研制的歧化催化剂已成功实现工业化。目前，我国大部分芳烃联合装置的歧化催化剂均采用上海石化研究院研制和生产的 HAT 系列催化剂[36]。

（4）失活原因

甲苯歧化催化剂的失活原因主要有以下 3 个方面[37]。

① 水的作用。水可以降低催化剂的酸强度，使其酸性中心减少，从而催化剂的活性也被降低。

② 茚（二氢化茚）等的作用。茚满（2,3-二氢化茚）可使甲苯歧化催化剂中毒，对活性影响很大，通过氧化和烧焦再生，活性基本恢复，因此这是一种暂时性毒物。H_2S 也是暂时性毒物。

③ 积炭作用。

4.1.7 二甲苯临氢异构化催化剂

目前，生产对二甲苯最常用的方法是从邻位和对位二甲苯异构体混合物中提取和分离。一些国际公司拥有着专有工艺过程，包括埃克森美孚（ExxonMobil）公司的 XyMax 工艺、UOP 公司的 Isomar 和 Parex 工艺及 Axens 公司的 Eluxyl 工艺[38]。

根据乙苯转化方式的不同，二甲苯异构化催化剂可分为两类：乙苯-二甲苯异构化催化剂；乙苯脱烷基-苯异构化催化剂。良好的异构化催化剂应使反应物在尽可能少的二甲苯损失的情况下最大程度地接近热力学平衡组成，并在保持高乙苯转化率的同时具有良好的稳定性[39]。

二甲苯临氢异构化催化剂一般都含有金属组分和酸性组分，金属组分通常使用贵金属（最常用的是 Pt）来提供加氢和脱氢活性中心，而酸性组元则是提供异构化活性中心。随着沸石合成和改性技术的进展，沸石作为酸性组分在二甲苯异构化催化剂中的应用范围不断扩大[40]。

20 世纪 70 年代，中国石科院开始研究 C_8 芳烃异构化催化剂，在分析研究国内外各种催化剂优缺点的基础上，确定了利用丝光沸石提供固体酸的技术路线，研制出以 $Pt-Al_2O_3$-氢型丝光沸石（HM）为主要成分的 SKI 系列催化剂。其中，SKI-100 和 SKI-200 为乙苯脱烷基催化剂，SKI-300、SKI-400 和 SKI-500 为乙苯转化催化剂[41]。

（1）催化原理

这类催化剂不仅具有酸式功能，还具有加氢脱氢功能，因此，除了二甲苯异构体能相互转化外，它还可以将乙苯转化为二甲苯，乙苯加氢生成乙基环己烷，再异构化成二甲基环己烷，脱氢即得到二甲苯。C_8 环烷烃是将乙苯转化为二甲苯的中间体，为了保持一定的乙苯转化率，需要一定浓度的 C_8 环烷烃，C_8 环烷烃的含量与操作条件有关，高压有利于加氢生成 C_8 环烷烃，高温则有利于 C_8 环烷烃脱氢生成二甲苯。反应过程还会发生歧化、脱烷基和开环裂解等副反应。

① 二甲苯异构化反应

② 乙苯异构化反应

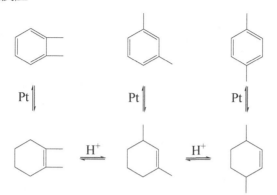

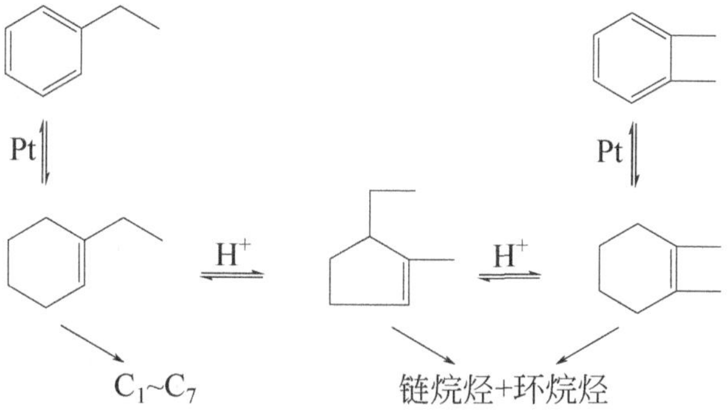

（2）催化剂的组成

二甲苯临氢异构化催化剂的主要成分如表 4.8 所列。

表 4.8　二甲苯临氢异构化催化剂主要成分

催化剂名称	主要成分	文献
3814	铂（>0.30%）、沸石-γ-Al$_2$O$_3$ 载体	[42]
SKI-300(3851)	铂（0.40%>Pt>0.30%）、沸石-γ-Al$_2$O$_3$ 载体	[43]
SKI-400(3864)	铂（>0.36%）、沸石-γ-Al$_2$O$_3$ 载体	[44]
SKI-400-40	铂（>0.38%）、沸石-γ-Al$_2$O$_3$ 载体	[45]
SKI-400C	铂（0.34%）、沸石-γ-Al$_2$O$_3$ 载体	[44]

（3）典型工艺

目前已经工业化应用的二甲苯异构化技术大约有 10 种，在芳烃生产中最有竞争力的是 UOP 公司的 Isomar 技术、美国 Mobil 公司的 MHA1/Xymax 技术以及 Axens 公司的

Octafining 技术（由 ARCO 公司和 Engelhard 公司开发并实现工业化），这些催化剂的特点是将 C_8 芳烃中的乙苯转化成二甲苯，因此 PX 装置可以在进料量一定的前提下尽可能地提高 PX 的产量。

目前，我国已引进多套二甲苯异构化装置，主要目的都是生产 PX（或同时副产 OX），同时要求在不另设乙苯分离系统的情况下，乙苯也能转化成二甲苯。中国石油辽阳石化分公司二期芳烃联合装置除生产 PX 外，还对苯的产量有一定要求，同时要减少异构化装置的循环量，因此采用了 UOP 公司的乙苯脱烷基 I-100 催化剂，将乙苯转化成苯。我国引进的二甲苯异构化技术均为贵金属催化剂的临氢异构化技术，该方法利用有限的 C_8 芳烃资源，与其他类型异构化工艺相比能获得更多的 PX 及 OX。

目前 Axens 公司已开发出乙苯异构化制备 PX 的新型催化剂，可将 PX 产率从 88% 提高到 92%，称为"Oparis"的新催化剂可使乙苯转化率达到 40%，并使 C_8 芳烃损失降低到 2% 以下。新催化剂采用不同分子筛组分和新的酸性中心配方，与常规催化剂相比，PX 单程产率损失可降低 40%～50%，活性提高 20%～30%，高活性使其在温和条件下可采用较高的空速，该工艺适用于乙苯含量较高的进料。

由于异构化装置规模较大，催化剂的性能对装置的经济性有很大的影响。国内外专利商也在不断对催化剂的性能进行改进，催化剂的技术水平也略有不同[36]。

（4）失活原因

二甲苯异构化催化剂的失活原因主要有[37]积炭和中毒失活。

铂对毒物比较敏感，CO、H_2S（临时性毒物）、砷、铁、铬等都能使铂组分中毒（永久性、积累性毒物），虽然 CO 和 H_2S 对铂是临时性毒物，但 CO 应小于 5×10^{-6}。原料中的氯、硫、水含量过高，都会使铂晶粒长大，活性下降。此外，氨进入反应器，会与催化剂的酸性中心发生中和反应，降低催化剂的活性。

4.1.8 乙烯氧化制环氧乙烷催化剂

目前，世界上几乎所有的环氧乙烷（EO）工业生产都采用以银为催化剂的乙烯直接氧化法。环氧乙烷是一种重要的化工原料和化工中间体，用途广泛。它不仅用于乙二醇（EG）的生产，还用于表面活性剂、医药等精细化工产品的生产。因为在环氧乙烷的生产中，乙烯通常占生产成本的 70% 以上，开发高性能银催化剂、降低乙烯消耗是环氧乙烷生产的技术核心。

乙烯氧化制环氧乙烷银催化剂的研究已有 70 多年的历史，目前世界上 Ag 催化剂供应商主要包括 Shell 公司、SD 公司、DOW 化学公司和中石化，以及日本触媒公司和三菱化学公司等。Shell 公司的 Ag 催化剂具有良好的性能，2010 年 Shell 公司提供了世界上 54% 的 Ag 催化剂。

目前工业上用于乙烯氧化制环氧乙烷的银催化剂，根据其空时收率（每单位体积催化剂上每小时环氧乙烷产量）和对反应器入口 CO_2 含量的要求，可分为 3 类。

① 高选择性（HS）Ag 催化剂，适用于空时收率相对较低且要求反应器入口 CO_2 含量在 1% 以下的情况。该催化剂的最高选择性为 88%～90%，适用于空时收率在 $200kg/(h \cdot m^3)$

以下的 EO/EG 生产装置。如中国石化的 YS-8810 催化剂、Shell 公司的 S-886 和 S-888 催化剂、SD 公司的 S-400X 催化剂和 DOW 化学公司的 Meteor-200 催化剂。

② 高活性（HA）Ag 催化剂，适用于空时收率高、反应器入口 CO_2 含量在 5%～10% 的情况。该催化剂具有高活性、高空时收率和良好的稳定性，选择性最大为 80%～82%，使用寿命为 2～4 年。如中国石化的 YS-7 系列催化剂、Shell 公司的 S-863 催化剂和 SD 公司的 S-2119 催化剂。

③ 中等选择性 Ag 催化剂，适用于空时收率相对中等、反应器入口 CO_2 含量在 1%～5% 的情况。该类催化剂适用于空时收率在 230kg/(h·m³) 左右的 EO/EG 生产装置，它具有较高空时收率和较高的选择性（最大可达 85% 左右）。如中国石化的 YS-85 系列催化剂、Shell 公司的 S-865 和 S-877 催化剂、SD 公司的 S-300X 催化剂。

Shell 公司的 Ag 催化剂用于乙烯氧化制环氧乙烷的技术在世界上处于领先地位。20 世纪 90 年代，Shell 公司研制出高选择性 S-880 系列催化剂，大大加快了 Ag 催化剂的研发进度。Shell 公司从多方面改进和完善了 Ag 催化剂技术，提高了其活性和稳定性，降低了催化剂的末期反应温度，进一步延长了 Ag 催化剂的使用寿命。Shell 公司的 S-880 系列高选择性 Ag 催化剂的最高选择性为 89%～90%，主要用于当时新建的 EO/EG 装置，要求反应器入口 CO_2 含量低于 1%，我国有许多 EO/EG 装置使用该催化剂；S-865、S-877 中等选择性 Ag 催化剂，选择性最高可超过 85%，要求反应器入口 CO_2 含量低于 2%，2008 年在中国石化扬子石化公司、茂名分公司和中国石油抚顺分公司的 EO/EG 装置上使用。Shell 公司后来又推出了高性能 S-891 催化剂，成功在 EO/EG 装置上得以应用，结果表明，该催化剂的选择性比 S-865 和 S-877 中等选择性催化剂高 2% 左右，活性略高于 S-865 催化剂，适用于 CO_2 含量稍高（3%）的 EO/EG 生产装置。S-891A 催化剂是 S-891 催化剂的改进型号，具有高生产负荷和高选择性，然而催化剂的高单价、高 Ag 含量、较大的装填密度等特点，使该催化剂的竞争力降低。

中国石化拥有自主研发的乙烯氧化制环氧乙烷 Ag 催化剂制造技术。1973 年，中国石化北京化工研究院燕山分院开始研究 Ag 催化剂，1989 年燕山石化 EG 生产装置上首次工业化应用了 YS-4 催化剂。工业应用的 Ag 催化剂主要有高活性 YS-7 催化剂、中等选择性 YS-8520 和 YS-8520G 催化剂、高选择性 YS-8810 和 YS-9010 催化剂。截至 2017 年，YS 系列催化剂已在国内外 15 套 EO/EG 生产装置上成功应用 55 次。近年来，中国石化对于 YS 系列催化剂的开发力度也逐渐加大。2009 年 3 月，天津石化公司的 EG 生产装置成功应用了中等选择性 YS-8520 催化剂，运行了 36 个月后，汽包温度从初期的 217℃ 上升到目前的 234℃，月平均温升仅为 0.5℃，选择性稳定在 82.5%～83.0%，反应性能良好。YS-8520 催化剂与国外同类产品相比，具有高活性、良好稳定性、较高总平均选择性的优点。2010 年 7 月，中国石油独山子石化公司的 EO/EG 生产装置使用了改进型 YS-8520G 催化剂，预计 3 年内平均选择性可达到 85% 左右，与同类 Ag 催化剂的先进水平持平。2011 年 10 月，中国石化上海石化公司的 EO/EG 生产装置使用了高选择性 YS-8810 催化剂，在空时收率 210kg/(h·m³) 的条件下，反应温度为 222℃，选择性大于 87%。高选择性 YS-8810 催化剂与国外同类催化剂相比具有高活性、高选择性、良好稳定性的特点，且反应温度低，避免了使用过程中因反应温度高而导致副产物含量增加，从而影响 EG 产品质量的问题。高选择性 YS-8810 催化剂的工业试应用表明，中国石化已成功开发出具有自主知识产权的高选择性 Ag 催化剂制备技术，实现了高选择性 Ag 催化剂的国产化[33]。

（1）催化原理

目前，用于解释乙烯在银催化剂上的反应机理的理论主要集中在涉及 EO、CO_2 和水在银表面形成的氧物种理论。许多表面表征结果表明，Ag 表面上吸附的氧物种有三种：原子氧、分子氧、次表面氧。原子氧来源于 Ag 表面溶解或解离的吸附氧；分子氧源于 Ag 表面不溶或非解离的吸附氧，界键较弱；当温度高于 420K 时，次表面氧源自从表面扩展到次表面的原子吸附氧。

以前，人们普遍认为乙烯（气相，而不是被吸附乙烯）同时与分子氧和原子氧相互作用，前者生成 EO，后者生成 CO_2 和水。

来自抑制剂中的氯化物离子会对原子氧在银表面上的吸附造成抑制，在一个理想状态下，被抑制的银表面仅吸附分子氧，然后与乙烯发生反应生成 EO，留下一个被吸附的原子氧。

$$6O_2 + 6Ag \longrightarrow 6Ag \cdot O_{2ads}$$

$$6Ag \cdot O_{2ads} + 6CH_2 = CH_2 \longrightarrow 6CH_2 - CH_2 + 6Ag \cdot O_{ads}$$
$$\underset{O}{\diagdown\diagup}$$

留下的被吸附原子氧与乙烯发生燃烧反应生成 CO_2 和水。

$$6Ag \cdot O_{ads} + CH_2 = CH_2 \longrightarrow 6Ag + 2CO_2 + 2H_2O$$

最近，通过对银表面氧物种理论的进一步研究，提出了与上述机理不同的解释方法，认为吸附在银表面的原子氧可与吸附在次表面的原子氧结合，完成部分氧化和完全氧化，而分子氧起间接的作用。控制部分或完全氧化反应的因素是电荷场，带强电荷原子氧呈碱性，导致乙烯中氢的损失，发生完全反应。当与次表面原子氧结合后，它与吸附的原子氧竞争银电子，减弱了吸附氧的负电压，增加了对富电子双键乙烯的亲和力，由于乙烯的骨架结构，使乙烯氧化反应主要生成 EO。而氯离子、助催化剂金属离子均起到减原子氧负电压的作用。

此外，在乙烯氧化反应机理上还有一种解释。

吸附氧以原子形态留在银表面，然后与反应混合物中的乙烯反应。乙烯与银表面上原子氧之间的距离决定了反应生成物的种类。两者距离较远时可产生 EO，反之生成 CO_2 和水。

（2）催化剂的组成

乙烯氧化制环氧乙烷催化剂的主要成分如表 4.9 所列。

表 4.9　乙烯氧化制环氧乙烷催化剂的主要成分

催化剂名称	主要成分	文献
YS-4	银（14%±0.5%）、钡、钯、氧化铝	[44]
YS-6	银（16%~17%）、钡、钯、氧化铝	[44]
YS-6B	银（16%~17%）、钡、钯、氧化铝	[44]
YS-7	银（16%~17%）、钡、钯、氧化铝	[44]

（3）典型工艺

在早期阶段，环氧乙烷是通过氯醇法生产的。到了 20 世纪 20 年代初，UCC 公司进行了工业化生产。随后，UCC 公司根据 Lefort 对银催化剂的研究成果，开发出利用银催化剂直接氧化乙烯，以空气法生产环氧乙烷的工艺。50 年代末，Shell 公司使用近乎纯氧代替空气作为生产环氧乙烷的氧气原料，开发出氧气法乙烯直接氧化生产环氧乙烷工艺，经过不断改进，在以银为催化剂的管式固定床反应器中，实现了纯氧和乙烯直接氧化制环氧乙烷的工艺[45-47]。

目前，环氧乙烷的工业生产主要采用以银为催化剂的乙烯直接氧化工艺。生产技术主要由壳牌（Shell）、美国科学设计公司（SD）、陶氏化学（DOW）3 家公司垄断。全球环氧乙烷总生产能力的 95%均采用这 3 家公司的技术。Shell、SD 和 DOW 3 家公司的乙烯氧化技术水平基本接近，只在所用抑制剂以及工艺流程上略有不同。此外拥有生产技术的还有日本触媒化学工业公司、德国赫斯（Huels）公司和意大利 Snam 公司等[46]。

（4）失活原因

下列是造成乙烯氧化制环氧乙烷的 Ag 催化剂失活的 3 种主要原因[37]。

① 烧结失活。银的熔点（961.93℃）低，因此银催化剂的主要特点是易于烧结；而乙烯氧化制环氧乙烷的副反应主要是强放热的深度氧化反应，操作稍不慎，温度就容易迅速升高，导致催化剂烧结，银粒长大，而降低催化剂活性。

② 银粒的剥落。银粒与载体的黏结性与催化剂的制备工艺密切相关。

③ 中毒失活。未经处理的原料乙烯及空气中的一些杂质会毒害银催化剂，如硫化物、砷化物及卤化物等。

因为一些烃类的碳原子数比乙烯高，因此比乙烯更容易完全燃烧并释放出巨大热量，导致催化剂局部过热并失活。

乙炔会毒害银催化剂，产生乙炔银，乙炔银有爆炸的危险。

氯离子与银生成氯化银也会使催化剂失活。

4.1.9　石油化工废催化剂种类总结

固体催化剂是石油化工行业应用最广泛、最重要的催化剂。总体来说，石油化工催化剂主要包括丙烯腈催化剂、聚烯烃催化剂（包括聚乙烯催化剂和聚丙烯催化剂）、长链烷烃脱氢催化剂、乙苯脱氢制苯乙烯催化剂、甲苯歧化和烷基化转移系列、二甲苯临氢异构化催化剂、乙烯氧化制环氧乙烷催化剂 7 大类。本章在综述了各种石油化工催化剂催化原理和催化剂组成的基础上，明确了各种催化剂应用的典型工艺，并分析了各种催化剂中毒或失活的主要原因。

石油化工行业催化剂多种多样，即使是生产相同的产品，因生产工艺不同，使用的催化剂种类也会有差异。石油化工行业催化剂，除了早期使用的少数单组分催化剂外，绝大多数石油化工催化剂都是由多种化合物构成的。这类催化剂的组成主要有活性物质、助催化剂和载体。

高效催化剂的使用大大地促进了石油化工行业的发展，但同时也带来了环境污染和可持续发展问题。经再生处理后，也会损害催化剂的原有活性，当多次再生后，活性低于可接受的水平时，就将变成废催化剂。废催化剂中的铁、铝等金属因在自然界中广泛存在，不存在资源缺少问题，所以需主要关注的应当是稀有金属及贵金属的回收和利用。

4.2 石油化工废催化剂的处理处置研究进展

据统计，90%以上石化反应的进行都需要利用催化剂[48,49]。石化催化剂是催化剂工业的一类重要产品，催化剂的种类繁多，按其功能可分为氧化催化剂、加氢催化剂、脱氢催化剂、水合催化剂、脱水催化剂、烷基化催化剂、异构化催化剂和歧化催化剂 8 类。经再生处理后，也会损害催化剂的原有活性，当多次再生后，活性低于可接受的水平时，就将变成废催化剂[50,51]。随着石化工业的快速发展，石化废催化剂的产量也在迅速增加。

一些石化催化剂在生产过程中必须使用或添加一些有毒物质，如 Cr_2O_3 等，而另一些催化剂则在使用过程中吸附了原料、反应物、设备材料中的毒物，如砷硫氯、羰基镍等[52]。这些催化剂报废后会产生较大的环境风险，因此废催化剂的无害化处理处置显得至关重要。另外，贵金属和其他有色金属在石油化工催化剂的生产中广泛应用。催化剂失效后，金属组分及含量基本不变，有些甚至远远超过某些贫矿中的相应组分的含量，且金属品位较高，可作为二次资源对其回收利用[53]。石油化工废催化剂若能进行综合利用，不仅可以提高资源利用率，而且可以避免废催化剂带来的环境问题，实现可持续发展。

4.2.1 石油化工废催化剂的成分及危害

（1）石油化工废催化剂的成分

要了解废催化剂的成分，必须先了解新鲜催化剂的成分，表 4.10 列出了一些新鲜石油化工催化剂的成分。

表 4.10 新鲜石油化工催化剂的成分

种类	名称	主要成分	文献
丙烯腈催化剂	MB98	Mo: 14.38%; Ni: 5.15%; Bi: 2.31%; Co: 1.36%; Fe: 1.69%; Cr: 0.31%; Ti: 0.149%	[3]
聚烯烃催化剂	NT-1	Ti: 5.19%; Mg: 15.61%; Cl: 55.52%	[54]
	CS-II	Ti: 2%~4%; Mg: 16%~21%; Cl: 4%~20%; 挥发酚: 55%~65%	[19]
	QCP	Cr, 有机铝	[10]
	GF-2A、N 系列	$TiCl_2$（主催化剂），三乙基铝（助催化剂），$MgCl_2$（载体），二苯基二甲氧基硅烷（电子给体）	[17]
长链烷烃脱氢催化剂	DEH	Pt: 0.375%; Sn: 0.45%~0.47%; Li: 0.72%~0.76%; Al_2O_3（载体）	[26]
	PSL-46	Pt: 0.375%; Sn: 0.45%; Li: 0.45%; Al_2O_3（载体）	[55]
	2155	Pt: 0.375%; Pb: 0.20%; Li: 0.30%; Al_2O_3（载体）	[55]

种类	名称	主要成分	文献
乙苯脱氢制苯乙烯催化剂	LH 系列	Fe_2O_3、CuO、Cr_2O_3、K_2O、MgO、硅土	[17]
	GS 系列	Fe_2O_3、K_2O、Mo、Ce	[29]
二甲苯临氢异构化催化剂	3814	Pt>0.3%、沸石、γ-Al_2O_3	[35]
	3851	0.3%<Pt<0.4%、沸石、γ-Al_2O_3	[43]
	SKI-400-40	Pt：0.38%；Fe：0.05%；沸石；γ-Al_2O_3	[45]
乙烯氧化制环氧乙烷催化剂	YS-4	Ag：(14±0.5)%；Ba；Pa；α-Al_2O_3	[56]
	YS-6、YS-7	Ag：16%~17%；Ba；Pa；α-Al_2O_3	[56]
醋酸乙烯催化剂	CT-2	Pd：1.2%；Au：0.25%；K：4.57%；Si：93.98%	[57]
	$Zn(AC)_2$/C 系列	$Zn(AC)_2$：20%~25%；C（载体）	[58]
		$Zn(AC)_2$：43.28%；C（载体）	[58]

由表 4.10 可知，有些石油化工催化剂中含有贵金属，如长链烷烃脱氢催化剂和二甲苯临氢异构化催化剂含有 0.3%以上的铂（Pt）；乙烯氧化制环氧乙烷催化剂中银（Ag）含量达到了 13%以上，如果不回收这些贵金属将造成巨大的资源浪费。因为催化剂活性的需要，一些新鲜催化剂本身会含有某种有毒有害成分，如丙烯腈催化剂含有 Cr、Ni 等元素；乙苯脱氢制苯乙烯催化剂（LH 系列）含有 Cr_2O_3；再如聚烯烃催化剂（QCP）中含有 Cr 和有机铝，而有机铝易燃，且具有强腐蚀性和强刺激性，会对人体造成灼伤危害。Cu、Zn、Fe、Ti、Mg、Mo 等金属元素虽然不具有剧毒，但是作为活性组分时，含量较高，如丙烯腈催化剂中含有 14.38%的 Mo；聚烯烃催化剂中含有 15%以上的 Mg；醋酸乙烯催化剂中含有 20%以上的 Zn，其环境风险也不容忽视。

石化催化剂在使用过程中，原料、反应物、设备材料中的毒物会被其吸附，成为石化废催化剂的成分，如表 4.11 所列。

表 4.11 石油化工废催化剂的成分

种类	废催化剂样品	成分及含量（质量分数）	文献
丙烯腈催化剂	a	Mo：21.3%；Co：4.62%；Bi：4.5%；Ni：2.44%；Fe：3%；Cr：0.2%；P：0.15%	[59]
	b	Mo：11.29%；Bi：3.45%；Co：0.87%；Ni：1.20%；P：0.30%	[6]
	c	MoO_3：12.99%；CoO：1.35%；NiO：2.57%；Bi_2O_3：4.10%；Fe_2O_3：2.57%；K：0.12%	[6]
长链烷烃脱氢催化剂	d	Pt：0.359%；Sn：0.72%；积炭及有机物：10%；Al_2O_3（载体）；Li、Fe：少量	[60]
二甲苯异构化催化剂	e	Pt：0.35%~0.36%；Al_2O_3：96.50%；Fe：0.37%；SiO_2：0.7%；Ni、Pb、Mg：微量	[61]
醋酸乙烯催化剂	f	Pd：0.5%；Au：0.25%；有机物：10%	[62]
	g	Zn：8.76%；Fe：0.5%；Si：0.15%；Ca：0.015%；Mg：0.007%；C：81.71%	[63]
	h	Zn：8.65%；Fe：1.41%；C：81.32%；Si、Cu、Mg、Al：微量	[64]

从表 4.11 可以看出，与新鲜催化剂相比，石化废催化剂的主要成分基本没有变化，但长期运行，催化剂的表面和孔道中会沉积含碳物质和 Ni、V、Fe、Cr、Cu 等重金属，也常

常存在少量的 Na、Mg、P、As 等元素。例如，二甲苯异构化新鲜催化剂的活性组分是 0.3%～0.4%的 Pt，但报废的废催化剂中 Pt 的含量仍达到 0.35%～0.36%，同时还检测到新鲜催化剂中未发现的 Fe、Ni、Pb、Mg 等元素；又如丙烯腈新鲜催化剂成分中含有 Ni、Cr，废催化剂中 Ni、Cr 含量仍然较高；其他一些在使用后的石化催化剂中沉积了 Cu、V、P、As 等元素[65]。对于含贵金属的石化废催化剂，贵金属基本没有流失，回收价值非常高。

（2）石油化工废催化剂的危害

目前，我国石化废催化剂一般直接填埋在工业固体废物填埋场或作为一般工业固体废物丢弃[66]。在非标准填埋条件下，废催化剂有直接暴露于自然环境的风险，其中有害成分可能被雨水或填埋渗滤液淋滤，造成土壤和水污染；挥发性物质在阳光下会挥发，造成空气污染；一些废催化剂的粒径很小，只有几十到几百微米，很容易被吸入，从而危害人类健康[67]。

丙烯腈废催化剂中的 NiO 会对水体环境产生长期不良影响，吸入可致癌，皮肤接触可致敏。乙苯脱氢制苯乙烯废催化剂和丙烯腈废催化剂中含有 Cr，三价铬和六价铬对人体健康都有害，并在环境中相互转化。六价铬的毒性比三价铬要高 100 倍，具有强致突变性和致癌性，对环境有持久危险性。聚烯烃废催化剂中含有高毒性的原生质毒挥发酚，一定量的摄入会使人体出现急性中毒症状；长期饮用含酚的水，可造成头痛、出疹、瘙痒、贫血及各种神经系统症状。一些废催化剂含有少量剧毒元素，如砷和铅等[61,65]，对环境和人体健康的危害都非常大。

4.2.2　石油化工废催化剂的综合利用方法

由表 4.10 和表 4.11 可知，石油化工废催化剂中一般都含有贵金属或非贵金属。因此，贵金属和其他金属的回收是石化废催化剂综合利用的主要目的。废催化剂经回收利用后，剩余的残渣和回收价值低的废催化剂则需要进行稳定化和无害化处理，以降低有害成分浸出的可能性。

4.2.2.1　贵金属的回收

贵金属在地壳中含量低、储量少、价格高，因此废催化剂中的贵金属具有很大的回收利用价值。国外发达国家回收废催化剂中贵金属工作的开展，可追溯到 20 世纪 50 年代，回收产业已形成一定规模。此工作在国内起步较晚，但随着环境保护力度加强及原油和金属价格的上涨，也进行了积极的研究，并取得了巨大的进展[50]。从废催化剂中回收贵金属的方法按工艺不同分为火法和湿法。火法在中国使用较少，主要是湿法[68]。

（1）火法工艺

火法工艺主要包括熔炼工艺、氯化工艺和焚烧工艺。熔炼法应用广泛，需对废催化剂进行必要的预处理并选择合适的熔剂、捕集剂、熔炼设备及操作系统；氯化法能耗少，操作简便，试剂消耗少，对 Rh 的回收率高，但 Cl_2 有毒，对设备腐蚀严重；焚烧法具有流程短、效率高且处理成本低等优点，适用于单炭质载体废催化剂[69]。火法回收工艺对设备要求较高，只有达到一定规模后才具有明显的优势。

优化火法工艺的重点是如何降低对设备的要求、节省熔剂和减少能耗。Júnior[70]以硫酸氢钾为熔剂，在 450℃下，按照 1：10 的比例将含铂石油化工废催化剂（Pt/Al$_2$O$_3$ 或 PtSnIn/Al$_2$O$_3$）和熔剂进行熔融 3h，在 80℃下将熔渣溶解在水中，通过离心分离，然后清洗过滤滤渣，即得到铂精渣。KAl(SO$_4$)$_2$·12H$_2$O、Al(OH)$_3$、SnS$_2$ 和 In$_2$S$_3$ 均可从离心上清液中回收。与传统的熔炼法相比，该工艺对反应条件要求低，能节省 25%的熔剂，金属回收率在 99.5%以上。

（2）湿法工艺

湿法工艺主要分为载体溶解法、活性组分溶解法和全溶解法 3 种。大多数含贵金属的石化催化剂（如长链烷烃脱氢催化剂、二甲苯临氢异构化催化剂和乙烯氧化制环氧乙烷催化剂）以 Al$_2$O$_3$ 为载体，其中 γ-Al$_2$O$_3$ 易溶解于盐酸或硫酸，而 α-Al$_2$O$_3$ 溶解性较差[71]。载体溶解法虽然回收效率比较高，但操作过程复杂，对设备要求较高，适用于处理 γ-Al$_2$O$_3$ 载体催化剂；活性组分溶解法能保持 Al$_2$O$_3$ 载体的性能，可重复使用，但也有铂溶解不彻底和回收率低的特点；全溶解法可保证高回收率，但耗酸多，处理成本高，也只适合处理 γ-Al$_2$O$_3$ 载体催化剂。湿法工艺包括预处理（研磨、焙烧等）、浸溶、提取和提纯过程，而贵金属的浸出和提取是决定回收效率的关键[72]。

1）浸溶

废催化剂中金属的浸出效果直接影响金属的回收率，因此提高金属的浸出率也成为研究的重点。微波加热可以提高浸出效率、降低冶金温度、促进矿物溶解和冶金反应，从而提高金属的浸出速率并降低能耗。近年来有学者将微波辅助浸出用于提炼废催化剂中的贵金属。D.Jafarifar[73]研究了超高速微波辅助浸出对溶解在王水中用于烃类异构化的铂铼双金属废催化剂（0.2%Pt，0.43%Re）的影响。样品通过两种方法进行溶浸。方法 1：王水与废催化剂液固比为 5，样品在王水中逆流浸出持续 2.5h；方法 2：王水与废催化剂液固比为 2，样品在王水中用超高速微波辅助浸出 5min。铂和铼分别以氯铂酸铵和高氯酸钾的形式浸出，方法 1 和方法 2 的铂浸出率分别为 96.5%和 98.3%，铼浸出率分别为 94.2%和 98.9%。结果表明，方法 2 减少了王水用量和浸出时间并提高了金属的浸出率。M.Niemelä[74]也对微波辅助王水浸出废催化剂中 Pt、Pd 和 Rh 的效果进行了研究，同样得到了理想的结果。微波辅助浸出高效节能且无污染，有利于清洁生产和环境保护，具有广阔的应用前景。

2）提取和提纯

为了从浸出液中富集和提取贵金属，目前常用的方法有还原沉淀法、溶剂萃取法和离子交换树脂法。传统工艺不能满足分离多金属催化剂和催化剂中稀土金属的要求，同时浸出液中的某些离子也会影响贵金属的提取和提纯。如果我们能够开发出无毒或低毒的萃取剂，具有较高的萃取能力和回收利用率，溶剂萃取将具有很大的优势。

H.H.Nejad[75]比较了在三辛基氧化膦（TOPO）萃取脱氢废催化剂分别添加 KCl、NaCl 和 LiCl 后，对浸出液中铂的影响。结果表明，当添加剂为 1mol/L 的氯化钾溶液时，萃取效果最好，萃取率达到 90%且平衡时间小于 30s。该方法适合石化废催化剂中铂的回收，不需要使用多种萃取剂或离子交换柱，避免了多次萃取，简单方便且高效。A.Das[76]研究了二硫代二乙酸从模拟废催化剂浸出液中萃取钯的效果，结果表明：浸取液中的钯在 5min

内几乎完全被萃取，但对铁、铬、镍和铂的萃取效果较差。硫脲的盐酸溶液几乎可以完全从萃取溶液中反萃取钯，显示出二硫代羰基酸萃取剂的优良选择性和萃取效率。

（3）贵金属回收新工艺

从废催化剂中回收贵金属的传统工艺有其自身的局限性和缺点，因此开发低耗、高效、通用性强的新工艺成为研究热点。

赵卫星等[77]改善了从废钯/炭催化剂中回收金属钯的工艺。他们首先在高温下煅烧废钯/炭催化剂以去除碳和有机物，然后用甲酸还原炉渣，将其过滤以获得钯细渣，然后将其溶解在王水中以获得含钯溶液（H_2PdCl_4），金属钯可以通过浓缩结晶和锌还原精炼得到，在适宜条件下回收率可以达97%。该工艺较传统的熔炼法、焚烧法和浸出法而言，具有流程简单、成本低、回收效率高的优点。

一些石化废催化剂中 $\alpha\text{-}Al_2O_3$ 和 SiO_2(沸石)含量较高，如 YS 系列含银催化剂。王明等[78]研究了用烧结-溶出法回收废催化剂中铂的工艺。他们首先将废催化剂焙烧脱炭，然后将废催化剂中的 Al_2O_3、SiO_2、Fe_2O_3 烧结，生成在热水中极易溶解的 $Na_2O \cdot Al_2O_3$、$Na_2O \cdot SiO_2$ 和能发生水解反应的 $NaO \cdot Fe_2O_3$，加水使氧化铝基体充分溶解，使铂在不溶渣中富集，然后回收。这种方法对原料适应性强，解决了当基体中 $\alpha\text{-}Al_2O_3$ 含量比较高时，浸出效果不理想的问题，具有操作简单、试剂消耗少、渣率低、铂富集率高的优点，实现了铝的综合回收。

而杨志平等[79]提出了一种无焙烧、无加热、无搅拌的常温柱浸法新工艺。实验中，未经焙烧除炭的废催化剂在室温下，不搅拌置于 $HCl+NaClO_3+NaCl$ 混合溶液中溶浸 24h，钯浸出率在 96%以上，然后将铁板置换得到的钯精渣在 $HCl+NaClO_3$ 溶液中再次溶解，再用二氯二氨络亚钯法提纯回收钯。同时在实验基础上进行了工业试生产，Pd 的回收率大于95%，产品海绵钯的纯度达 99.95%以上。这种工艺具有无焙烧、流程短、成本低、无空气污染、废水少、易处理等优点。废渣为纯氧化铝颗粒，可回收利用。

4.2.2.2 其他金属的回收

（1）有色金属的回收

含钼、镍和钒的催化剂在石油化工行业中也有着广泛的应用，其中大部分以氧化铝和沸石为载体。提取钼、镍、钒的主要传统方法包括硫化沉淀法、分步浸取法、碱浸法、酸浸法等[80]，其中许多已用于工业生产。为了改进传统方法的缺点，近年来也在不断开发，研制出一些优化工艺和新工艺。

李艳荣等[81]首先在 650℃下，将钼和镍的废催化剂低温焙烧 3h，烧掉其中的硫碳，将样品中的硫化钼转化成氧化钼，然后将样品放置在 30g/L 的碳酸钠溶液中，在 85℃下常压浸出 3h（液固比 6:1）。钼的浸出率大于 90%，浸出液中铝的浓度低于 0.01g/L，镍则在溶渣中富集。与传统的高温焙烧-水浸工艺相比，低温焙烧-碱浸工艺不仅能耗低、浸出率高，而且具有良好的经济效益，同时也避免了由于钼的高温升华（当温度低于熔点 795℃时）而降低回收率的问题。复合浸取法[59]突破了只以酸、碱、水为浸取剂的模式，采用复合浸取剂（常见的有盐-酸溶液、盐-碱溶液和盐-盐溶液）实现钼和其他金属的高效率浸出。

生物浸出法具有工艺简单、成本低、环境友好等优点，是回收钼、镍、钒新工艺的发展方向。D. Pradhan 等[82]开发了一种生物-化学联合浸出废催化剂中钼、镍、钒的新工艺。实验分两步来浸出废催化剂中的金属。第一步，初始 pH=2、35℃、亚铁离子浓度为 2g/L，使用铁氧化细菌浸出废催化剂浆液中的金属，镍、钒、钼的浸出率分别为 97%、92%和 53%。然而第一步钼的浸出率很低，因此第二步比较了$(NH_4)_2CO_3$、Na_2CO_3 和 H_2SO_4 对第一步残渣中钼的浸出效果，实验表明在 30g/L 的$(NH_4)_2CO_3$ 溶液中金属的浸出率最高。两步溶浸后，镍、钒、钼的浸出率分别高达 97%、97%和 99%。A. Bharadwaj 等[83]还研究了利用嗜酸和嗜热的布氏酸细菌从加氢废催化剂中浸出重金属的过程，并取得了较高的浸出率。

（2）氧化铝载体的回收

我国从废催化剂中提取的金属主要是铂、钯和银等稀贵金属，而占废催化剂 50%～70%的氧化铝通常当作废弃物丢弃，并没有进行充分回收，对资源造成了极大浪费，并严重污染生态环境[84]。近年来，随着资源日益短缺和环境保护意识的不断增强，从废催化剂中回收氧化铝以实现资源的综合利用也引起了国内研究人员的高度重视。

廖秋玲等[85]研究了一种新工艺，该工艺可以从石化行业铝基废催化剂回收铂后产生的高铝高酸尾液中回收铝。采用磁选除铁、降酸提铝、金属置换、重结晶等方法制备工业级铝铵矾晶体产品。实验结果表明，每处理 1t 含铝废水可获得 502kg 纯度 99.35%的铵矾和 30kg 纯度 95.5%的硫酸铵，铝综合回收率可达到 98.9%。该工艺具有流程短、实用性强、回收率高的优点，基本实现了清洁生产。

冯其明等[86]加强了石油化工行业某种废铝基催化剂中氧化铝的回收。按一定比例将废催化剂与碱混合均匀后，放入马弗炉中进行钠化焙烧，焙烧后的原料在热水中溶解，随后过滤得到含钼、钒的铝酸钠母液，再将 CO_2 通入滤液中，采用碳分法制备出氢氧化铝，最后将氢氧化铝高温煅烧获得氧化铝。氧化铝产品可达到国标一级产品标准，回收率高达90%；经钠化焙烧预处理后，镍、钴的浸出率分别为 98.2%、98.5%，在相同条件下优于直接酸浸法。这种工艺不仅能充分回收氧化铝，而且有利于其他组分的回收，提高了资源利用率。

吴平[87]以 $Al(OH)_3$ 含量超过 40%的醋酸乙酯废催化剂铝渣为原料，采用低渣合成二步法制备了聚合氯化铝（PAC）：第一步，把铝渣 $Al(OH)_3$ 与足量盐酸进行反应，生成 $AlCl_3$，同时与低沸点有机物进行分离；第二步为聚合调节反应，将铝酸钙粉（$CaO \cdot Al_2O_3$）添加到 $AlCl_3$ 溶液中进行反应，生成$[Al_2(OH)_4Cl_2]_m$（即 PAC）。产品质量指标符合国家标准 GB 15892—2009 的要求。如果采用该工艺，制得的水处理剂可以在企业内部使用，从而实现以废治废。

4.2.2.3 其他资源化利用及稳定化处理

由于铁相对便宜，石油化工铁系催化剂（如 XH 系列和 GS 系列）中的铁通常不做回收处理。一般情况下，含铁废催化剂用作炼铁原料，与废钢铁、废车屑混合后冶炼回收，废铁催化剂也可用作制备氨合成催化剂的原料和作脱硫剂使用[88]。

建筑材料固化是一种常用的重金属废物无害化处理方法，由于一些催化剂的主要成分

（Al_2O_3 和 SiO_2）与水泥和釉面砖的原材料基本相似，因此废催化剂磨碎后可以替代生产中的一些原材料。在美国，水泥窑每年处理的废催化剂超过 60kt。茂名炼油化工股份有限公司附属水泥厂也使用废催化剂制作水泥[89]。齐鲁石化公司催化剂厂采用添加 20%废催化剂（NaY 分子筛催化剂）的配方生产出质量合格的釉面砖。废催化剂也可用作铺路材料[88]。

4.2.3　石油化工废催化剂产量预测及处理建议

随着石油化工行业的发展，每年我国产生的石油化工废催化剂达数万吨，且产量逐年增加。某些含有贵金属和其他金属成分的石化废催化剂，回收价值较高，应进行回收利用，而回收利用后剩余的残渣和回收价值低的废催化剂则需要进行稳定化和无害化处理，以降低有害成分浸出的可能性。

针对我国现状，加强石化废催化剂回收利用的建议如下：

① 在新催化剂研发阶段，除了考虑催化剂的性能外还必须综合考虑对环境的影响及回收利用；

② 积极进行成熟技术的开发和推广，积极开发效率高、适用性强、工艺简单的新型回收工艺；

③ 建立具有一定规模的正规回收厂，促进废催化剂向生产力的转化过程；

④ 完善相关法律法规，对废催化剂的排放、收集、运输和回收实施标准化管理，全面提高回收利用水平。

4.3　石油化工废催化剂的成分分析及浸出毒性

对三类典型石油化工废催化剂样品进行了成分分析及浸出毒性的测定。

4.3.1　材料与方法

4.3.1.1　实验材料

本实验中用到的试剂及其纯度和生产厂商见表 4.12。实验过程中配制溶液、定容等都使用去离子水。

表 4.12　主要药品与试剂

药品与试剂名称	规格	生产厂商
浓硝酸	GR	上海凌峰化学试剂有限公司
浓盐酸	GR	上海凌峰化学试剂有限公司
浓硫酸	GR	上海凌峰化学试剂有限公司

本研究实验中用到的设备及其型号和生产厂商见表 4.13。

表 4.13　主要实验仪器

仪器	型号	生产厂商
能谱仪	Falion 60S	美国 EDAX 公司
等离子体发射光谱仪	Agilent725ES	安捷伦科技有限公司
微波消解萃取仪	ETHOS A	深圳市华晟达仪器设备有限公司
全自动比表面积和孔隙度分析仪	TriStar Ⅱ 30	麦克默瑞提克（上海）仪器有限公司
箱式电阻炉	XS2-4-10	上海恒一科技有限公司
冰箱	SC-287NE	澳柯玛股份有限公司
电子天平	ME104E	瑞士梅特勒-托利多集团
实验室 pH 计	FE20	瑞士梅特勒-托利多集团
气浴恒温振荡器	THZ-82	江苏金坛市金城国胜实验仪器厂
电热恒温鼓风干燥箱	DHG-9030A	上海恒一科技有限公司
超声波清洗器	SK2200H	上海科导超声仪器有限公司
超纯水机	ELGA Classic UV MK2	英国 ELGA 公司

4.3.1.2　实验及分析方法

（1）EDS 半定量成分分析

取 1～2g 催化剂样品于瓷研钵中磨碎过 100 目筛后送样检测。

（2）ICP-AES 金属成分分析

1）预处理

取 3～4g 废催化剂样品于瓷研钵中磨碎过 100 目筛后加入坩埚,在马弗炉中经过 30min 升温至 600℃，并保持 600℃焙烧 2h 去除样品中的有机物和积炭，冷却后取出放入干燥器冷却 6h，待用。

2）微波辅助消解

焙烧过的催化剂样品用电子天平准确称取 0.2000～0.3000g（精确到 0.0001g），将其加入消解罐中，并在罐中加入 8mL 浓硝酸和 2mL 浓盐酸，旋紧消解罐盖子。将消解罐放入微波消解仪中，在 20min 内将温度升高到 175℃并保持 20min。待冷却至室温后，取出消解罐放入通风橱中，打开消解罐盖子，待定容。每个催化剂样品做 3 个平行样，并做全程序空白。

3）ICP-AES 分析

将消解罐中的消解液直接转移至比色管，用去离子水冲洗消解罐 3 次，倒入比色管，再用去离子水定容至 50mL，静止 6h 以上再取上清液测试。根据情况在分析前用适当倍数稀释样品后待测。同时做全程序空白实验。

（3）毒性浸出实验

石油化工废催化剂可能由于处置方式的不同而以不同的方式暴露于环境中，因此，将本实验的模拟场景总结为两种情况[2]：情景一　工业固体废物填埋场内的废催化剂无害化处理后的非标准填埋处置、堆积和土地利用；情景二　废催化剂填埋在卫生填埋场中，与 15%的工业废物和 85%的市政垃圾合并处理。

1）情景一

在情景一中，导致废催化剂中污染物浸出的液相可能来自降雨、地表水和地下水，其中降雨是最常见的液相来源，而且在国内酸雨区，降雨的酸度将增加废物中金属组分的浸出率。因此按照标准《固体废物 浸出毒性浸出方法 硫酸硝酸法》（HJ/T 299—2007）[90]中的实验步骤对情景一进行实验模拟。

① 浸提剂：将浓硫酸和浓硝酸以2：1的质量比混合，然后加入到去离子水中（1L水约2滴混合液），pH值调为3.20±0.05。样品中重金属的浸出毒性可通过该浸提剂进行测定。

② 称取干基重量为100g的试样，并将其置于2 L提取瓶中，根据样品的含水率，按照10：1（L/kg）的液固比计算出所需浸提剂的体积，加入浸提剂，旋紧瓶盖，垂直固定在水平振荡装置上，将振荡频率调整为(110±10)次/min、振幅调整为40mm，在室温下振荡8h后，将提取瓶取出静置16h。当有气体在振荡过程中产生时，应定时打开通风橱内的提取瓶，释放过大的压力。

③ 在压力过滤器上装好滤膜，过滤并收集浸出液，在4℃下进行保存，待ICP-AES分析。

2）情景二

在情景二中，导致废催化剂中污染物浸出的液相主要是填埋渗滤液，而乙酸是填埋渗滤液中具有代表性的低分子有机酸，其络合作用是导致废物中重金属浸出的主要因素之一[91,92]。因此，按照标准《固体废物 浸出毒性浸出方法 醋酸缓冲溶液法》（HJ/T 300—2007）[93]中的实验步骤对情景二进行实验模拟。

① 浸提剂：用去离子水将17.25mL冰醋酸稀释至1L，配制后溶液的pH值应为2.64±0.05。

② 称取75～100g样品，将其置于2L提取瓶中，按20：1（L/kg）的液固比计算出所需浸提剂的体积，加入浸提剂，旋紧瓶盖并固定在翻转式振荡装置上，调节转速至(30±2)r/min，在(23±2)℃下振荡(18±2)h。当有气体在振荡过程中产生时，应定时打开通风橱内的提取瓶，释放过大的压力。

③ 在压力过滤器上装好滤膜，过滤并收集浸出液，在4℃下进行保存，待ICP-AES分析。

（4）重金属形态分析

本研究采用BCR三步连续提取法[94,95]分析丙烯腈废催化剂中重金属的形态，并在此基础上用王水提取残渣态重金属。实验分为以下步骤。

1）水溶态、可交换态和碳酸盐结合态（S1）

称取0.5000g干燥样品，放入50mL聚丙烯离心管中，加入20mL 0.11mol/L的醋酸，在25℃下放入振荡器内振荡16h，确保样品在振荡过程中始终处于悬浮状态，然后离心30min（5000r/min），将上清液移入100mL聚乙烯瓶中，置于冰箱（4℃）内备用分析。向离心管底部的残渣中加入10mL去离子水，振荡15min，离心30min（5000r/min），弃去上清液。

2）Fe-Mn氧化物结合态（S2）

向20mL同日配制的0.1mol/L的盐酸羟胺（HNO₃酸化，pH=2）中加入步骤1）的残渣，手动摇晃离心管将残渣全部分散，然后按照步骤1）的方法振荡、离心、移液、洗涤。

3）有机物及硫化物结合态（S3）

向步骤2）的残渣中缓慢加入5mL 8.8mol/L的过氧化氢（HNO₃酸化，pH=2），旋紧离心管的盖子（防止样品剧烈反应而溅出），并在室温下放置1h（间隔15min用手振荡）；取下盖子，放在 85℃水浴锅中温浴 2h，让溶液蒸发至接近干燥，冷却；再添加 5mL 8.8mol/L 的过氧化氢（HNO_3 酸化，pH=2），重复以上操作；然后添加 25mL 1mol/L 的醋酸铵（HNO_3 酸化，pH=2），按步骤 1）的方法振荡、离心、移液、洗涤。

4）残渣态（S4）

将上步剩余残渣用总量测定方法进行消解与测定。

4.3.2 丙烯腈废催化剂

实验的两个样品是吉林石化公司的丙烯氨氧化生产丙烯腈工艺装置不同时期卸下的丙烯腈废催化剂。

（1）EDS 成分分析

两个丙烯腈废催化剂样品的 EDS 半定量成分分析结果如表 4.14 所列。

表 4.14　丙烯腈废催化剂 EDS 分析结果　　　　单位：%

样品		C	O	Mg	Si	Mo	Fe	Ni
样品一	新鲜	1.77	34.08	1.05	24.67	27.69	2.07	8.67
	废弃	2.35	34.39	0.87	30.72	20.18	2.86	8.64
样品二	新鲜	1.83	32.55	1.13	25.02	27.50	2.26	8.71
	废弃	3.40	33.53	1.01	30.18	20.13	2.99	9.38

两个样品中新鲜丙烯腈催化剂中 Mo 的含量分别为 27.69%和 27.50%，而废催化剂中含有 20.18%和 20.13%的 Mo，两者相差较大，根据文献报道，可能是因为催化剂在使用过程中高温挥发（MoO_3 在 700℃时就有明显升华现象）。丙烯腈废催化剂中 C 的含量比新鲜催化剂略微升高，说明丙烯腈废催化剂中有一定的积炭和有机物。丙烯腈催化剂报废后，其主要活性组分 Mo 的含量降低了 7%以上，但还是占到了废催化剂的 20.18%（质量分数）；活性组分 Ni 的含量基本不变，Fe 略微升高，而 Mg 略微降低。

（2）ICP 金属成分分析

两个丙烯腈废催化剂样品中重金属含量的分析结果如表 4.15 所列。

表 4.15　丙烯腈废催化剂中重金属含量　　　　单位：%

样品	Mo	Ni	Bi	Fe	Mg	Cu	Zn	Cr	Pb	Cd	As	Hg
样品一	22.31	7.21	1.80	2.54	0.69	0.0010	0.0010	0.0016	0.0104	—	0.1104	0.0002
样品二	21.58	7.49	1.87	2.83	0.81	0.0010	0.0012	0.0014	0.0130	—	0.1160	0.0002

注："—"表示未检出。

由表 4.15 可知：两个样品均检测出了 Ni、As、Cu、Zn、Pb、Cr 和 Hg 等重金属，其中 Ni 的含量达到了 7.2%以上，As 和 Pb 的含量也较高，而 Cd 未检出。两个样品重金属成分及含量相似，且重金属总含量分别在 33.98%和 33.90%以上，说明相同工艺在不同阶段使用的催化剂报废后，重金属的成分和含量具有极高的相似性，也从另一方面说明了本实验丙烯腈废催化剂的取样具有代表性。

（3）丙烯腈废催化剂浸出毒性

两个丙烯腈废催化剂样品中重金属的浸出浓度如表4.16所列。

表4.16　丙烯腈废催化剂中重金属的浸出浓度

项目		Ni	Cu	Zn	Cr	Pb	As	Hg
浸出毒性鉴别标准值/(mg/L)		5	100	100	5(Cr^{6+})	5	5	0.1
样品一	硫酸硝酸法/(mg/L)	<u>75</u>	<0.050	0.40	0.11	1.2	<u>53</u>	<u>0.51</u>
	浸出率/%	0.21	—	8.00	1.38	2.31	9.60	51.00
	醋酸缓冲溶液法/(mg/L)	<u>8.0</u>	<0.050	0.27	<0.050	<0.050	3.2	<u>0.50</u>
	浸出率/%	0.02	—	5.40	—	—	0.58	50.00
样品二	硫酸硝酸法/(mg/L)	<u>58</u>	<0.050	0.5	0.09	1.3	<u>55</u>	<u>0.50</u>
	浸出率/%	0.16	—	8.33	1.29	2.00	9.48	50.00
	醋酸缓冲溶液法/(mg/L)	<u>6.9</u>	<0.050	0.39	<0.050	<0.050	3.3	<u>0.48</u>
	浸出率/%	0.02	—	6.50	—	—	0.57	48.00

注：加下划线的数据表明超过浸出毒性鉴别标准值。

由表4.16可知：两种不同的浸出方法对样品中重金属的浸出率差异很大，总的来说，硫酸硝酸法的浸出率高于醋酸缓冲溶液法，说明丙烯腈废催化剂在场景一的浸出毒性较大，风险也较大。两个样品硫酸硝酸法浸出液中Ni和As浓度超过了浸出毒性鉴别标准值的10倍以上，Hg也超标了5倍；醋酸缓冲溶液法Ni和Hg浸出浓度也超过了浸出毒性鉴别标准值。As在硫酸硝酸浸出法中超标10倍以上，而在醋酸溶液缓冲法中As却低于浸出毒性鉴别标准值，说明As在场景一的浸出风险远大于场景二。综上所述，根据《危险废物鉴别标准　浸出毒性鉴别》（GB 5085.3—2007），可将这两个丙烯腈废催化剂样品判定为具有浸出毒性特征的危险废物。

（4）丙烯腈废催化剂中重金属的形态特征

样品一、样品二中重金属的BCR连续提取结果见表4.17，比例分布见图4.1和图4.2。

表4.17　丙烯腈废催化剂中各金属形态分析　　　　　单位：mg/kg

样品	形态	Ni	Cu	Zn	Cr	Pb	As	Hg	总量
样品一	S1	7000	2.10	4.20	5.80	0.00	700.00	1.20	7713.30
	S2	27200	2.48	2.88	2.40	0.26	208.00	2.64	27418.66
	S3	36056	4.30	3.50	4.28	74.63	132.86	0.16	36275.85
	S4	3041	1.12	0.00	2.55	55.04	73.08	0.00	3172.92
样品二	S1	6600	2.10	4.50	4.70	0.00	750.00	1.12	7362.42
	S2	25600	2.48	2.88	2.40	0.28	224.00	2.64	25834.68
	S3	39081	4.41	4.62	4.56	70.62	108.28	0.24	39273.95
	S4	2893	1.01	0.00	2.34	59.10	77.72	0.00	3032.95

注：S1为水溶态、可交换态及碳酸盐结合态；S2为Fe-Mn氧化物结合态；S3为有机物及硫化物结合态；S4为残渣态。

由表4.17和图4.1、图4.2可知，从总量上看，丙烯腈废催化剂中重金属主要以Fe-Mn氧化物结合态、有机物及硫化物结合态存在（85%以上），水溶态、可交换态及碳酸盐结合态的含量也明显高于残渣态，残渣态含量低说明其中重金属在环境中浸出的风险较大。从单种重金属看，Ni 的含量最高，且 S1、S2 和 S3 这三种状态之和在 96%左右；Zn、Cr 和 As 的为水溶态、可交换态及碳酸盐结合态含量最高，对 pH 值敏感，在酸性条件下极易释放；大多数重金属残渣态含量较低，在 10%以下，而 Pb 的残渣态含量最高，在 42%以上，Cr 次之为 17%左右，表明 Pb 和 Cr 在样品中惰性较大，危险性较小。

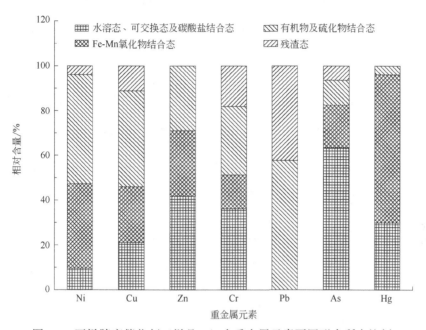

图 4.1　丙烯腈废催化剂（样品一）中重金属元素不同形态所占比例

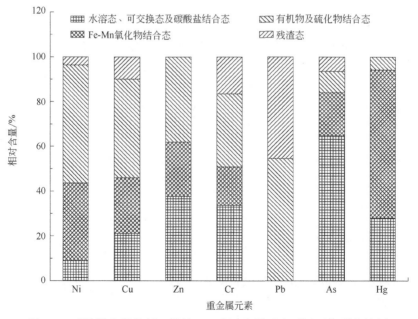

图 4.2　丙烯腈废催化剂（样品二）中重金属元素不同形态所占比例

4.3.3　甲苯歧化废催化剂

实验样品为取自金陵石化的甲苯歧化废催化剂。

（1）EDS 成分分析

甲苯歧化废催化剂样品的 EDS 半定量成分分析结果如表 4.18 所列。

表 4.18　甲苯歧化废催化剂 EDS 分析结果

项目	C	O	Na	Al	Si	P	S	Fe	Ni
质量分数/%	5.96	32.85	0.10	36.72	1.58	1.21	15.99	1.06	4.52
原子分数/%	10.78	44.59	0.09	29.55	1.22	0.85	10.83	0.41	1.67

由表 4.18 可知，甲苯歧化废催化剂样品中的金属主要是 Ni 和 Al，应重点关注 Ni 的含量及环境风险。

（2）ICP 成分分析

甲苯歧化废催化剂样品中重金属含量的分析结果如表 4.19 所列。

表 4.19　甲苯歧化废催化剂中重金属含量

元素	V	Pb	Fe	Ni	Cu	Ba	As	Hg
质量分数/%	0.0105	0.0975	0.3379	2.8954	0.0013	0.0042	0.0599	0.0016

由表 4.19 可知，甲苯歧化废催化剂中含有 2.8954% 的镍，存在浸出毒性风险，而 Pb、Cu、As、Hg 的含量较低。

（3）甲苯歧化废催化剂浸出毒性

甲苯歧化废催化剂样品中重金属的浸出浓度如表 4.20 所列。

表 4.20　甲苯歧化废催化剂中重金属的浸出浓度　　　　单位：mg/L

项目	Ni	Cu	Zn	Cr	Pb	As	Hg
浸出毒性鉴别标准值	5	100	100	5（Cr^{6+}）	5	5	0.1
硫酸硝酸法	3.8	0.27	2.9	<0.02	<0.02	<0.02	<0.02
醋酸缓冲溶液法	2.1	0.18	1.4	<0.02	<0.02	<0.02	<0.02

由表 4.20 可知，所采集的烷基化废催化剂样品浸出液中重金属的含量，通过硫酸硝酸法和醋酸缓冲溶液法浸出后，均比浸出毒性鉴别标准值要低，据此认为该甲苯歧化废催化剂不具有浸出毒性。

4.3.4　烷基化废催化剂

实验样品为取自吉林石化的烷基化催化剂。

（1）EDS 成分分析

烷基化废催化剂样品的 EDS 半定量成分分析结果如表 4.21 所列。

表 4.21 烷基化废催化剂 EDS 分析结果

项目	C	O	Al	Si
质量分数/%	32.04	29.89	15.37	22.69
原子分数/%	45.11	31.60	9.63	13.66

由表 4.21 可知，烷基化废催化剂样品中的金属主要是 Al。

（2）ICP 成分分析

烷基化废催化剂样品中重金属含量的分析结果如表 4.22 所列。

表 4.22 烷基化废催化剂中重金属含量

元素	Al	Cr	Fe	Ni	Cu	Zn	Ba
质量分数/%	17.9955	0.0122	0.0136	0.0023	0.0005	0.0912	0.0012

由表 4.22 可知，甲苯歧化废催化剂中 Ni、Cu、Zn、Cr 的含量较低，而 Pb、As、Hg 等重金属均未检出。

（3）烷基化废催化剂浸出毒性

烷基化废催化剂样品中重金属的浸出浓度如表 4.23 所列。

表 4.23 烷基化废催化剂中重金属的浸出浓度 单位：mg/L

项目	Ni	Cu	Zn	Cr	Pb	As	Hg
浸出毒性鉴别标准值	5	100	100	5（Cr^{6+}）	5	5	0.1
硫酸硝酸法	<0.02	<0.02	<0.02	<0.02	<0.02	<0.02	<0.02
醋酸缓冲溶液法	<0.02	<0.02	<0.02	<0.02	<0.02	<0.02	<0.02

由表 4.23 可知，所采集的烷基化废催化剂样品浸出液中重金属的含量，通过硫酸硝酸法和醋酸缓冲溶液法浸出后，均比浸出毒性鉴别标准值要低，据此认为该烷基化废催化剂不具有浸出毒性。

4.3.5 石油化工废催化剂毒性评价

对取自中石化的丙烯腈、甲苯歧化和烷基化三类典型的石油化工废催化剂样品进行了成分分析及重金属的浸出浓度测定。测定结果表明，根据《危险废物鉴别标准 浸出毒性鉴别》（GB 5085.3—2007），可将两个丙烯腈废催化剂样品判定为具有浸出毒性特征的危险废物；而甲苯歧化和烷基化废催化剂样品的浸出液中，重金属的含量都低于浸出毒性鉴别标准值，因此认为甲苯歧化和烷基化废催化剂不具有浸出毒性。

4.4 石油化工废催化剂的资源化研究

随着石油化工行业的发展，每年我国会有数万吨的石油化工废催化剂产生，且产量逐年增加，这些废催化剂中既有 NiO、Cr_2O_3、Pb、As 等有毒有害物质，也有 Pt、Pd、Ag 等稀贵金属和其他金属。含有贵金属和其他金属的石油化工废催化剂回收价值较高，应对其进行回收利用，而回收利用后剩余的残渣和回收价值低的废催化剂则需要进行稳定化和无害化处理，以降低有害成分浸出的可能性。

本章采集到的丙烯腈废催化剂属于危险固体废弃物，其中的 As 和 Ni 的单因子生态风险系数达到严重等级，综合生态风险也属于严重等级，因此在处置丙烯腈废催化剂前必须先进行无害化处理。

目前丙烯氨氧化制丙烯腈的催化剂主要是钼酸盐类催化剂，其中钼铋铁系占主导地位，之后又经过不断改进，获得了以 SiO_2 为载体，钼、镍、铋为基础的优良催化剂。这类催化剂中铋占 1%～5%、镍占 1%～10%、钼占 5% ～ 21%，失活后，其中的有价金属几乎没有损失，依旧有很高的金属品位[96]。

我国对钼、镍的需求量日益增大，但高品位钼、镍资源的逐渐消耗和低品位资源的开采难度大，使得钼、镍资源供给不足，这将成为制约我国工业发展的关键因素。为了解决国内资源短缺的局面，充分回收、利用废弃物，实现经济可持续发展，应大力开展从废催化剂中回收钼、镍资源的工作。如果能有效地、充分地从废催化剂中回收钼和镍，对缓解我国资源紧张、减少对进口的依赖、促进经济发展具有极大的意义。

丙烯腈废催化剂中钼和镍的含量较高，虽然已经有很多从废催化剂中回收钼和镍的报道，但是，目前的工艺还存在一些缺点，如回收率不高、工艺复杂、高耗能、高污染等，因此本研究致力于开发高效、低能耗、环境友好型的从丙烯腈废催化剂中提取钼和镍的全湿法处理新工艺，为今后从丙烯腈催化剂中大规模回收有价金属提供参考。

4.4.1 材料与方法

（1）实验材料

本研究实验中用到的试剂及其纯度和生产厂商见表 4.24。实验过程中配制溶液、定容等都使用去离子水。

表 4.24　主要药品与试剂

药品与试剂名称	规格	生产厂商
浓硝酸（HNO_3）	GR	上海凌峰化学试剂有限公司
浓盐酸（HCl）	GR	上海凌峰化学试剂有限公司
浓硫酸（H_2SO_4）	GR	上海凌峰化学试剂有限公司
冰醋酸（CH_3COOH）	GR	上海凌峰化学试剂有限公司
双氧水（H_2O_2）	AR	上海凌峰化学试剂有限公司
盐酸羟胺（$HO-NH_2 \cdot HCl$）	AR	国药集团化学试剂有限公司
醋酸铵（CH_3COONH_4）	AR	上海凌峰化学试剂有限公司
草酸（$H_2C_2O_4$）	AR	上海凌峰化学试剂有限公司
柠檬酸（$C_6H_8O_7$）	AR	上海凌峰化学试剂有限公司
氢氧化钙［$Ca(OH)_2$］	AR	上海凌峰化学试剂有限公司
氨水（NH_4OH）	AR	上海凌峰化学试剂有限公司

本研究实验中用到的设备及其型号和生产厂商见表 4.25。

表 4.25　主要实验仪器

仪器	型号	生产厂商
X射线衍射分析仪	D/max 2550V	日本 Rigaku 公司
等离子体发射光谱仪	Agilent725ES	美国安捷伦科技有限公司
微波消解萃取仪	ETHOS A	深圳市华晟达仪器设备有限公司
全自动比表面积和孔隙度分析仪	TriStar II 30	美国麦克默瑞提克仪器公司
pH 计	FE20	梅特勒-托利多仪器有限公司
鼓风干燥箱	DHG-9070A	上海一恒科学仪器有限公司
恒温振荡器	HZ-9810SB	太仓市华利达实验设备有限公司
低速离心机	RJ-TDL-40B	上海标仪仪器有限公司
电子天平	ME104E	梅特勒-托利多仪器有限公司
磁力搅拌器	JBZ-14B	上海志威电器有限公司
马弗炉	SX2-5-12	上海一恒科学仪器有限公司

（2）实验方法

本实验主要考察浸出剂中有机酸和双氧水的浓度、温度、液固比、浸出时间等因素对浸出丙烯腈废催化剂中钼和镍的影响，并确定最佳实验条件。浸出实验的主要步骤如下。

① 使用 100 目（0.154mm）的尼龙标准筛筛选丙烯腈废催化剂样品，将其中的大颗粒杂质如废铁片、玻璃碴、油漆片、碎石等进行去除，在 105℃下烘干 6h，干燥器内贮存备用。

② 配制不同浓度的有机酸溶液作为浸出剂，并将溶液加入 250mL 的具塞细口瓶中，然后放入恒温振荡箱中预热到设定的温度。

③ 用电子天平称取一定量的丙烯腈废催化剂样品，加入已经预热至设定温度的反应瓶中。

④ 如果是有机酸直接浸出实验，在步骤③加入废催化剂样品后，设定转速（以反应瓶中固体刚刚能充分混合为准，200r/min）和时间，启动恒温振荡箱，开始浸出反应。

⑤ 如果是有机酸联合双氧水氧化浸出实验，在步骤③加入废催化剂样品后再加入一定量的双氧水，设定转速（以反应瓶中固体刚刚能充分混合为准，200r/min）和时间，启动恒温振荡箱，开始酸性氧化浸出反应。

⑥ 在预定时间停止振荡后，取出反应瓶，放置于通风橱中自然冷却至室温。

⑦ 真空抽滤冷却后得到浸出固液混合物，取 1mL 收集到的浸出液与 4mL 王水混合置于消解罐，将消解罐放入微波消解仪中，20min 内将温度升高至 175℃并保持 10min。冷却至室温后，取出消解罐放入通风橱中。

⑧ 将消解液转移到比色管中，并定容至 50mL，混合均匀并静置 6h 后取上清液 10mL 储存于冰箱（4℃）内以备分析，经过微波消解后，用 ICP-AES 检测溶液中钼、镍离子的含量，计算浸出率。

⑨ 真空抽滤时用去离子水冲洗浸出渣，重复 3 次，并将浸出渣放入烘箱中于 105℃干

燥 12h，干燥器内贮存待用。

浸出实验中金属的浸出率按式（4.1）计算：

$$\eta = \frac{50cV}{mw} \times 10^{-6} \times 100\% \qquad (4.1)$$

式中　η——金属浸出率，%；

　　　c——通过 ICP-AES 检测出的比色管消解液中金属离子的浓度，mg/L；

　　　V——浸出液的体积，mL；

　　　m——浸出实验中称取的丙烯腈废催化剂的质量，g；

　　　w——丙烯腈废催化剂中金属的含量，%。

4.4.2　醋酸联合双氧水浸出废催化剂中的钼和镍

（1）实验原理

醋酸是一种重要的有机化工产品，广泛应用于化工领域，在湿法冶金领域也有一定的应用。在酸性条件下，醋酸解离出来的醋酸根能迅速与废催化剂中游离出来的 MoO_2^{2+}、Ni^{2+}反应，生成稳定的钼、镍醋酸配合物，使钼和镍转移到溶液中。双氧水是一种强氧化剂，在酸性水溶液中能够氧化金属硫化物，可避免采用焙烧法将金属硫化物转化为金属氧化物而消耗大量能量并产生废气污染的情况。而 MoS_2 一般不溶于稀酸，自然也不能被醋酸浸出，在酸性条件下，丙烯腈废催化剂中的 MoS_2 被浸出剂中的双氧水氧化成 MoO_2^{2+}，MoO_2^{2+}再与醋酸根离子形成醋酸钼络合物。浸出过程中涉及的主要反应可用式（4.2）～式（4.5）表示：

$$NiMoO_4 + 4CH_3COOH \longrightarrow (CH_3COO)_2MoO_2 + (CH_3COO)_2Ni + 2H_2O \qquad (4.2)$$

$$MoO_3 + 2CH_3COOH \longrightarrow (CH_3COO)_2MoO_2 + H_2O \qquad (4.3)$$

$$MoS_2 + 9H_2O_2 \longrightarrow MoO_2^{2+} + 2SO_4^{2-} + 8H_2O + 2H^+ \qquad (4.4)$$

$$NiO + 2CH_3COOH \longrightarrow (CH_3COO)_2Ni + H_2O \qquad (4.5)$$

（2）结果与讨论

1）醋酸和双氧水浓度的影响

在固定温度 60℃、液固比 25mL/g、振荡时间 3h、无过氧化氢的条件下进行了醋酸浸出实验，考察醋酸浓度从 0.50mol/L 升高到 2.00mol/L 时，Mo 和 Ni 浸出率的变化，实验结果见图 4.3。

如图 4.3 所示，浸出剂中醋酸浓度从 0.50mol/L 升高到 2.00mol/L 的范围内，醋酸浓度增加，Mo 和 Ni 的浸出率随之增加，Ni 的浸出率比 Mo 的浸出率高一些，但整体都维持在一个较低的水平，均低于 25%；当醋酸浓度为 0.50mol/L 时，Mo 浸出率为 9.02%，Ni 浸出率为13.45%，当醋酸浓度为 2.00mol/L 时，Mo 浸出率为 16.64%，Ni 浸出率为 24.65%。从浸出趋势来看，预计浸出剂中醋酸的浓度继续提高时，Mo 和 Ni 的浸出率不会显著上升。

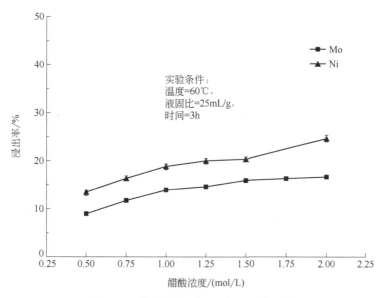

图 4.3　醋酸浓度对钼、镍浸出的影响

　　为了提高 Mo 和 Ni 的浸出率，尝试在浸出剂中加入一定量的双氧水，考察双氧水的氧化作用是否促进金属的浸出。由于浸出剂中醋酸浓度的增加并不会引起浸出率的显著提升，所以在其他条件不变的情况下，分别实验了醋酸浓度为 0.50mol/L、1.00mol/L、1.50mol/L 和 2.00mol/L 时，浸出剂中双氧水浓度变化对 Mo 和 Ni 浸出率的影响，实验结果如图 4.4 和图 4.5 所示。

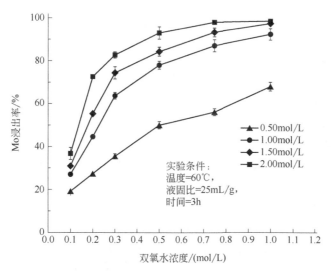

图 4.4　醋酸和双氧水浓度对钼浸出的影响

　　由图 4.4 可知，在各个固定的醋酸浓度下，增加浸出剂中双氧水的浓度，Mo 的浸出率都得到显著的提高。在醋酸浓度为 2.00mol/L 下，双氧水浓度升高至 0.75mol/L 时，Mo 的浸出率达到最高，为 98.61%，当双氧水浓度继续升高至 1.00mol/L 时，Mo 的浸出率不再上升，因此，当醋酸和双氧水浓度分别为 2.00mol/L 和 0.75mol/L 时能最大限度地浸出丙烯腈废催化剂中的 Mo。

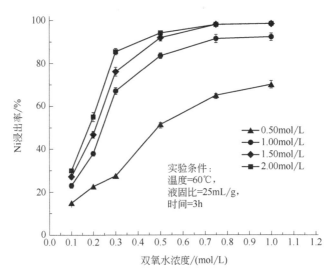

图 4.5　醋酸和双氧水浓度对镍浸出的影响

由图 4.5 可知，Ni 与 Mo 相似，在不同醋酸浓度下，Ni 浸出率随着双氧水浓度的增加而明显增加，在固定醋酸浓度 1.50mol/L 和 2.00mol/L 的条件下，当双氧水浓度为 0.75mol/L 时，Ni 几乎完全浸出，达到最高浸出率，为 99.86%。

根据醋酸联合双氧水浸出丙烯腈废催化剂中的 Mo 和 Ni 的实验结果来看，双氧水的加入能大大促进 Mo、Ni 的浸出，并且能使 Mo 和 Ni 同时达到理想浸出率的最佳浸出剂配比是：醋酸浓度为 2.00mol/L、双氧水浓度为 0.75mol/L。

2）温度的影响

双氧水对温度十分敏感，高温下易分解[97,98]，然而从浸出反应动力学的角度讲，一般温度越高，越有利于金属的浸出，所以本实验的主要目的是寻找一个最佳的温度，既保证双氧水不因为高温过早分解，充分利用其氧化作用，又让浸出反应在一个较高的温度下进行，提高金属的浸出效率。

实验考察了浸出温度从 30℃增加到 80℃时，对 Mo、Ni 浸出效果的影响，其他浸出条件为醋酸浓度 2.00mol/L，双氧水浓度 0.75mol/L，液固比 25mL/g，浸出时间 3h。Mo、Ni 浸出实验结果见图 4.6。

由图 4.6 所示，当浸出温度从 30℃升高到 60℃时，Mo 浸出率由 52.01%升高到 98.61%，Ni 浸出率由 72.84%升高到 99.86%，Mo 和 Ni 的浸出率在 60℃时都达到最高，然后都随着温度继续升高而降低，最终在 80℃时 Mo 和 Ni 的浸出率分别降到 61.63%和 71.08%。Mo、Ni 浸出率降低的原因是当温度高于 60℃时，双氧水过早分解，无法起到充分的氧化作用。在实验过程中，尤其是浸出温度达到 80℃时，将双氧水加入浸出瓶中，就可以立刻观察到产生大量气泡，说明双氧水一加入反应瓶时，就开始剧烈地分解成氧气和水了。在 60℃时，Mo、Ni 的浸出率都达到最高，因此认为 60℃是最佳浸出温度。

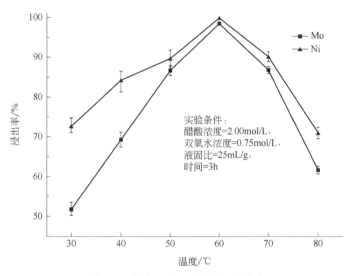

图 4.6　温度对钼、镍浸出的影响

3）液固比的影响

为了研究液固比对 Mo、Ni 浸出效果的影响，本研究在液固比 5mL/g 到 30mL/g 范围内进行了实验，其他浸出条件：醋酸浓度为 2.00mol/L，过氧化氢浓度为 0.75mol/L，在 60℃下浸出 3h。Mo、Ni 浸出实验结果如图 4.7 所示。

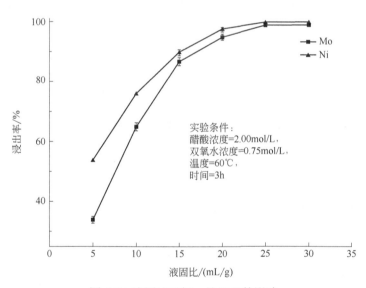

图 4.7　液固比对钼、镍浸出的影响

由图 4.7 可知，当液固比从 5mL/g 升高到 25mL/g，Mo 和 Ni 的浸出率都随着液固比的增加而增加，当液固比达到 25mL/g 后，Mo 浸出率基本稳定在 98.61% 左右，Ni 浸出率基本稳定在 99.86% 左右。所以，25mL/g 是浸出 Mo、Ni 的最佳液固比。

4）时间的影响

为了寻找最佳浸出时间，在浸出时间 1.0～3.5h 的范围内进行了实验，保持醋酸浓度为 2.00mol/L、双氧水浓度为 0.75mol/L、浸出温度为 60℃、液固比为 25mL/g 等浸出条件不变。Mo 和 Ni 浸出率受浸出时间的影响如图 4.8 所示。

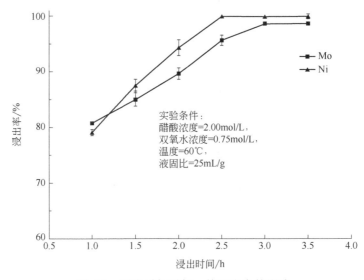

图 4.8　浸出时间对钼、镍浸出率的影响

由图 4.8 可以看出，当浸出时间在 1.0～3.0h 的范围内时，Mo 的浸出率随着浸出时间的增加而显著增加，浸出 3.0h 时，Mo 浸出率为 98.61%，而当时间超过 3.0h 后，Mo 浸出率保持恒定，认为此时丙烯腈废催化剂中的 Mo 已经浸出完全，因此 Mo 的最佳浸出时间是 3.0h。在 1.0～2.5h 的浸出时间范围内，Ni 的浸出率也随着浸出时间的增加而增加，当浸出时间大于 2.5h 时，浸出率基本不变，为 99.86%。考虑到丙烯腈废催化剂中的 Mo 需要 3.0h 才能达到最高浸出率，因此认为最佳浸出时间为 3.0h。

4.4.3　草酸联合双氧水浸出废催化剂中的钼和镍

（1）实验原理

草酸是一种常见的有机酸，它不仅具有一般酸的性质，而且是一种良好的络合剂，可与某些金属形成络合物，也可以和很多金属形成沉淀。丙烯腈废催化剂中 $NiMoO_4$ 和 MoO_3 易溶于酸，在浸出过程中与草酸反应分别生成 MoO_2^{2+} 和 Ni^{2+}，随后 MoO_2^{2+} 与草酸根离子反应生成可溶性的草酸钼络合物，本节以 $MoO_2C_2O_4$ 表示；而 Ni^{2+} 可与草酸根离子形成草酸镍沉淀，留在浸出渣中；而废催化剂中的 MoS_2 在酸性氧化浸出实验中，被浸出剂中的双氧水氧化成 MoO_2^{2+}，并与草酸根离子形成草酸钼络合物。浸出过程中涉及的主要反应可用式（4.6）～式（4.9）表示：

$$NiMoO_4+2H_2C_2O_4 \longrightarrow MoO_2C_2O_4+NiC_2O_4\downarrow+2H_2O \qquad (4.6)$$

$$MoO_3+H_2C_2O_4 \longrightarrow MoO_2C_2O_4+H_2O \qquad (4.7)$$

$$MoS_2+9H_2O_2 \longrightarrow MoO_2^{2+}+2SO_4^{2-}+8H_2O+2H^+ \qquad (4.8)$$

$$NiO+H_2C_2O_4 \longrightarrow NiC_2O_4\downarrow+H_2O \qquad (4.9)$$

（2）结果与讨论

1）草酸和双氧水浓度的影响

在固定温度60℃、液固比25mL/g、振荡时间3h、无过氧化氢的条件下进行了浸出实验，考察草酸浓度从0.25mol/L升高到1.50mol/L时，Mo和Ni浸出率的变化，实验结果见图4.9。

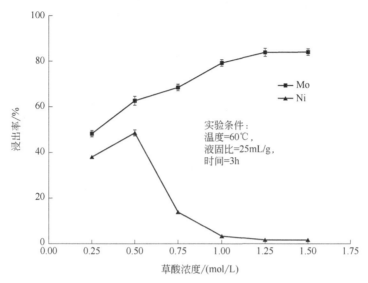

图4.9　草酸浓度对钼、镍浸出的影响

如图4.9所示，在草酸浓度为0.25～1.50mol/L的范围内，Mo的浸出率随着草酸浓度的升高而升高，在草酸浓度为1.25mol/L时，达到84.04%，随后，即使继续增加浸出剂中草酸的浓度，Mo的浸出率也基本保持不变。丙烯腈废催化剂中大部分的Mo以容易与草酸反应的NiMoO$_4$和MoO$_3$的形式存在，在浸出反应中，以MoO$_2^{2+}$的形式被浸出到液相中，并与草酸根离子形成络合物。Mo的浸出率最终稳定在84.04%左右，可能是因为丙烯腈废催化剂中的Mo有一部分以MoS$_2$的形式存在，而MoS$_2$不溶于草酸和其他无机酸，无法将其完全浸出。

然而，Ni的浸出效果与Mo呈现出不同的趋势，在草酸浓度为0.25～0.50mol/L的范围内，Ni的浸出率呈升高趋势，在草酸浓度为0.5mol/L时，达到峰值48.54%，然后随着草酸浓度增加而迅速下降，最终稳定在1.44%左右。在完成浸出反应后的冷却过程中，可以明显观察到浸出渣中有绿色沉淀物，将浸出渣烘干后，其颜色也呈绿色，如图4.10所示（彩图见书后）。为了检测浸出渣中生成的绿色粉末是什么物质，在本实验中，用浓度为1.50mol/L的草酸作为浸出剂，对反应后得到的浸出渣进行X射线衍射分析，XRD谱图如图4.11所示，检测出了强烈的草酸镍对应的峰，这正可以解释Ni的低浸出率，因为丙烯腈废催化剂中的Ni与浸出剂中的草酸反应生成草酸镍沉淀留在残渣中。当浸出剂中草酸浓度较低时，溶液中较低的草酸根浓度不足以与镍离子完全形成沉淀，因此溶液中Ni的浓度较高；而当浸出剂中草酸根浓度升高时，液相中几乎所有的Ni离子与草酸根结合生成沉淀，导致浸出液中Ni的含量仅为1.44%左右。草酸还可以和丙烯腈废催化剂中的其他杂质金属（如Bi、Fe和Mg）生成草酸盐沉淀并留在残渣中。

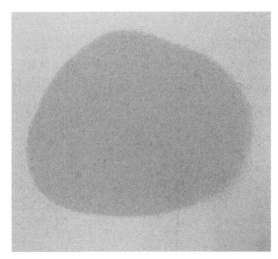

图 4.10　烘干后的浸出渣

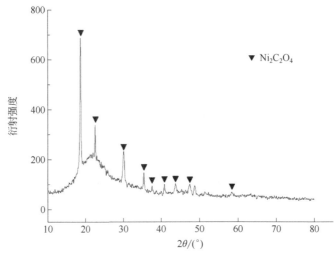

图 4.11　浸出渣的 XRD 谱图

综上所述，由于单纯用草酸溶液作为浸出剂时，Mo 的浸出率只能达到 84.04%左右，所以有必要进行更深入的研究，将丙烯腈废催化剂中的 MoS_2 浸出，以提高 Mo 的浸出效率，并继续限制 Ni 以草酸镍的形式留在残渣中。

根据上述单纯采用草酸作为浸出剂的实验结果，在草酸浓度达到 1.25mol/L 后，Mo 的浸出率基本保持不变，因此选择浸出剂草酸浓度为 1.25mol/L，而温度、液固比、振荡时间等其他因素保持不变，考察浸出剂中不同浓度的双氧水对 Mo 和 Ni 浸出率的影响，实验结果见图 4.12。

如图 4.12 所示，Mo 浸出率随双氧水浓度升高而升高，当双氧水浓度达到 0.20mol/L 时，Mo 浸出率达到 99.73%，然后趋于平稳。加入双氧水作为氧化剂后，Mo 的浸出率提高了超过 15%，是因为双氧水作为强氧化剂，在浸出过程中氧化 MoS_2 生成 MoO_2^{2+}，后者可以与草酸根迅速生成络合物。这样，我们可以认为丙烯腈废催化剂中的 Mo 已经被完全浸出了。

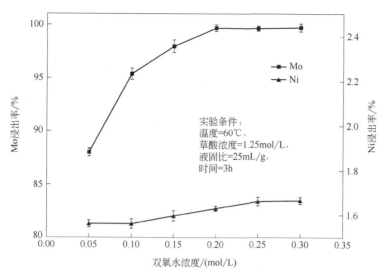

图 4.12　草酸和双氧水浓度对钼、镍浸出的影响

由图 4.12 可知，Ni 的浸出率在加入双氧水之后略微上升，但仍然保持在较低水平，当双氧水浓度达到 0.20mol/L 时，为 1.63%，这说明浸出剂中加入了双氧水对 Ni 与草酸形成草酸镍沉淀并留在浸出渣中的过程影响不大。利用草酸联合双氧水作为浸出剂的浸出方法，在保证 Mo 高浸出率的同时，还可以很好地实现 Mo 与 Ni 及其他杂质金属的分离。

因此，根据草酸联合双氧水浸出丙烯腈废催化剂中的钼和镍的实验结果，确定浸出的最佳配比为：草酸浓度为 1.25mol/L、双氧水浓度为 0.20mol/L。

2）温度的影响

实验考察了浸出温度从 30℃增加到 80℃时，对 Mo、Ni 浸出效果的影响，其他浸出条件为：草酸浓度为 1.25mol/L，双氧水浓度为 0.20mol/L，液固比为 25mL/g，浸出时间为 3h。Mo、Ni 浸出实验结果见图 4.13。

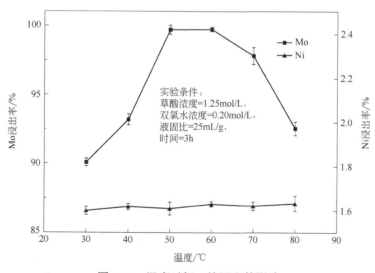

图 4.13　温度对钼、镍浸出的影响

由图4.13可知,当浸出温度从30℃升高到50℃时,Mo浸出率由90.02%升高到99.68%,Mo浸出率在60℃时达到最高为99.73%,然后随着温度继续升高而降低,最终在80℃时降到92.25%。这与醋酸联合双氧水作为浸出剂时,温度对Mo、Ni浸出效果的影响一样,都是因为温度过高造成双氧水过早分解,无法起到充分的氧化作用,从而引起Mo浸出率骤降。在50℃、60℃时,Mo的浸出率相差很小,可以认为达到了相同的浸出效果,因此从节能的角度来看,再结合以上实验结果,认为50℃是浸出Mo的最佳温度。

由图4.13可知,在30℃到80℃的浸出温度范围内,Ni浸出率始终在1.60%到1.63%之间波动,并没有明显的上升或下降趋势,表明温度对Ni的浸出率影响不大,基本不影响NiC_2O_4的形成并沉淀,所以温度的影响可忽略不计。综上所述,在本研究中50℃被认为是最佳浸出温度。

3)液固比的影响

为了探究液固比对Mo、Ni浸出效果的影响,本研究在液固比5~30mL/g的范围内进行了实验,其他浸出条件:草酸浓度为1.25mol/L,过氧化氢浓度为0.20mol/L,在50℃下浸出3h。Mo、Ni浸出实验结果如图4.14所示。

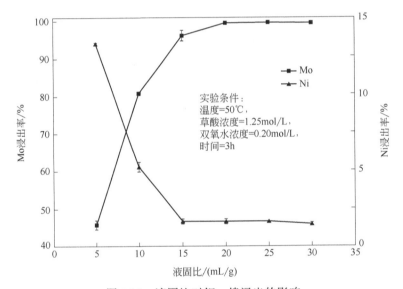

图4.14　液固比对钼、镍浸出的影响

由图4.14可知,当液固比从5mL/g升高到20mL/g,Mo浸出率随着液固比的升高而升高,当液固比达到20mL/g后,Mo浸出率基本稳定在99.70%左右。所以,20mL/g为Mo浸出的最佳液固比。

如图4.14所示,当液固比在5~15mL/g的范围时,Ni的浸出率随着液固比的增加而明显降低,而当液固比达到15mL/g后Ni浸出率基本稳定在1.63%左右。镍的浸出率在液固比较小的时候反而比液固比较大的时候大,可能是因为液固比较小的时候,溶液中草酸的量比较少,不足以将溶液中被浸出的镍离子完全沉淀,所以溶液中镍的含量较高;当用较高液固比(>15mL/g)浸出丙烯腈废催化剂时,浸出剂中有足量的草酸浸出样品中的钼和镍，并将溶液中的镍沉淀完全。

综上，浸出钼的最佳液固比是 20mL/g，浸出镍的最佳液固比是 15mL/g，因此，为了得到较好的浸出效果，在接下来的实验中将 20mL/g 作为最佳液固比。

4）浸出时间的影响

为了探究最佳浸出时间，在 1.0～3.5h 的浸出时间范围内进行了实验。草酸浓度为 1.25mol/L，过氧化氢浓度为 0.20mol/L，浸出温度为 50℃，液固比为 20mL/g，浸出条件不变。浸出时间对钼和镍浸出率的影响如图 4.15 所示。

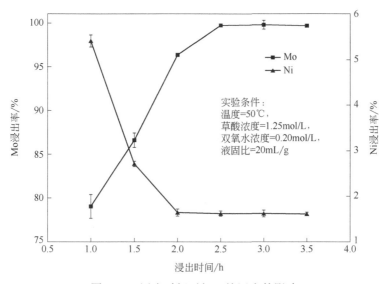

图 4.15　浸出时间对钼、镍浸出的影响

由图 4.15 可以看出，当浸出时间为 1.0～2.5h 时，Mo 浸出率随着浸出时间变长而显著提高，当浸出时间为 2.5h 时，Mo 浸出率为 99.73%，当浸出时间大于 2.5h 时，Mo 浸出率保持恒定，认为此时丙烯腈废催化剂中的 Mo 已经浸出完全，所以 2.5h 为 Mo 的最佳浸出时间。

由图 4.15 可知，Ni 与 Mo 的浸出趋势相反，在 1.0～2.0h 的时间范围内，Ni 的浸出率随时间的增加而降低，当时间超过 2.0h 后，Ni 的浸出率稳定在 1.62%左右，即 98.38%的 Ni 以草酸镍的形式残留在浸出渣中，认为 2.0h 是浸出镍的最佳时间。另外实验还研究了冷却静置时间对浸出率的影响，因实验结果表明冷却静置时间对 Mo、Ni 的浸出率没有影响，故此处不再赘述。

综上所述，结合钼、镍的浸出情况，本研究认为 2.5h 为最佳浸出时间。

4.4.4　柠檬酸联合双氧水浸出废催化剂中的钼和镍

（1）实验原理

柠檬酸是一种重要的三元有机酸，又名枸橼酸，在食品、化妆品等行业有着广泛的应用。柠檬酸浸出丙烯腈废催化剂中 Mo 和 Ni 的原理与醋酸浸出类似，柠檬酸解离的柠檬酸根与废催化剂中游离出的 MoO_2^{2+}、Ni^{2+} 发生反应，形成稳定的钼和镍柠檬酸配合物，将钼和镍转移到溶液中。双氧水的作用也是在酸性水溶液中氧化低价态金属硫化物，使其更容易被柠檬酸浸出，浸出过程中涉及的主要反应可用式（4.10）~式（4.13）表示：

$$3NiMoO_4+3C_6H_8O_7 \longrightarrow (MoO_2)_3(C_6H_5O_7)_2+Ni_3C_6H_5O_7+2H_2O \tag{4.10}$$

$$3MoO_3+2C_6H_8O_7 \longrightarrow (MoO_2)_3(C_6H_5O_7)_2+3H_2O \tag{4.11}$$

$$MoS_2+9H_2O_2 \longrightarrow MoO_2^{2+}+2SO_4^{2-}+8H_2O+2H^+ \tag{4.12}$$

$$3NiO+2C_6H_8O_7 \longrightarrow Ni_3(C_6H_5O_7)_2+3H_2O \tag{4.13}$$

（2）结果与讨论

在固定温度 60℃、液固比 25mL/g、振荡时间 3h、无过氧化氢的条件下进行了柠檬酸浸出实验，考察柠檬酸浓度从 0.10mol/L 升高到 0.60mol/L 时，对 Mo 和 Ni 浸出率的影响，实验结果见图 4.16。

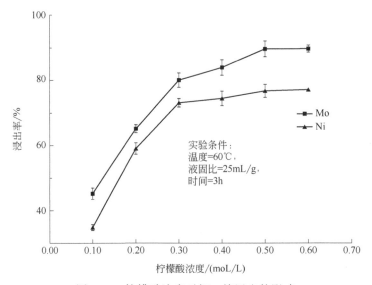

图 4.16　柠檬酸浓度对钼、镍浸出的影响

由图 4.16 可知，在浸出剂中柠檬酸浓度从 0.10mol/L 到 0.60mol/L 的范围内，Mo 和 Ni 的浸出率随着柠檬酸浓度的升高而升高，Mo 的浸出率比 Ni 的浸出率高一些；Mo 的浸出率在柠檬酸浓度 0.10~0.50mol/L 的范围内上升显著，当柠檬酸浓度为 0.60mol/L 时，浸出率基本与 0.50mol/L 时相同，达到 89.65%左右；Ni 的浸出率在 0.10~0.30mol/L 时升高显著，而在 0.30mol/L 后上升趋势明显减缓。

4.4.5　从草酸联合双氧水的浸出液中回收氧化钼

从分别考察的醋酸、草酸、柠檬酸联合双氧水对丙烯腈废催化剂中 Mo 和 Ni 的浸出情况来看，醋酸和柠檬酸能同时把 Mo 和 Ni 浸出到浸出液中，需要考虑到后续 Mo 和 Ni 的分离和提纯，现在从浸出液中分离提纯 Mo 和 Ni 的工艺主要有溶剂萃取法[99,100]、化学沉淀法[101-103]、离子交换法等[104,105]，而这些方法各有优缺点。而用草酸浸出时，在浸出过程中就实现了 Mo 和 Ni 的分离，特别是 Ni 以草酸镍的形式存在于浸出渣中，省去了后续分离 Mo 和 Ni 的步骤，可以大大降低工艺的难度和复杂程度。

经过综合考虑，因草酸联合双氧水对丙烯腈废催化剂有良好的浸出效果，并能极大地简化 Mo、Ni 的分离和提纯工艺，故本研究放弃了用柠檬酸联合双氧水浸出丙烯腈废催化剂中 Mo 和 Ni 的继续研究，并认为醋酸、草酸、柠檬酸这三种有机酸中，草酸是浸出丙烯腈废催化剂中 Mo 和 Ni 的最佳选择。

草酸联合双氧水浸出丙烯腈废催化剂中 Mo 和 Ni 的最佳工艺条件为：草酸浓度为 1.25mol/L，过氧化氢浓度为 0.20mol/L，浸出温度为 50℃，液固比为 20mL/g，浸出时间为 2.5h。达到最佳浸出条件时，99.73%的 Mo 浸出到溶液中，而 98.38%的 Ni 以草酸镍的形式残留在浸出渣中，在浸出过程中实现了 Mo 和 Ni 的分离。

在丙烯腈废催化剂样品最佳浸出剂及对应的最佳浸出条件下，如何从浸出液中回收钼、如何从浸出渣中回收镍成为难点。

（1）从浸出液中回收氧化钼的原理

在丙烯腈废催化剂样品最佳浸出剂及对应的最佳浸出条件下，其浸出液中的钼主要以草酸钼络合物的形式存在，为了回收提纯钼，首先要对浸出液进行破络处理。本实验采用强碱氢氧化钙乳液作为破络剂。浸出液中的草酸钼络合物会与氢氧化钙发生反应，从而生成钼酸钙和草酸钙沉淀。由于草酸钙不溶于稀硝酸，而钼酸钙易溶于酸，所以可以利用稀硝酸溶解钼酸钙与草酸钙共沉淀中的钼酸钙，得到硝酸钼和硝酸钙的混合溶液，过滤分离去除草酸钙沉淀。再向得到的滤液中加入氨水，可以将溶液中的钙转化成氢氧化钙沉淀，同时溶液中的钼将以钼酸铵的形式存在。过滤去除钙后，调节钼酸铵母液的 pH 值沉淀钼酸铵，将得到的多钼酸铵焙烧得到氧化钼粉末。从滤液中分离提纯钼酸铵并制备 MoO_3 的主要反应过程可由式（4.14）~式（4.18）表示[106]：

$$MoO_2C_2O_4 + 2Ca(OH)_2 \longrightarrow CaMoO_4\downarrow + CaC_2O_4\downarrow + 2H_2O \tag{4.14}$$

$$CaMoO_4 + 8HNO_3 \longrightarrow Ca(NO_3)_2 + Mo(NO_3)_6 + 4H_2O \tag{4.15}$$

$$Mo(NO_3)_6 + 8NH_4OH \longrightarrow (NH_4)_2MoO_4 + 6NH_4NO_3 + 4H_2O \tag{4.16}$$

$$4(NH_4)_2MoO_4 + 6HNO_3 \longrightarrow (NH_4)_2O \cdot 4MoO_3 \cdot 2H_2O\downarrow + 6NH_4NO_3 + H_2O \tag{4.17}$$

$$(NH_4)_2O \cdot 4MoO_3 \cdot 2H_2O + 3.5O_2 \longrightarrow 4MoO_3 + 6H_2O\uparrow + 2NO_2\uparrow \tag{4.18}$$

（2）从浸出液中回收氧化钼的方法

本实验从浸出液中分离和提纯钼酸铵并制备氧化钼的步骤主要分为：

① 向浸出液中逐滴加入过量的氢氧化钙乳液，并使用磁力搅拌器不断搅拌，直到完全沉淀；

② 真空抽滤，用去离子水洗涤滤饼 3 次，将滤饼转移到烧杯中，丢弃滤液；

③ 慢慢向烧杯中加入过量的 50%（体积分数）稀硝酸，用磁力搅拌器搅拌 20min，真空抽滤，保留滤液并丢弃草酸钙滤渣；

④ 将足量 50%（体积分数）的氨水加入滤液中，使溶液呈碱性，沉淀除去钙，并将

溶液中硝酸钼转化为钼酸铵；

⑤ 通过过滤获得滤液，向滤液中添加浓硝酸，蒸发浓缩，沉淀钼酸铵，并过滤得到其沉淀；

⑥ 若想得到更高纯度的钼酸铵，可重复步骤④和⑤；

⑦ 在450℃马弗炉内将钼酸铵焙烧3h得到氧化钼。

（3）结果与讨论

在步骤③的滤液中加入足量50%（体积分数）的氨水，使溶液pH值超过11[106]，将溶液中的硝酸钼转化成钼酸铵，与此同时溶液中的钙离子和其他杂质离子，如 Ni^{2+}、Fe^{3+}、Mg^{2+} 等，将生成沉淀被去除，过滤后将得到纯净的钼酸铵溶液；因为 Ni^{2+} 在浸出液中的含量仅仅为 1.62%左右，在此过程中与 Ca^{2+}、Fe^{3+}、Mg^{2+} 等杂质离子一起形成沉淀，不予考虑回收。

钼酸铵溶液在酸性条件下容易缩聚形成同多酸根离子，pH值越小，缩合度越大，继续反应可得到四钼酸铵、仲钼酸铵、八钼酸铵。用浓硝酸调节钼酸铵溶液的 pH 值至 2.0～2.5，温度为 50℃，此时溶液中的钼酸铵按照方程式（5.17）发生缩聚反应，得到四钼酸铵结晶[107,108]。

通过450℃下焙烧钼酸铵接近3h，浸出液中的钼最终以三氧化钼的形式被回收，产品氧化钼如图 4.17 所示（彩图见书后），纯度为 97.88%，丙烯腈废催化剂中 Mo 回收率约为 95%。产品氧化钼的元素分析见表 4.26。XRD 图谱见图 4.18，与三氧化钼的 JCPDSs（joint committee on powder diffraction standards）XRD 标准卡片高度吻合（JCPDSs65-2421）。

图 4.17　产品 MoO_3 粉末

表 4.26　产品 MoO_3 的纯度分析

元素	Mo	Ni	Fe	Bi	Mg	Zn	Cr	Pb	As
含量/%	65.67	0.025	0.004	0.005	—	<0.001	—	—	—

注：表中"—"表示该元素未检出。

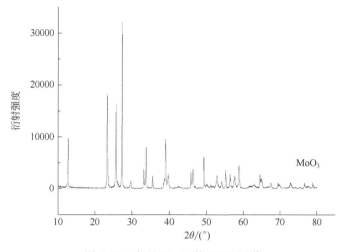

图 4.18　产品 MoO₃ 的 XRD 图谱

4.4.6　从草酸联合双氧水的浸出渣中回收草酸镍

（1）从浸出渣中回收草酸镍的原理

在丙烯腈废催化剂样品最佳浸出剂及对应的最佳浸出条件下，98.38%的 Ni 以草酸镍（NiC_2O_4）的形式残留在浸出渣中。鉴于 NiC_2O_4 能溶解于氨水并形成可溶性的蓝色草酸镍氨络合物[109-111]，而浸出渣中的杂质草酸盐，如 $Bi_2(C_2O_4)_3$、$Fe_2(C_2O_4)_3$、MgC_2O_4 等，不溶于氨水，所以可以利用草酸镍的这一特性从浸出渣中分离和提纯草酸镍。草酸镍在过量氨水溶液中形成的络合物的分子式可表示为 $2NiC_2O_4 \cdot NH_3 \cdot 6H_2O$ 或者 $NiC_2O_4 \cdot 2NH_3 \cdot 5H_2O$。经过充分反应后，过滤分离得到蓝色透明的草酸镍氨溶液。由于草酸镍氨不稳定，一旦受热，其中的氨容易挥发，草酸镍会再次析出，所以本实验通过加热滤液蒸发去除氨气，破除溶液中草酸镍氨络合物，逐渐析出绿色草酸镍，抽滤分离得到草酸镍滤饼，105℃烘干即得到纯净的草酸镍粉末。从滤渣中分离提纯草酸镍粉末的主要反应过程可由式（4.19）～式（4.22）表示：

$$NiC_2O_4 + NH_3H_2O + 5H_2O \longrightarrow NiC_2O_4 \cdot NH_3 \cdot 6H_2O \qquad (4.19)$$

$$NiC_2O_4 + 2NH_3H_2O + 3H_2O \longrightarrow NiC_2O_4 \cdot 2NH_3 \cdot 5H_2O \qquad (4.20)$$

$$2NiC_2O_4 \cdot NH_3 \cdot 6H_2O \longrightarrow 2NiC_2O_4 \cdot 2H_2O \downarrow + 2NH_3 \uparrow + 8H_2O \qquad (4.21)$$

$$NiC_2O_4 \cdot 2NH_3 \cdot 5H_2O \longrightarrow NiC_2O_4 \cdot 2H_2O \downarrow + 2NH_3 \uparrow + 3H_2O \qquad (4.22)$$

（2）从浸出渣中回收草酸镍的方法

本实验从滤渣中分离并提纯草酸镍粉末的步骤主要分为以下几步：

① 将浸出渣放入烧杯中，在室温下缓缓加入 50%（体积分数）氨水溶液，置于磁力搅拌器上搅拌 30min，使草酸镍与氨水充分反应；

② 将步骤①中的混合液进行抽滤，得到的滤渣用去离子水清洗 3 次，得到蓝色澄清透明的草酸镍氨络合物溶液，并将滤液转移至锥形瓶中；

③ 在溶液中加入几颗玻璃珠，将锥形瓶置于电热板上，加热并煮沸草酸镍氨络合物

溶液 30min 以上，直到锥形瓶中液体呈透明，并使用冷凝装置回收氨蒸发过程中蒸发的氨；

④ 将步骤③中的混合液进行抽滤，用去离子水清洗草酸镍滤饼 3 次，将所得的草酸镍粉末置于烘箱中，在 105℃下干燥 6h。

（3）结果与讨论

浸出渣中的草酸镍与烧杯中 50%（体积分数）的氨水溶液在搅拌过程中不断反应，生成草酸镍氨络合溶液，溶液渐渐由绿色转变为蓝色，如图 4.19 所示（彩图见书后），搅拌时间不少于 30min，至溶液蓝色不再变深，即认为浸出渣中的草酸镍已与氨水充分反应生成草酸镍氨络合溶液。

图 4.19　浸出渣与氨水反应生成草酸镍氨络合溶液的过程

用电热板煮沸草酸镍氨络合溶液，溶液中的草酸镍氨络合物受热分解成草酸镍和氨气，其中氨气从溶液中挥发，草酸镍则形成绿色沉淀，锥形瓶中的蓝色透明液体逐渐变绿，最后变成无色透明，锥形瓶底部为绿色的草酸镍，如图 4.20 所示（彩图见书后）。将过滤得到的草酸镍滤饼于烘箱中在 105℃的条件下烘干 6h，得到草酸镍粉末，如图 4.21 所示（彩图见书后）。

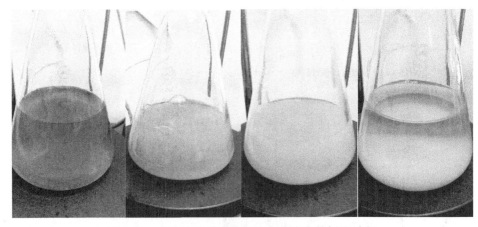

图 4.20　草酸镍从草酸镍氨络合溶液中的析出过程

图 4.21　草酸镍滤饼和产品草酸镍

对产品草酸镍进行元素分析，分析结果见表 4.27，也对产品草酸镍进行了 X 射线衍射分析，XRD 图谱见图 4.22，与草酸镍的 JCPDSs（joint committee on powder diffraction standards）XRD 标准卡片高度吻合（JCPDSs25-0582），说明实验得到的是高纯度的草酸镍。丙烯腈废催化剂中约 97% 的 Ni 以草酸镍的形式被回收，纯度为 99.91%。

表 4.27　产品 NiC_2O_4 的纯度分析

元素	Mo	Ni	Fe	Bi	Mg	Zn	Cr	Pb	As
含量/%	—	39.97	0.015	0.021	<0.001	<0.001	—	—	—

注：表中"—"表示该元素未检出。

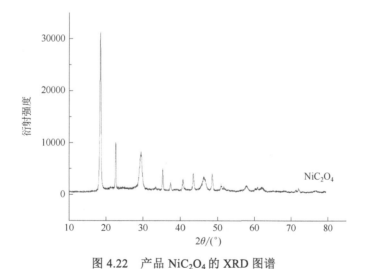

图 4.22　产品 NiC_2O_4 的 XRD 图谱

4.4.7　从丙烯腈废催化剂中回收钼和镍的工艺流程

通过对丙烯腈废催化剂资源化途径的研究，提出了一种利用酸性氧化浸出-化学沉淀相结合的方法从丙烯腈废催化剂中回收 MoO_3 和 NiC_2O_4 的纯湿法工艺，完整的工艺流程见图 4.23。

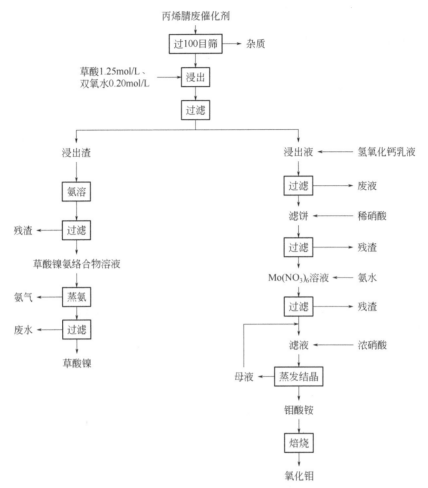

图 4.23　从丙烯腈废催化剂中回收钼和镍的工艺流程

本工艺利用酸性氧化浸出-化学沉淀相结合的方法，具有如下优点：a. 能耗低，污染少，环境友好；b. 工艺流程简单，对设备要求低；c. 金属回收率较高，产品纯度高，具有较好工业化前景。

4.4.8　石油化工废催化剂中金属回收评价

① 单纯利用醋酸、草酸、柠檬酸作为浸出剂浸出丙烯腈废催化剂中的 Mo 和 Ni 时，浸出率均不佳，特别是用醋酸浸出时 Mo 和 Ni 的浸出率都低于 25%，而双氧水的加入能显著提高浸出率。利用醋酸和柠檬酸作为浸出剂时，丙烯腈废催化剂中的 Mo 和 Ni 都被浸出到浸出液中，而考虑到用草酸浸出时，在浸出过程中就实现了 Mo 和 Ni 的分离，并认为浸出丙烯腈废催化剂中的 Mo 和 Ni 的最佳浸出剂为 1.25mol/L 草酸联合 0.20mol/L 的双氧水，

其最佳浸出条件是：浸出温度为 50℃，液固比为 20mL/g，浸出时间为 2.5h。该条件下，Mo 的浸出率为 99.73%，98.38%的 Ni 以草酸镍的形式残留在浸出渣中。

② 在丙烯腈废催化剂样品最佳浸出剂及对应的最佳浸出条件下，对于用草酸联合双氧水浸出丙烯腈废催化剂的浸出液，经过分离和提纯，浸出液中的钼最终以三氧化钼的形式被回收，纯度为 97.88%，Mo 回收率约 95%；对于用草酸联合双氧水浸出丙烯腈废催化剂的浸出渣，从浸出渣中分离提纯得到的草酸镍纯度为 99.91%，Ni 回收率约 97%。

4.5 结语

① 石油化工催化剂主要包括丙烯腈催化剂、聚烯烃催化剂（包括聚乙烯催化剂和聚丙烯催化剂）、长链烷烃脱氢催化剂、乙苯脱氢制苯乙烯催化剂、甲苯歧化和烷基化转移系列、二甲苯临氢异构化催化剂、乙烯氧化制环氧乙烷催化剂 7 大类。在综述了各种石油化工催化剂催化原理和催化剂组成的基础上，明确了各种催化剂应用的典型工艺，并分析了各种催化剂中毒或失活的主要原因。

② 根据文献数据，每消费 1t 原油会产生 0.05kg 石化废催化剂。根据我国每年的石油消耗量，可以估算出当年的石化行业废催化剂的总产量。截至 2019 年年底，我国石化废催化剂的产量为 9.55 万吨。预计到 2022 年年底，我国石油化工废催化剂的产量为 12.3 万吨。

③ 石油化工废催化剂既有 NiO、Cr_2O_3、Pb、As 等有毒有害物质，也有 Pt、Pd、Ag 等稀贵金属和其他金属。对回收价值较高的石油化工废催化剂，应回收其中的贵金属和其他金属，而回收利用后剩余的残渣和回收价值低的废催化剂则需要进行稳定化和无害化处理，以降低有害成分浸出的可能性。

④ 对取自中石化的丙烯腈、甲苯歧化和烷基化三类典型的石油化工废催化剂样品，进行了成分分析及重金属的浸出浓度测定。测定结果表明，根据《危险废物鉴别标准 浸出毒性鉴别》（GB 5085.3—2007），两个丙烯腈废催化剂样品均可判定为具有浸出毒性特征的危险废物；而甲苯歧化和烷基化废催化剂样品的浸出液中重金属的含量都低于浸出毒性鉴别标准值，据此认为甲苯歧化和烷基化废催化剂不具有浸出毒性。

⑤ 根据 Hankanson 生态危害指数评价方法，丙烯腈废催化剂中单种重金属的潜在环境生态风险系数（Ei）的顺序为 As＞Ni＞Hg＞Cr＞Cu＞Zn，其中 As、Ni 的单因子生态风险系数 Ei 达到严重等级，两个丙烯腈废催化剂样品的综合生态风险也属于严重等级，因此在处置丙烯腈废催化剂前必须先进行无害化处理。

⑥ 单纯利用醋酸、草酸、柠檬酸作为浸出剂浸出丙烯腈废催化剂中的 Mo 和 Ni 时，浸出率均不佳，特别是用醋酸浸出时 Mo 和 Ni 的浸出率都低于 25%，而双氧水的加入能显著提高浸出率。利用醋酸和柠檬酸作为浸出剂时，丙烯腈废催化剂中的 Mo 和 Ni 都被浸出到浸出液中，而考虑到用草酸浸出时，在浸出过程中就实现了 Mo 和 Ni 的分离，并认为浸出丙烯腈废催化剂中的 Mo 和 Ni 的最佳浸出剂为 1.25mol/L 草酸联合 0.20mol/L 的双氧水，其最佳浸出条件是：浸出温度为 50℃，液固比为 20mL/g，浸出时间为 2.5h。该条件下，

Mo 的浸出率为 99.73%, 98.38%的 Ni 以草酸镍的形式残留在浸出渣中。在丙烯腈废催化剂样品最佳浸出剂及对应的最佳浸出条件下,对于用草酸联合双氧水浸出丙烯腈废催化剂的浸出液,经过分离和提纯,浸出液中的钼最终以三氧化钼的形式被回收,纯度为 97.88%, Mo 回收率约为 95%;对于用草酸联合双氧水浸出丙烯腈废催化剂的浸出渣,从浸出渣中分离提纯得到的草酸镍纯度为 99.91%, Ni 回收率约为 97%。

参考文献

[1] 郑铁年. 浅谈我国炼油和石油化工催化剂的研制与发展[J]. 石油化工, 1996(11): 806-810.

[2] 王梓芳, 徐祖训. 我国石油化工催化剂工业现状与展望[J]. 精细石油化工, 1990(2): 57-60.

[3] 顾政. 丙烯腈催化剂的工业应用与发展[J]. 江苏化工, 2005, 33(3): 55-58.

[4] 聂大仕, 张强, 陈章茂. 丙烯腈的研究与应用进展[J]. 化学工业与工程技术, 2005, 26(2): 35-36.

[5] 肖春芳, 张帆, 张力明, 等. 丙烯腈生产工艺及催化剂研究进展[J]. 石油化工设计, 2009, 26(2): 66-68.

[6] 刘秀庆, 许素敏. 65#丙烯腈废催化剂综合回收的研究[J]. 无机盐工业, 2002, 34(5): 35-36.

[7] 姜家乐, 范永华, 杨斌, 等. Fe^{3+} 的还原对丙烯腈催化剂活性的影响[J]. 石油炼制与化工, 2010, 41(11): 27-31.

[8] 刘显圣, 吕崇福, 孙颖, 等. 聚乙烯催化剂研究进展[J]. 精细石油化工进展, 2013, 14(6): 23-37.

[9] 刘兴旺, 王天江, 姜文德, 等. 三种钛系催化剂在高密度聚乙烯装置上的应用[J]. 石油炼制与化工, 2005(4): 27-30.

[10] 任红, 达建文, 严婕, 等. 气相法铬系聚乙烯催化剂 QCP-01 的改进[J]. 工业催化, 1998, 27(5): 22-25.

[11] 赵增辉, 方宏, 赵成才, 等. 钒系聚乙烯催化剂的聚合性能[J]. 合成树脂及塑料, 2012, 29(5): 10-12.

[12] 郭子方, 张敬梅, 陈伟, 等. 新型高效淤浆工艺聚乙烯催化剂的制备及其催化性能[J]. 石油化工, 2005, 34(9): 840-843.

[13] 姜进宪, 王嬉. 聚乙烯催化剂和生产技术进展[C]. "青岛软控"杯全国橡塑技术与市场研讨会暨中国橡塑行业高峰论坛, 2005.

[14] 吕国林, 张明. 聚乙烯生产技术比较与选择[J]. 石化技术与应用, 2003, 21(3): 190-195.

[15] 刘兴旺, 王奎元. 高密度聚乙烯聚合反应中杂质的影响及消除方法[J]. 石油炼制与化工, 1995(1): 17-21.

[16] 李义君, 高岩. 国内外聚丙烯催化剂的研究进展[J]. 辽宁化工, 2007, 36(10): 705-707.

[17] 石继红, 梁万军, 甄少柯. 聚丙烯生产用催化剂评述[J]. 河南化工, 2000(7): 30-32.

[18] 曹亚祥, 张景. CS-II 及 DQ-IV 型催化剂在聚丙烯生产装置中的应用研究[J]. 化工技术与开发, 2010, 39(9): 16-17.

[19] 刘新元, 白玮, 何维华, 等. 国产催化剂用于 PPR 工业化开发[J]. 当代化工, 2008, 37(6): 620-623.

[20] 曾铮, 胡冰洁, 刘慧杰, 等. 聚丙烯生产工艺技术进展[J]. 化工时刊, 2012, 26(7): 49-53.

[21] 逯云峰, 孙国文, 蒋荣. 聚丙烯原料杂质对聚合的影响及净化技术的发展[J]. 四川化工, 2005, 8(6): 24-27.

[22] 冯续. 聚丙烯工艺中原料丙烯的净化[C]. 全国气体净化技术交流会, 2008.

[23] 李丽英. 丙烯原料对催化剂活性的影响及聚丙烯装置系统改造[J]. 现代化工, 2012, 32(11): 81-83.

[24] 陈志祥. 长链正构烷烃脱氢催化剂的初步研究[D]. 北京: 中国石油化工科学研究院, 1998.

[25] 裴鸿. 中国日用化学工业研究院简介[J]. 中国洗涤用品工业, 2009(6): 36-37.

[26] 何松波, 赖玉龙, 毕文君, 等. K 助剂对 Pt-Sn-K/γ-Al_2O_3 催化剂上 C_{16} 正构烷烃脱氢反应的影响[J]. 催化学报, 2010, 31(4): 435-440.

[27] 姜天英, 王斌, 戴锡海, 等. 长链烷烃脱氢催化剂的失活与再生处理技术进展[J]. 当代化工, 2005, 34(2): 127-129.

[28] 刘君霞, 王华江. 乙苯脱氢制苯乙烯催化剂的研究及工业化前景[J]. 黑龙江科技信息, 2008(32): 17.

[29] 王基铭. 石油化工技术进展[M]. 北京: 中国石化出版社, 2002.

[30] 尤景红. 苯乙烯生产技术对比[J]. 沈阳工程学院学报:自然科学版, 2010, 6(2): 185-188.

[31] 李皓巍, 金月昶, 金熙俊. 苯乙烯现状及工艺技术[J]. 当代化工, 2012(9): 986-989.

[32] 顾松园. 苯乙烯生产技术进展[J]. 化学世界, 2006, 47(10): 622-625.

[33] 王丽娟. 主要石油化工催化剂的研发进展[J]. 石油化工, 2012, 41(6): 719-727.

[34] 高滋. 沸石催化与分离技术[M]. 北京: 中国石化出版社, 2009.

[35] 中国石油化工总公司. 抚顺石化公司石油三厂催化剂厂——产品简介[J]. 石油炼制与化工, 1992(9): 2, 71-76.

[36] 路守彦. 对二甲苯工艺技术与生产[J]. 石化技术, 2012(2): 62-65.

[37] 蒙根, 孔德金, 祁晓岚, 等. 甲苯歧化与烷基转移催化剂的失活机理[C]. 中国化工学会 2010 年石油化工学术年会, 2010.

[38] 高枫. 世界对二甲苯扩能态势强劲[J]. 中国石油和化工经济分析, 2007(13): 38-43.

[39] 王建伟, 桂寿喜, 景振华. 二甲苯异构化催化剂的研究进展[J]. 化工进展, 2004, 23(3): 244-247.

[40] 孔德金, 杨为民. 芳烃生产技术进展[J]. 化工进展, 2011, 30(1): 16-25.

[41] 王新星, 李大鹏, 崔楼伟, 等. C$_8$芳烃临氢异构化催化剂研究进展[J]. 工业催化, 2012, 20(5): 1-8.

[42] 曾庆复. 3814 系列二甲苯临氢异构化催化剂[J]. 辽宁化工, 1988(4):72-79.

[43] 徐国斌, 王洪涛, 乔映宾, 等. SKI-300 型二甲苯异构化催化剂的工业应用[J]. 石油化工, 1988(8): 513-518.

[44] 杨纪, 施大鹏. SKI-400 型 C$_8$芳烃异构化催化剂的工业应用[J]. 炼油技术与工程, 2005, 35(4): 30-33.

[45] 吴奎华, 戴厚良, 桂寿喜, 等. SKI-400-40 型 C$_8$芳烃异构化催化剂的工业应用[J]. 石油炼制与化工, 2000, 31(12): 5-7.

[46] 燕丰. 环氧乙烷生产技术进展及市场分析[J]. 精细化工原料及中间体, 2009(2): 33-37, 24.

[47] 唐永良. 环氧乙烷生产工艺的改进[J]. 化学工程, 2006, 34(9): 75-78.

[48] 李小定, 吕小琬, 李耀会, 等. 石油化工行业应用催化剂的现状[J]. 化学与生物工程, 1996(4): 11-13.

[49] 朱洪法. 石油化工催化剂基础知识[M]. 北京: 中国石化出版社, 1995.

[50] 柴国梁. 催化剂工业生产消费现状与发展趋势(下)[J]. 上海化工, 2007,32(2): 49-52.

[51] 刘昆, 王涛, 潘德满. 工业应用失活与再生加氢催化剂研究[J]. 辽宁化工, 2007, 36(12): 807-809.

[52] 高艳玲. 固体废物处理处置与资源化[M]. 北京: 高等教育出版社, 2007.

[53] 王德义, 于江龙, 谭业花. 工业废催化剂的回收利用与环境保护[J]. 再生资源研究, 2006(4): 27-30.

[54] 荣峻峰, 景振华, 石勤智, 等.NT-1 型高效乙烯聚合催化剂的工业试用[J]. 石油炼制与化工, 2004, 35(10): 9-12.

[55] 方基敬, 卢振鹏. 长链正构烷烃脱氢铂、锡、锂高效催化剂的研究[J]. 精细化工, 1985(4): 27-30.

[56] 尾崎萃. 催化剂手册[M]. 北京: 化学工业出版社, 1982.

[57] 吴嘉武, 毛锡昌, 严爱珍, 等. 醋酸乙烯 CT-2 型催化剂使用寿命的预测[J]. 工业催化, 1993(1): 43-48.

[58] 李苹, 冯良荣, 李子健, 等. 乙炔法气相合成醋酸乙烯催化剂的研究综述[J]. 海南大学学报:自然科学版, 2006, 24(4): 355-360.

[59] 马成兵. 含钼、镍、铋、钴废催化剂综合回收的实验研究[J]. 中国钼业, 2007(5): 23-25.

[60] 张方宇, 姜东, 王海翔, 等. 从铂锡废催化剂中回收铂的工艺研究[J]. 湿法冶金, 1992(2): 4-6.

[61] 杨茂才, 孙尊庭, 周杨霁, 等. 从含 Pt 废催化剂回收 Pt、Al 的新工艺[J]. 贵金属, 1996(3): 20-24.

[62] 朱水清, 王武州, 张建红. 用混合氧化法浸出 CT-2 废催化剂中的金、钯[J]. 金山油化纤, 2000(2): 26-27, 49.

[63] 李雷, 尹伟, 彭金辉, 等. 醋酸乙烯合成用废催化剂提锌新工艺研究[J]. 金属矿山, 2007(4): 85-88.

[64] 张皓东, 谢刚, 董占能, 等. 废醋酸锌催化剂回收醋酸锌工艺研究[J]. 云南环境科学, 2004(S2): 157-158.

[65] 邵延海, 冯其明, 欧乐明, 等. 从废催化剂氨浸渣中综合回收钒和钼的研究[J]. 稀有金属, 2009, 33(4): 606-610.

[66] 谢丽芳. 从含锌废催化剂中回收锌的工艺研究[D]. 长沙: 中南大学, 2012.

[67] 陈予宏, 李怿. 石油化工固体废弃物有害特性试验的研究[J]. 石油炼制与化工, 2000, 31(9): 50-53.

[68] 王金利, 刘洋. 国内废催化剂中铂的回收及提纯技术[J]. 化学工业与工程技术, 2011, 32(1): 20-24.

[69] 于泳, 彭胜, 严加才, 等. 铂族金属催化剂的回收技术进展[J]. 河北化工, 2011, 34(2): 50-55.

[70] Júnior S G B, Afonso J C. Processing of spent platinum-based catalysts via fusion with potassium hydrogenosulfate[J]. Journal of Hazardous Materials, 2010, 184(1/3): 717-723.

[71] 杜欣, 张晓文, 周耀辉, 等. 从废催化剂中回收铂族金属的湿法工艺研究[J]. 中国矿业, 2009, 18(4): 82-85.

[72] 薛小梅, 刘利. 废催化剂中贵重金属回收的研究进展[J]. 辽宁化工, 2009, 38(11): 802-804.

[73] Jafarifar D, Daryanavard M R, Sheibani S. Ultra fast microwave-assisted leaching for recovery of platinum from spent catalyst[J]. Hydrometallurgy, 2005, 78(3/4): 166-171.

[74] Niemelä M, Pitkäaho S, Ojala S, et al. Microwave-assisted aqua regia digestion for determining platinum, palladium, rhodium and lead in catalyst materials[J]. Microchemical Journal, 2012, 101(3): 75-79.

[75] Nejad H H, Kazemeini M. Optimization of platinum extraction by trioctylphosphine oxide in the presence of alkaline-metal salts[J]. Procedia Engineering, 2012, 42: 1302-1312.

[76] Das A, Ruhela R, Singh A K, et al. Evaluation of novel ligand dithiodiglycolamide (DTDGA) for separation and recovery of palladium from simulated spent catalyst dissolver solution[J]. Separation & Purification Technology, 2014, 125(14): 151-155.

[77] 赵卫星, 王小东, 方绪毅, 等. 从废钯/炭催化剂中回收金属钯[J]. 化工环保, 2012, 32(6): 542-544.

[78] 王明, 戴曦, 邬建辉, 等. 烧结-溶出法从废催化剂中回收铂[J]. 贵金属, 2011, 32(4): 6-10.

[79] 杨志平, 唐宝彬, 陈亮. 常温柱浸法从废催化剂中回收钯[J]. 湿法冶金, 2006, 25(1): 36-38.

[80] 王仁祺, 戴铁军. 从废催化剂中回收钼的研究进展[J]. 金属矿山, 2012, 41(4): 163-167.

[81] 李艳荣, 龚卫星, 黄燕飞. 废镍钼催化剂低温焙烧常压碱浸试验研究[J]. 中国资源综合利用, 2013, 31(1): 19-22.

[82] Pradhan D, Patra A K, Kim D J, et al. A novel sequential process of bioleaching and chemical leaching for dissolving Ni, V, and Mo from spent petroleum refinery catalyst[J]. Hydrometallurgy, 2013, 131 (1): 114-119.

[83] Bharadwaj A, Ting Y P. Bioleaching of spent hydrotreating catalyst by acidophilic thermophile *Acidianus brierleyi*: leaching mechanism and effect of decoking[J]. Bioresource Technology, 2013, 130(1): 673-680.

[84] 陈云, 冯其明, 张国范, 等. 废铝基催化剂综合回收现状与发展前景[J]. 金属矿山, 2005(7): 55-58.

[85] 廖秋玲, 张侠, 王秋萍. 废铂重整催化剂中铝的综合利用工艺研究[J]. 中国资源综合利用, 2012, 30(11): 22-25.

[86] 冯其明, 陈云, 邵延海, 等. 废铝基催化剂综合利用新工艺研究[J]. 金属矿山, 2005(12): 65-69.

[87] 吴平. 利用废催化剂铝渣研制水处理剂[J]. 石油化工技术与经济, 2010,26(1): 30-33.

[88] 孙锦宜. 废催化剂回收利用[M]. 北京: 化学工业出版社, 2001.

[89] Schreiber R J, Yonley C. The use of spent catalysts as a raw material substitute in cement[C]. Preprints ACS 205th National Meeting, Denver, USA, 1993.

[90] Aung K M M, Yen P T. Bioleaching of spent fluid catalytic cracking catalyst using *Aspergillus niger*[J]. Journal of Biotechnology, 2005, 116(2): 159-170.

[91] Bu L, Wang K, Zhao Q L, et al. Characterization of dissolved organic matter during landfill leachate treatment by sequencing batch reactor, aeration corrosive cell-Fenton, and granular activated carbon in series[J]. Journal of Hazardous Materials, 2010, 179(1/3): 1096-1105.

[92] Moravia W G, Amaral M C S, Lange L C. Evaluation of landfill leachate treatment by advanced oxidative process by Fenton's reagent combined with membrane separation system[J]. Waste Management, 2013, 33(1): 89-101.

[93] 陈坚林. 从辅助走向主导: 计算机外语教学发展的新趋势[J]. 外语电化教学, 2005(4): 9-12.

[94] Huang Z Y, Xie H, Cao Y L, et al. Assessing of distribution, mobility and bioavailability of exogenous Pb in agricultural soils using isotopic labeling method coupled with BCR approach[J]. Journal of Hazardous Materials, 2014,26(6): 182-188.

[95] Kerolli-Mustafa M, Fajkovic H, Roncevic S, et al. Assessment of metal risks from different depths of jarosite tailing waste of Trepca Zinc Industry, Kosovo based on BCR procedure[J]. Journal of Geochemical Exploration, 2015,14(8): 161-168.

[96] 竹斌耀, 柳建设, 祝爱兰, 等. 丙烯腈废催化剂中铋和镍的浸出分离研究[J]. 矿冶工程, 2014, 34(6): 70-75.

[97] Arvin E, Pedersen L F. Hydrogen peroxide decomposition kinetics in aquaculture water[J]. Aquacultural Engineering, 2015, 64: 1-7.

[98] Zebardast H R, Rogak S, Asselin E. Kinetics of decomposition of hydrogen peroxide on the surface of magnetite at high temperature[J]. Journal of Electroanalytical Chemistry, 2013, 70(5):30-36.

[99] Park K H, Kim H I, Parhi P K, et al. Extraction of metals from Mo-Ni/Al₂O₃ spent catalyst using H₂SO₄ baking-leaching-solvent extraction technique[J]. Journal of Industrial and Engineering Chemistry, 2012, 18(6): 2036-2045.

[100] Banda R, Sohn S H, Lee M S. Process development for the separation and recovery of Mo and Co from chloride leach liquors of petroleum refining catalyst by solvent extraction[J]. Journal of Hazardous Materials, 2012, 213: 1-6.

[101] Huang S B, Zhao Z W, Chen X Y, et al. Alkali extraction of valuable metals from spent Mo-Ni/Al₂O₃ catalyst[J]. International Journal of Refractory Metals & Hard Materials, 2014, 46:109-116.

[102] Li J T, Zhao Z W, Cao C F, et al. Recovery of Mo from Ni-Mo ore leach solution with carrier co-precipitation method[J]. International Journal of Refractory Metals & Hard Materials, 2012, 30(1): 180-184.

[103] Huang S B, Zhao Z W. Purification of nickel solution obtained from leaching of Ni-Mo ore by chemical precipitation[J]. Canadian Metallurgical Quarterly, 2014, 53(2): 199-206.

[104] Lu X Y, Huo G S, Liao C H. Separation of macro amounts of tungsten andmolybdenum by ion exchange with D309 resin[J]. Transactions of Nonferrous Metals Society of China, 2014, 24(9): 3008-3013.

[105] Wang M Y, Jiang C J, Wang X W. Adsorption behavior ofmolybdenum onto D314 ion exchange resin[J]. Journal of Central South University, 2014, 21(12): 4445-4449.

[106] Kar B B, Datta P, Misra V N. Spent catalyst: secondary source formolybdenum recovery[J]. Hydrometallurgy, 2004, 72(1/2): 87-92.

[107] 凌凤香, 孙万付, 张喜文, 等. Method for recycling high purity molybdenum from molybdenum-containing spent catalyst: CN, 101435027B[P]. 2010.

[108] 邢楠楠, 邓桂春. 低品位钼矿制备钼酸盐的研究[J]. 黄山学院学报, 2010, 12(3): 32-34.

[109] 陈飞, 彭淑静, 方文博, 等. 镍氨络合沉淀法制备纤维状草酸镍氨复盐粉体[J]. 粉末冶金技术, 2015, 33(6): 449-454.

[110] 赵明, 刘艳丽, 杨长春. 纤维状复杂草酸镍盐制备新工艺研究[J]. 郑州大学学报:理学版, 2012, 44(2): 98-101.

[111] Zhang C F, Zhan J, Wu J H, et al. Preparation and characterization of fibrous NiO particles by thermal decomposition of nickelous complex precursors[J]. Transactions of Nonferrous Metals Society of China, 2004, 14(4): 713-717.

第 **5** 章

化工行业典型废催化剂
污染管理与资源化

化工产业是我国的重要支柱产业，它的发展与我国国民生产的发展息息相关。在化工生产过程中使用了大量种类繁多的工业催化剂，其中许多含有重金属等有毒有害物质，并在化工生产中不可避免地累积了各类有害副产物，对其的产生量及污染特征和风险研究亟待开展。本章将在基本有机化工、精细化工、化肥和碳一化工和基本无机化工等多个行业对化工产业进行总体生产现状和代表性化学品产量分析，对期间产生的化工行业废催化剂产量和污染特性进行表述和总结。

5.1　概论

5.1.1　化工行业催化剂的重要性

催化剂在化学产业中起着十分重要的作用，90%的涉及化学工艺的过程需要使用催化剂，85%的工业化学产品是通过催化过程生产的。在发达国家中，催化技术对于 GDP 的直接或间接贡献高达 20%～30%，催化技术也是我国化学工业的关键技术核心。

催化作用是现代化学工业的基础。许多重要的石化过程，如果没有催化剂，其化学反应速率很慢甚至根本无法进行工业生产。事实上，催化剂已在各个化学工业领域得到了广泛应用。据统计，现代燃料工业和化学工业中，有超过 80%的生产采用了催化工艺，1985—1995 年，世界范围内化工催化剂每年消耗量从 8.4 万吨增加到 30.6 万吨，呈快速上升趋势，且催化剂在新开发产品中采用的比例高于传统产品。

先进的催化技术产生的经济效益十分可观。一方面，使用合适的催化剂可以加快化学反应的速率，扩大自然资源的开发，促进技术创新，大大降低产品成本，提高产品质量，并且能够合成其他方法无法生产的产品。因此，催化剂对提高工业经济效益的间接作用是不可估量的。另一方面，与相关产品相比，无论在数量还是价值上，催化剂的比例都非常小。根据美国 1984 年的统计，1 美元的石油和石化催化剂可以生产 195 美元的产品。

催化技术已成为化工过程发展和技术进步的动力，在化工过程发展和技术进步中发挥着重要作用，主要表现在以下几方面：
① 使用新型催化剂改进原有的催化过程，提高其转化率和选择性；
② 简化工艺流程，减少反应步骤；
③ 缓和操作条件，降低反应的压力和温度；
④ 改变原材料路线，采用多样化、廉价的原材料；
⑤ 实现清洁生产[1,2]。

5.1.2　废催化剂的产生原因

工业催化剂在经过一定时间的使用之后，催化活性、反应转化率和选择性不断下降，无法在工业生产中继续使用，最终形成大量的废催化剂。导致其失活的原因可能有以下几种。

（1）催化剂中毒

催化剂中毒是指由于某些物质对催化剂有有害作用而破坏催化剂效率的现象。这些物质通常是反应原材料中引入的杂质，或催化剂本身含有的杂质在反应条件下与催化剂作用的结果。反应产物（或副产物）本身也可能使催化剂中毒。催化剂中毒的原理大概有两种，一种是毒物因为强烈化学吸附，而覆盖在催化剂的活性中心上，导致活性中心浓度的减少；另一种是毒物通过与构成活性中心的物质发生化学反应而变成非活性物质。根据毒物与催化剂表面的相互作用程度，可分为暂时中毒和永久中毒。前者结合松散，易于去除；后者是紧密绑定的，无法移除。

（2）炭沉积

炭沉积是指在催化剂使用过程中，在催化剂表面逐渐沉积一层含碳化合物，从而减少可用表面积并导致催化活性下降。因此，积炭也可被视为副产品中毒。炭沉积的机理是在催化作用中基质经脱氢-聚合而形成了非挥发性高聚合物，它们可以进一步脱氢而形成低氢的焦炭状物质，或在低温下发生聚合，形成树脂状物质。

（3）烧结

催化剂的活性主要取决于其化学成分，但催化剂的内表面积和活性金属的分散也对活性有很大影响。一般来说，活性往往随比表面积的变化而变化。在高温下，较小的固体催化剂颗粒可以再结晶成较大的颗粒。这种现象称为烧结。烧结是一个非常复杂的过程，它会降低比表面积，减少或消除晶格缺陷。

（4）化合形态及化学组成变化

催化剂的组合形式和化学成分在使用过程中经常发生变化。这种变化可能由以下两个原因引起：

① 原料和反应物中混合的杂质，或反应产物本身与催化剂反应；

② 受加热或周围气氛的影响，催化剂的表面成分会发生改变，例如催化剂的活性组分升华、杂质或毒物堵塞催化剂的孔隙等。

（5）形状结构变化

在催化剂使用过程中，由于各种因素，催化剂外形、粒度分布、活性组分负载状态以及机械强度等会发生变化。原因可能如下：

① 由于急冷、急热或其他机械作用，会导致催化剂被破坏或强度降低；

② 污塞会导致催化剂形态结构发生变化；

③ 由于在催化剂形成过程中添加的黏合剂挥发和劣化，会降低颗粒之间的黏附力。

针对以上催化剂失活的原因，工业上已经采取了大量防止失活和催化剂再生等措施，尽量延长催化剂的使用寿命，但随着我国化工行业规模的不断扩大，最终仍不可避免地将产生大量废催化剂。对此，我国面临着极为严峻的形势：以石化企业为例，目前中国催化裂化能力仅次于美国，为世界第二位，每年仅由此而报废的流化裂化催化剂就超过 10 万吨；除此之外，全球每年还约有 1/5 的废催化剂通过各种渠道进入我国[2]。

5.2 化工行业废催化剂的危害

5.2.1 废催化剂的危害成分

化工行业废催化剂的活性组分一般为多种贵金属、重金属以及稀土金属，如铂（Pt）、钯（Pd）、钌（Ru）、铑（Rh）、铱（Ir）、锇（Os）、钴（Co）等；此外其在使用过程中也可能富集大量生产原料中的有害物质，如气态烃脱砷废催化剂含有高浓度砒霜、空气氨氧化废催化剂含有氰化物、天然气脱汞废催化剂含有汞、催化裂化废催化剂含有镍（Ni）、钒（V）等。若不加处置，其中的有害物质会被雨水冲走，造成水体污染或土壤和植被的破坏；同时，一些废催化剂在阳光下会释放出挥发性有机化合物（VOCs）和其他有害气体，并会增加空气中总悬浮物（TSP）含量。以上污染物中，重金属对人体健康和环境危害较大，污染物种类繁多，持续时间长，值得特别关注。

5.2.2 我国重金属污染现状

自 2005 年来，我国发生了多起重金属污染事件，目前，受镉、砷、铬、铅等重金属污染的耕地面积近 2000 万公顷，约占总耕地面积的 1/5。此外，国内地表水和食品也受到重金属不同程度的污染。例如。2008 年我国发生了五起砷污染事件，包括贵州独山县、湖南辰溪县、广西河池、云南阳宗海、河南大沙河。自 2009 年 8 月以来，陕西凤翔儿童血铅超标、湖南浏阳镉污染及山东临沂砷污染事件相继发生。2010 年 1 月 1 日的广东清远儿童血铅超标事件和 1 月 3 日的江苏盐城大丰市儿童"血铅事件"的发生，使国内重金属污染事件再次受到关注和讨论，2010 年 2 月，重金属污染事件被确定为全国生态文明建设十大负面事件之首。2014 年湖南衡阳有 300 余名儿童血铅超标，调查发现当地土壤铅污染严重。2019 年云南省昭通市发现了近百吨"镉大米"，涉及的 7 家生产企业已被立案调查。

5.2.3 废催化剂中重金属污染特征

重金属通常以极其低的浓度在自然界中广泛存在，然而，由于人类对重金属的开采、冶炼和使用逐渐增加，工业废催化剂等介质中的重金属广泛进入大气、水、土壤等环境介质中，并在动植物体内产生富集，对人体健康造成严重威胁，如图 5.1 所示。

化工废催化剂中的重金属在装卸、运输、堆放、处理处置过程中，会通过多种途径进入环境介质，然后通过与人体皮肤接触和人体呼吸进入体内，它们也可以通过富集在环境介质中的动植物体内，经食物链进入人体，给人体造成极大的危害[3,4]。

重金属对水体的污染是指重金属进入水体后，水体水质、底泥的化学性质和生物种群

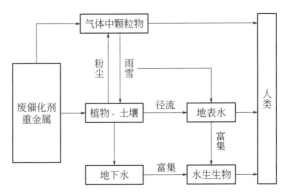

图 5.1 废催化剂中重金属在环境介质中的迁移过程

形态结构发生变化，并危害人体健康的现象。当重金属进入水体生态系统时，会影响其组成部分，当重金属积累到一定量时，生物体的生长发育会出现症状甚至死亡，进而破坏整个水体生态系统的结构。进入生物体内的重金属最终会通过食物链而富集在人体内，当重金属在人体内积累到一定程度时，人体就会出现中毒症状，严重时可导致死亡。

重金属对土壤的危害是常见且难以检测的。一般来说，只有当植物进入食物链并积累到一定程度时，这一点才会得到反映。重金属在土壤中的积累在一定程度上会引起土壤结构和功能的变化，受到污染的土壤难以恢复。重金属进入土壤造成的危害主要包括三个方面：污染水体和大气、危害土壤微生物和危害农作物。

空气污染因其范围广、接触面积大，对环境生态系统的影响最大。一般来说，大气中重金属的危害主要包括四个方面：一是污染土壤和水；二是增加空气污染程度；三是危害环境中的植物；四是危害人类健康。大气中含有重金属的颗粒物可以通过湿沉降作用转移到地表土壤和地表水体中，造成土壤和水体的二次污染，并通过一定的生化效应将重金属转移到动植物中。重金属污染物进入大气后，会在大气中产生一系列化学转化，并催化许多化学物质的氧化以及大气有机物的光化学反应，产生二次空气污染物，从而影响大气污染物的转化过程。

5.2.4　典型高风险化工废催化剂

气态烃脱砷废催化剂是一种典型的高风险化工废催化剂，其主要的危险化学物质是高浓度砒霜，即三氧化二砷。砷可从呼吸道、食道和皮肤接触进入人体。砷被人体吸收后，破坏细胞的氧化还原能力，影响细胞的正常代谢，造成组织损伤和身体紊乱，并可直接导致中毒和死亡。进入人体的三价砷化合物能和硫基作用，抑制蛋白酶的活性并致癌。

高浓度三氧化二砷不但对人体具有急性中毒能力，而且在环境中迁移转化后可以造成严重的环境污染和大量公共健康问题。根据 2009 年 11 月的一份报告，孟加拉国数百万个低技术挖掘的"管状深井"的水导致 200 万人集体砷中毒，造成许多人死亡，且未来将有更多的人丧生，这可以称为人类历史上最大的中毒病例。根据 2001 年的实地调查结果，政府估计每 10 万口管井中，受到砷污染的有 40%～50%，这些井水用于养殖鱼类与蓄水灌溉，会造成大面积的环境污染。而对于废催化剂中的砷，同样在卸载、运输和处理处置过程中存在进行污染防控的必要，若不采用合理正确的措施，将对周边环境和居民健康带来严重的长期不良影响。

5.3　化工行业废催化剂的种类

由于化工行业本身的产品和工艺种类繁多，且多数采用了工业催化剂进行生产，故而通过一般的分类检索，难以对该行业的废催化剂种类和产生量进行较为全面的统计分析。为了使得本调研覆盖到该行业废催化剂产生总量的 80%，必须采取详细严谨的调研方式，具体流程如图 5.2 所示。

图 5.2　我国化工行业废催化剂产量调研方法

5.3.1　建立常用化学品数据库

为了保证调研覆盖化工行业绝大多数的催化过程，首先以原国家环保总局化学品登记中心主持翻译的《威利化学品禁忌手册（原著第二版）》[5]为依据，建立包括了 2438 种常用化学品的数据库。从主要化工产品的常用化学品出发，对该行业的催化剂种类和用量进行反推，从而进行较为全面的分析统计。

5.3.2　收集化学品生产信息

根据化学品数据库中录入的常用化学品名称，利用各类专业文献数据库和搜索引擎，查阅每种化学品的生产工艺、产量、催化剂类型、中毒原因、废催化剂处理方式等关键信息。优先选择行业内产量高、重要性大的化学品进行检索调研，同时排除在生产过程中不需要使用催化剂的部分常用化学品。

5.3.3　分析废催化剂产生量

对于确认在生产过程中需要使用催化剂的常用化学品，根据生产每种化学品的生产装置大小、催化剂投加量大小、催化剂寿命周期等信息，估算废催化剂的产废比，分析估算其废催化剂产生量。

5.4　基本有机物化工废催化剂

5.4.1　总体发展现状

从 20 世纪 20 年代到 60 年代，石油烯烃等物质取代了煤及合成气，成为基本有机原料生产的原材料；60 年代到 80 年代，石油化工进入蓬勃发展期，更多以石油烯烃为原料的醇（酚）、酸（酐）等生产技术被开发出来，满足了石油化工急剧发展对技术的需求；80 年代以来，虽然基本有机原料的生产仍处于发展阶段，但其生产技术逐渐进入成熟期，石油化工领域更多的技术突破主要集中在下游产品的开发。就基本有机原料生产技术而言，主要的进步是在生产技术的优化方面。成套工艺技术的开发作为技术发展的重点，使得基本有机原料的生产技术不断得到完善，达到了空前的技术高度，生产技术的高技术成分日益增加，技术突破的投入越来越大。随着当今全球市场体系的形成，技术的发展越来越取决于市场和经营策略需求。基本有机原料强烈的市场竞争特征决定了其技术发展的方向是致力于降低生产成本，服务于竞争需求。进入 20 世纪 90 年代以后，随着全球经贸体制的建成，为迅速扩大规模降低经营成本、扩大市场份额实现全球战略、加强核心业务扩大竞争优势，国际上石油化工企业不断出现产业重组、兼并或收购事件，出现了 Exxon 与 Mobil、BP 与 Amoco、DOW 与 UCC、Total 与 Elf 等国际跨国大公司的合并。基本有机原料生产经营的专业化特征越来越明显。

基本有机原料生产技术的进展主要体现在现有生产技术的优化、采用廉价原料的技术开发及环境友好工艺技术的开发。我国从 20 世纪 60 年代开始发展石油化工以来，在有机原料生产技术方面开展了大量的研究开发工作。20 世纪 80 年代前，研制和建成了丁烯氧化脱氢制丁二烯、苯乙烯、丙烯腈、环氧丙烷、异丙苯法苯酚/丙酮、高温环氧氯丙烷、碳四法顺酐、邻二甲苯法苯酐和乙烯裂解炉等技术和装置，为我国基本有机原料的发展做出了历史性的贡献。20 世纪 80 年代以来，通过引进国外先进技术，让我国的石油化工生产获得了快速发展。到 1998 年，作为有机原料龙头的乙烯的装置能力达到了 $4.38 \times 10^6 t/a$，年产量达到 $4.20 \times 10^6 t/a$。为适应我国基本有机原料进一步发展的趋势，我国科技人员跟踪国际先进技术，在乙烯裂解炉及乙烯技术的开发和丙烯腈、苯酚/丙酮、甲乙酮、顺酐、苯酐等基本有机原料产品生产技术的开发方面进行了大量的工作，特别是在有机原料生产催化剂的研究方面，取得了较多的成果，一些催化剂达到了世界领先水平。丙烯腈催化剂、甲苯歧化和烷基转移催化剂及成套技术等已实现出口，开创了我国有机原料生产技术参与国际竞争的先例[6]。

5.4.2 代表性化学品生产现状

基本有机原料生产是石化工业的重要组成部分。基本有机原料是合成树脂、合成橡胶、合成纤维等聚合物生产的基本原料。基本有机化工原料包含乙烯、丙烯、丁二烯、芳烃、乙苯、苯乙烯、丙烯腈、环氧乙烷、乙二醇、环氧丙烷、异丙苯、苯酚/丙酮、丁醇/辛醇、苯酐等产品，基本有机原料生产的关键技术主要是三烯和三苯的生产技术。

5.4.2.1 乙烯

乙烯生产工业是石化工业的最主要部分，石化工业中的基本有机化工原料包括三烯和三苯，它们都由乙烯装置产生，生产规模大，衍生物多且产品链长，是石化行业重要的化工原料。

（1）生产工艺分析

石油、煤炭和天然气都可用于生产工业乙烯，但由于天然气资源稀缺、煤制烯烃环保性差，我国主要采用石油裂解来生产乙烯。原油可通过直接蒸馏得到乙烯原料，主要为直馏石脑油（轻油）、直馏轻柴油、直馏减压柴油；还有乙烷、丙烷、丁烷、芳烃等烯烃生产和芳烃生产的副产品。什么样的原料经济合理，主要取决于各国的资源条件和炼油工业的发展特点，一般来说，由乙烷、丙烷和石脑油生产的乙烯收率较高，技术相对成熟，产品综合利用率高，是目前制取乙烯的主要路线。

（2）催化剂使用和废剂产生量分析

针对裂解汽油制乙烯的一段加氢的钯-氧化铝催化剂。例如，北京化工研究院开发的 C_2 加氢催化剂技术：C_2 馏分的选择加氢脱除乙炔是石油烃蒸汽裂解制乙烯过程中最主要的工艺之一，北京化工研究院研制出 BC-H-20 系列 C_2 后加氢催化剂，适用于顺序分离流程；C_2 前加氢催化剂 BC-H-21B，适用于前脱丙烷前加氢分离流程。这两种催化剂具有较宽的操作条件，且稳定性好，空速高，乙烯选择性好，绿油生成量少以及运行周期长。燕山、上海、齐鲁、广州、中原、扬子、大庆、辽化、独山子、天津、东方等 17 套乙烯装置中已将 C_2 加氢催化剂进行工业应用，目前运行情况良好。2008 年该催化剂出口到伊朗 BIPC 公司，运行效果良好，受到用户高度赞扬。2010 年出口到英国 SABIC UK，这是该类催化剂首次在西方发达国家得到推广。该类催化剂主要以 $Ti-Al_2O_3$ 为载体，外观为黄白色球体，直径 2～5mm，比表面积 10～70m²/g，活性组分钯的含量为 0.03%～0.3%。这种催化剂的活性组分通常较低。然而，在失效过程中活性组分基本没有丢失，因此仍然具有回收利用的意义。在此催化剂中一般都含有其他贵金属活性组分，如 Pt 等。因此在预处理及其后的精炼过程中要注意不同贵金属的分离提纯[7]。

5.4.2.2 丙烯腈

美国、西欧和日本是目前世界丙烯腈生产的集中地。BP 公司和日本旭化成公司是当今世界两大丙烯腈技术转让者和生产厂商。

（1）生产工艺分析

1）丙烯腈的主要生产工艺

目前，丙烯腈生产技术有 BP 公司开发的丙烯氨氧化（BP/Sohio）工艺和丙烷氨氧化工艺以及日本三菱化学和 British Oxygen Co（BOC）开发的丙烷氨氧化新工艺。

2）主要催化剂

合成丙烯腈的关键是催化剂。大多数催化剂的开发都集中在催化剂的活性成分和活性组分之间的配置上。目的是提高催化剂的活性和选择性，提高丙烯腈的单程收率，进而增加生产负荷。高性能的催化剂能够提高催化效率，减少副产物的产生，降低单耗。目前，居全球领先的催化剂主要有美国 BP 公司的 C-49MC、日东化学公司的 NS-733D、旭化成工业公司的 S-催化剂、Monsanto 公司的 MAC-3 以及上海石油化工研究院的 MB-96、SANC-08、SANC-11 催化剂。这些丙烯腈合成用催化剂的制作简单，活性较高，烃/空气比较高，能够降低反应温度，提高氨转化率和产品收率。最近几年，世界上一些主要丙烯腈生产商均推出了新一代催化剂，如标准石油公司开发的丙烯腈催化剂，其主要成分是 Mo、Bi、Fe、Co 等数十种金属混合氧化物，载体为 50%的硅土，在反应温度为 435℃条件下，丙烯转化率达到 96.4%，丙烯腈收率达到 80.2%。旭化成公司以 50% α-低铝氧化硅为载体的金属氧化物催化剂，丙烯腈收率可以达到 84.3%。我国开发的 MB-82、M-86、MB-96 和 MB-98 催化剂已经在国内大型装置应用成功，特别是 MB-98 催化剂已经达到国际水平，与最新的 C-49MC 相当。

生产丙烯腈成本优势始终受催化剂水平的影响，因此高性能催化剂的开发一直在进行。20 世纪 60 年代初，美国 Sohio 公司成功开发出 $P/Mo/Bi/SiO_2$ 催化剂，开创丙烯氨氧化生产丙烯腈的新工艺，在工业应用中，丙烯腈单程收率达到 62%。1967 年，Sohio 又推出了 C-21 型 Sb/U 系催化剂，将丙烯腈的单程收率提高到 68%，并大大减少了副产物乙腈的生成。1972 年 Sohio 推出第三代催化剂 C-41，取代了 C-21，这种催化剂为 $Mo/Bi/SiO_2$ 氧化物体系，并引入了 Fe、Co、Ni、K、P 等元素，作为助催化剂，工业应用中这种催化剂可使丙烯腈的单程收率达到 72%，C-41 催化剂的出现，使催化剂的研究和开发在理论和实践两个方面都取得了很大的进展。1979 年，在 C-41 基础上，Sohio 公司推出了第四代催化剂 C-49，可将丙烯腈的单程收率提高至 77%。20 世纪 80 年代，中国上海石油化工研究院研发出 MB-82、MB-86 催化剂，并在多套万吨级引进装置中成功应用，丙烯腈单程收率达到 80%。90 年代初，BP 公司推出了 C-49 催化剂的改进型 C-49MC。催化剂开发的进展离不开基础理论研究成果，例如，Sohio 公司下设的研究中心发表了大量学术论文，使人们对丙烯氨氧化的反应实质有了更深层次的了解，这无疑对开发更高性能的催化剂起到了支撑作用。

3）最新技术进展

与此同时，在丙烯腈生产的其他方面也出现了不少新技术。对流化床反应器的气体分布器、内部插件、旋风分离器、催化剂再生、催化剂防堆积以及补加方式等方面进行了改进；通过工艺改进降低能耗；为满足环保要求，开发多种废液处理方法，包括深井处理、湿空气氧化、硫酸镀分离与生物处理等。最近发表的研究结果显示，中石油下属上海石油化工研究院研制了一种丙烯腈生产时废水的处理方法，解决了现有工艺操作复杂、花费高和污染严重的问题[8]。

4）国内工艺情况

目前国内丙烯腈生产企业主要分布在东北和华东，2020年，生产能力可达 $2.47×10^6$ t/d。国内丙烯腈生产装置主要集中在中石油和中石化所属企业，产能占比达到 63.1%。国内未来几年将新建、扩建 13 套丙烯腈装置，以提高产能来应对日益上升的需求。目前国内流化床反应器的国产化已取得了较好的进展，如中国科学院大连物理研究所公开的丙烷选择性氨氧化制备丙烯腈系统和工艺的过程，包括丙烷一步氨氧化列管式固定床反应工序、丙烯腈分离工序以及循环尾气处理工艺[9,10]。

（2）催化剂使用分析

我国在催化剂国产化方面也取得了很大进展。中国石化上海石油化工研究院自 20 世纪 60 年代以来一直从事丙烯腈催化剂的研究，目前研制成功的 11 代丙烯腈催化剂已成功实现工业化应用。20 世纪 80 年代中期，中国石化上海石油化工研究院成功研发出 MB-82 催化剂，并在国内 5 个工厂得到应用，90 年代开发成功的 MB-86 催化剂在 8 个工厂应用，丙烯腈单收率可达 79%～80%，超过了当时的进口催化剂，在国际上也处于领先地位。1997 年研制成功的 MB-96 催化剂已在 6 个工厂应用，丙烯腈单收率超过 80%，达到了世界先进水平。2000 年又推出了 MB-98 催化剂，可在高压、高负荷下运行，于 2001 年 5 月在引进的 $5×10^4$ t/a 的装置上成功实现了工业化应用。中国石化上海石油化工研究院成功研发的 SANC-08、SANC-11 催化剂丙烯腈单收高、三腈收率高、清洁性能优异，已在上海石化、齐鲁石化、上海赛科和山东科鲁尔等丙烯腈装置上成功应用。

5.4.2.3　对苯二甲酸

对苯二甲酸（PTA）作为生产原料，在聚对苯二甲酸乙二酯（PET）、聚对苯二甲酸丁二酯（PBT）和聚对苯二甲酸丙二酯（PTT）等聚酯产品的生产中广泛应用。

（1）生产工艺分析

对苯二甲酸（PTA）生产工艺可分为两种：一种是通过空气氧化对二甲苯（PX）制备粗对苯二甲酸（CTA），然后将 CTA 精制成 PTA，称为两步法；另一种是由 PX 通过氧化反应制备聚酯级 PTA，称为一步法，一步法生产的聚酯级 PTA 也称为中纯度对苯二甲酸（MPTA 或 EPTA）。

1）CTA 生产工艺

PX 液相催化氧化工艺通常以一定比例的乙酸钴和乙酸锰为催化剂，溴化氢或四溴乙烷为促进剂，空气为氧化剂，将 PX 分散于溶剂乙酸中，在一定的压力和温度下，PX 可以氧化生成对苯二甲酸（TA）。将反应器内的浆料送至三级结晶器，以进一步氧化未反应的PX，并通过冷却减压生成产物 TA。将第三级结晶器内的浆料送至过滤器（通常选用旋转真空过滤器），将 TA 固体从母液中分离出来，所得滤饼经转筒式干燥机干燥以获得 CTA。

2）CTA 精制工艺

加氢精制法是将 CTA 精制成 PTA 的最成熟工艺，一些工业化或处于研究阶段的有 DMT 水解法、萃取-结晶法、氧化剂氧化法、电化学法、吸附法等。加氢精制法是将所有 CTA 在 285℃和 9MPa 压力下，溶解在去离子水中。溶液和高压氢气通过加氢反应器，用 Pd/C 催化剂进行加氢处理，去除 CTA 中的杂质，主要是 4-CBA 加氢转化为水溶性的 PTA，同时分解芴酮类有色体。将反应器中的物料经结晶、离心分离，再打浆、过滤、干燥，最终获得 PTA 产品[11]。

（2）催化剂使用分析

① 在 CTA 生产工艺中，目前工业上常用的 PX 的氧化催化剂为 Co-Mn-Br 三元催化剂，由于 Co 价格高，Br 腐蚀性强，开发高效、低钴、低溴催化剂或寻找替代品已成为研究热点。

② 在 CTA 精制工艺中，采用 Pd/C 催化剂进行加氢反应，可将 CTA 中的杂质脱除。

5.4.2.4 丙烯酸

丙烯酸（AA）是一种重要的有机化工原料，大部分在丙烯酸酯（如丙烯酸甲酯、丙烯酸乙酯、丙烯酸丁酯及丙烯酸辛酯等）生产领域应用，少量在高吸水性树脂、助洗涤剂和水处理剂等生产领域应用。丙烯酸及其酯系列产品在涂料、化纤、纺织、皮革、塑料、黏合剂、石油开采等各个领域均有较为广泛的应用。

（1）生产工艺分析

20 世纪 30 年代，丙烯酸开始实现工业化生产，其生产方法主要包括 5 种：氰乙醇法、乙炔羰基合成法、烯酮法、丙烯腈水解法和丙烯氧化法。氰乙醇工艺因使用剧毒氰化钠而被淘汰，不仅价格昂贵，而且在生产和操作中也不安全。20 世纪 70 年代以前，乙炔羰基化是工业生产丙烯酸及其酯的重要方法，但后来，由于国外大型石油裂解装置的建设，提供了大量廉价的丙烯。由于原料价格的原因，乙炔羰基化法无法与丙烯氧化法竞争，逐渐被丙烯氧化法取代。由于使用乙酸或丙酮为原料，价格较贵，生产费用较高，且裂解所需要的反应温度较高，因此烯酮法也被淘汰。由于丙烯腈有剧毒，环境污染严重，且反应副产物处理困难，丙烯腈水解法也被淘汰。

20 世纪 60 年代，丙烯氧化法逐渐发展起来，可分为一步法和两步法。80 年代以后，新建和扩建的丙烯酸装置均采用丙烯两步氧化法。一步法是丙烯一步直接氧化制成丙烯酸的工艺。由于丙烯一步法氧化成丙烯酸是两个不同的氧化反应，在相同的反应条件下，在一个反应器中使用一种催化剂无法取得最佳的反应效果。因此，它很快就被丙烯两步法所取代，两步法，即丙烯先氧化成丙烯醛，然后丙烯醛氧化成丙烯酸。该工艺的最大特点是丙烯氧化生成丙烯醛和丙烯醛氧化生成丙烯酸所采用的催化剂和使用条件不同，使催化剂寿命更长、产品收率更高。丙烯部分氧化法的原料是丙烯，价格低廉，生产成本较低，至今仍然是生产丙烯酸的主要方法。

（2）催化剂使用分析

催化剂的性能直接决定着丙烯酸两步氧化法生产的技术水平，是丙烯酸生产的关键。目前，国内丙烯酸装置使用的丙烯酸催化剂主要源于日本触媒化学催化剂、日本三菱油化催化剂、日本化药催化剂、德国巴斯夫催化剂和中石油兰州化工研究中心催化剂。触媒化学的丙烯氧化制丙烯醛工艺技术特点是在 Mo-Bi 系催化剂中加入元素 Co，提高了丙烯醛的选择性和单程收率。该工艺主要由 2 台叠加的固定床反应器和 5 个塔分离系统组成，丙烯酸收率为 83%～86%。这项技术在世界上已得到了广泛应用。三菱化学的工艺特点是以高浓度丙烯为原料，丙烯酸单程收率在 87% 以上，未反应的丙烯或丙烯醛不参与回收，2 个串联固定床反应器采用 Mo-Bi 系和 Mo-V 系氧化物为催化剂，使用寿命为 6 年。巴斯夫的丙烯酸生产装置是目前世界上最大规模的单系列装置，丙烯氧化采用 Mo-Bi 系或 Mo-Co 系催化剂，丙烯醛的单程收率约为 80%。其技术特点为丙烯氧化反应气不需要水吸收，而是采用高沸点有机溶剂作为吸收剂；丙烯氧化反应循环气体中用氮气代替水蒸气，可减少废水的生成；丙烯酸的精制可在 5 个主塔中完成[12]。

5.4.2.5　苯乙烯

苯乙烯是一种重要的基本有机化工原料，主要用于制造聚苯乙烯树脂、丙烯腈-丁二烯-苯乙烯共聚物树脂、苯乙烯-丙烯腈树脂、丁苯橡胶、丁苯胶乳和不饱和树脂等，同时，在其他化工行业也得到广泛应用。

（1）生产工艺分析

目前，世界上苯乙烯的传统生产方法主要包括乙苯脱氢法、环氧丙烷-苯乙烯联产法、热解汽油抽提法以及丁二烯合成法等。乙苯脱氢法是国内外生产苯乙烯的主要方法，目前，世界上 90% 左右的苯乙烯是通过这种方法生产，包括 ABB Lummus/UOP 的经典催化脱氢法和 SMART 脱氢法以及 Fina/Badger 的经典催化脱氢法等。乙苯脱氢反应器是苯乙烯生产过程中的关键设备，国内已经研制成功。2020 年国内苯乙烯产能达到 $1.2086 \times 10^7 t/a$，新增 4 套苯乙烯装置，到 2023 年国内苯乙烯产能将达 $2 \times 10^7 t/a$ 以上[13]。

（2）催化剂使用分析

目前，在中国成功研制出的乙苯脱氢催化剂主要有中国石化上海石化研究院、中国石油兰州石化公司及厦门大学的乙苯脱氢催化剂，其性能与国外同类催化剂相差较小，均已成功在工业装置得到应用，而且各研究开发单位都在努力改进，努力保持与国外催化剂相同的水平。

5.4.2.6　顺酐

顺丁烯二酸酐（顺酐）是世界上的第三大有机酸酐，仅次于苯酐和醋酐。顺酐是合成不饱和聚酯树脂、醇酸树脂等的重要原料，在结构上存在许多特点，有很强的反应性能；也是生产 1,4-丁二醇（BDO）、四氢呋喃（THF）、富马酸等一系列重要有机化学和精细化学品的原料，是重要的有机化工产品之一。

（1）生产工艺分析

顺酐的生产工艺按原料不同可分为正丁烷氧化法、苯氧化法、C_4 烯烃氧化法和苯酐副产法，当前主要使用的是前两种方法。

1933 年苯氧化法成功实现工业化，直至 20 世纪末一直是顺酐的主要生产方法，工艺技术十分成熟，主要技术专利拥有公司为美国 SD、Alusuisse（现 Lonza）/UCB 和日本触媒公司。在我国，顺酐生产主要采用的方法仍然是苯氧化法。

1974 年，Monsanto 公司成功实现正丁烷氧化法工业化生产。在 V_2O_5-P_2O_5 系催化剂的作用下，正丁烷选择氧化生成顺酐，其氧化反应器有固定床和流化床，顺酐回收工艺主要是水吸收法和溶剂吸收法。丁烷固定床氧化工艺技术开发公司主要包括 Lonza、Huntsman（前 Monsanto，其顺酐业务被 Flint Hills Resources 收购）和 SD 公司。丁烷流化床氧化工艺主要技术开发公司包括 ALMA（Lonza 和 ABB Lummus Global 联合简称）和 Flint Hills Resources（前 BP）公司。目前正丁烷氧化法产能约占全球顺酐总产能的 80%，代表着顺酐生产未来的发展方向。

最近几年，国内苯氧化制顺酐固定床装置不断改进，我国顺酐生产的技术也在不断进步，特别是苯法固定床列管式反应器制造技术的发展。长期以来影响固定床反应器性能的几个关键问题，例如反应器流道设计、固定床反应器的制造性能，已取得实质性突破。我国已成功设计制造万吨级苯法固定床列管反应器，该反应器性能良好，为规模更大和要求更高的顺酐反应器的国产化提供了良好的条件。

2002 年下半年，我国在新疆吐哈油田设计制造的 $2.0 \times 10^4 t/a$ 正丁烷氧化顺酐装置建成，正式投产。该装置由天津市化工设计院设计，采用 2 台 $1.0 \times 10^4 t/a$ 固定床丁烷氧化反应器和进口催化剂，而反应器、熔盐系统和水回收等关键设备已经完全达到国产化。2008 年，上海华谊（集团）公司自主研发制造的国内首台 2 万吨级顺酐反应器通过上海市经信委装备处及有关专家的验收，技术指标均已满足设计要求。该反应器是中国规模最大的顺酐反应器，完全由国产化技术制造。2008 年，中国科学院山西煤炭化学研究所自主研发设计了单台 $2 \times 10^4 t/a$ 顺酐生产装置及其配套的 $50 \times 10^4 t/a$ 顺酐连续精馏装置，并在山西新和太明化工有限公司建成并成功投产。这种装置的顺酐大型固定床反应器采用了气轮机驱动风机，并用连续精馏代替间歇精馏。

（2）催化剂使用分析

我国在苯氧化法制顺酐用催化剂的研制方面取得了很大进展。中国石化北京化工研究院开发的 BC-118B 型高效环状催化剂，具有运行负荷高、热导性能好、床层阻力低、热点温度低、热点分布均衡等优点，有效克服了床层阻力大、操作热点温度较高的缺点，顺酐装置的生产能力和经济效益得到显著的提高。此外，天津精细化工研究所研发的 TIZ-2 催化剂性能已经达到国外同类产品先进水平。2001 年，该研究所成功开发了苯氧化法制顺酐的新型催化剂 TH-3B。该催化剂在合理的钒铝比例基础上，加入两种以上的助催化剂，仍以环状氯碳化硅为载体，保持了良好的阻力及热导性能。

5.4.2.7 苯酐

邻苯二甲酸酐（简称苯酐）是一种重要的有机化工原料，在增塑剂、醇酸树脂、聚酯纤维、酞菁染料、食品、医药和农药等领域得到广泛的应用。随着邻苯二甲酸酐衍生物的不断增加，苯酐需求也在不断增加。

（1）生产工艺分析

生成苯酐的原料路线有很多，目前已实现工业化的工艺是将萘和邻二甲苯催化氧化生产苯酐。早在1916—1917年，德国和美国就先后开发了以氧化钒为催化剂的固定床催化萘氧化制苯酐工艺（简称萘法），使用较多的是V_2O_5-K_2SO_4-SiO_2型催化剂。20世纪60年代以后，人们研制出邻二甲苯氧化制苯酐的工艺（简称邻法）。邻法的原料便宜、供给充裕、利用率高，逐渐成为生产苯酐的主要方法。目前，世界上以邻二甲苯为原料来生产苯酐的产量大于90%，均采用固定床气相氧化法生产。因此采用邻法制苯酐催化剂的研究受到广泛关注。

苯酐装置工艺原理及工艺流程：固定床反应器的管程中装上催化剂，在400～450℃及高空速条件下，邻二甲苯与过量空气的混合物可与催化剂混合、反应，产生大量的反应热，并用熔盐移出，产物经冷凝器分离得到粗苯酐，经精馏塔后得到苯酐产品。目前，苯酐生产工艺主要采用低温高空速法。其中应用最多的是BASF法和Von Heyden法，其次是流化床气相氧化法。德国BASF公司的低温高空速法是国内引进的邻法装置中使用最多的方法。目前，我国大部分苯酐生产企业应用的催化剂均从德国进口，其中以BASF公司系列催化剂最为著名[14]。

（2）催化剂使用分析

目前，国外的V_2O_5-TiO_2催化剂大都含有少量铷、铯等碱金属氧化物。它是将氧化活性物料喷涂在碳化硅质、氧化铝质或其他瓷质的球形或环形载体上，并在一定温度（270℃左右）下低温烘烧而成。对这种催化剂的研究主要包含以下几个方面。

1）活性组分

1968年，BASF公司首次应用表面为V_2O_5-TiO_2涂层的球形颗粒催化剂，由于其优良的性能，此后V_2O_5和TiO_2已成为邻法苯酐催化剂的基本组分，其中最有效的活性成分为钒的氧化物，V_2O_5含量不足1.5%的催化剂对邻法制苯酐的活性和选择性最好。然后使用具有合适比表面积（约为$10m^2/g$）的锐钛型TiO_2，使用1:1偏钛酸和钛白粉的混合物或在500℃下热处理后的偏钛酸代替单一的钛白粉，n（钒）/n（钛）=1/15，可以获得理想的高负荷催化剂。

2）助催化剂

在催化剂配方中加入多种助催化剂，如Rb、Cs、Sb、K、Na、Mo、Nb、Ta、P、Zn、Ag等或其氧化物，以提高催化剂性能，其含量一般不超过1%。添加碱金属的方法有3种：

① 首先将碱金属沉积在TiO_2载体上，再添加V；

② 首先将V沉积在TiO_2载体上，再将碱金属物质加入；

③ 将碱金属盐在已制备好的草酸氧钒溶液中溶解制备催化剂，然后添加TiO_2以制备悬浊浆料，并在200～300℃下将悬浊浆料喷涂在载体表面上。

3）载体

载体的改进是催化剂开发的重要组成部分，包括载体的组成、载体的形状、载体的制备等。常用的载体较多，主要为烧结的熔融硅酸盐、滑石、陶瓷、铝矾土、TiO_2、Al_2O_3、SiO_2载体和SiC。载体一般为球形、圆柱、环形和半环等，更合适的形状为环形。目前，国外开发的载体大部分是球形或环形的碳化硅、氧化铝或其他瓷质。

制备方面：载体的化学成分、表面粗糙度、几何形状和尺寸对催化剂活性涂层的附着力、选择性和使用寿命均有影响。原料的最佳加工细度为：粒径<10μm 颗粒占 60%～70% 比较合适。半干压成形法有利于提高表面粗糙度。进口载体多为镁质瓷，气孔率为 0.87%[15]。

5.5 精细化工废催化剂

精细化工的生产过程不同于一般化工（通用化工），它由化学合成（或从天然物质中分离、提取）、精制加工和商品化三部分组成。它们主要以灵活的多功能装置和间歇方式进行小批量生产，化学合成大部分采用液相反应，流程较长、精制复杂、需要精密的工程技术；从产品的制备到商业化需要一个复杂的加工过程，主要是配合市场的需求来进行复配，外加的复配物越多，产品性能也越复杂。因此，精细化工行业技术密集程度高、保密性和商品性强、市场竞争激烈。要根据市场变化的需求对产品及时更新，实现多品种生产，稳定产品质量，还要符合各项法律法规，做好应用和技术服务工作，才能培育和抢占市场、增加销售量，才能体现低投入、高利润率、高附加价值率的特点。20 世纪 80 年代，中国将那些尚未形成产业的精细化工门类称为精细化工的新领域。它们主要包括饲料添加剂、食品添加剂、表面活性剂、水处理化学品、造纸化学品、皮革化学品、胶黏剂、生物化工、电子化学品纤维素衍生物、聚丙烯酰胺、气雾剂等。精细化工行业产值占化工行业总产值的比例称为精细化工率，以此表示中国精细化工发展的程度。这与世界精细化工率的含义一致。目前，世界发达国家精细化工率已经超过 50%，以日本的最高，为 60%以上。

5.5.1 总体发展现状

5.5.1.1 国外精细化工产品及生产技术现状

国外精细化工的发展过程基本可分为以下几个阶段：

① 20 世纪 50～60 年代石油化工高速发展，是其起步、奠基的阶段；

② 1973 年和 1978 年的两次世界石油危机和新技术革命的兴起，虽然大大冲击了石油化工行业，但也推动了精细化工快速发展阶段的到来；

③ 在随后的十年里，精细化学品、专用化学品在世界各大石化公司产品中所占比例迅速上升；

④ 近年来，世界各大石化公司经过业务重组，精细化工正在逐步向专业化、相对集中的阶段转型。

目前，第三次世界性石化产业结构调整正在进行，各大石化公司以提高市场竞争力为目标，从全球市场份额和技术力量对比等方面进行分析，根据自身的优势，推出"核心业务"战略，对世界精细化工产业的发展格局产生了深远影响。国际大型石化公司采用兼并联合、转让出卖、购进交换等方式，提高了核心业务比重和主导产品市场份额，大规模减少了非核心业务，增强了抵御原油及基础石化原料价格波动的能力，形成了具有高技术含量的精细化工产品结构体系，使精细化工进一步向技术集约、资本集约和经营集约方向发展。各大石化公司一直保持着高水平的科研投入，高科研投入在常规石化产品的差异化和下游石化产品的精细化、高附加值及专用石化产品的系列化和功能化方面取得了显著进展。下游石化产品进一步拓展到电子化学品、农用化学品、保健医药用品、医疗诊断用品、信息影像用制品、航空航天用品、新材料等高新领域，提高了精细化工产品的科技含量和经济效益。例如，BASF 向精细化学品投资 78 亿美元，并在路德维希建立了一家柠檬醛工厂。一些精细化学品制造商投资 API 和低聚核苷酸等高端产品。前 DynamicNobel 的定制合成装置 DynamicSynthesis 和法国 Novascp 宣布合并，新公司的销售额约为 3.75 亿美元，将 Novasep 在色谱法分离手性对映体和 DynamicSynthesis 在毒物反应和手性技术方面的技术以及可转换金属催化剂生产技术进行了合并。高新技术的应用也使各大石化公司拥有世界领先的各具特色的专利技术和名牌产品。

在精细化工行业的这个发展阶段，每个企业的精细化工业务不再是单纯的产能扩张，而是以业务重组为主。例如，瑞士 CibaGeigy 与 Sandoz 公司合并后成立了 Novartis 公司，专注于医药、农用品的开发与销售，其医药销售额居世界第二位，农药销售额居世界第一位，合并后的年销售额达到 220 亿美元；Shell 和 Exxon 实现了全球石油添加剂业务的联合运营，合并后年销售额为 15 亿英镑，占世界市场的 25%，已是世界第二大石油添加剂厂商；全球四大染料制造商之一的 Dystar 于 2000 年合并 BASF 的纺织印染部门成立了新的 Dystar 公司，销售额达 22 亿德国马克，成为世界最大的染料供应商。

这一阶段精细化工产业的变化是在世界第三次石化产业结构调整的背景下发生的。调整后的大石化企业大致形成了两种类型。一类是 Exxon、BP、Chevron 等大型石油石化公司，其核心业务是勘探、开采、炼油、石化，这些公司在发展精细化工方面非常谨慎，而且大多数只涉及石化行业的三大合成材料。例如，Exxon 与 Mobil 合并后，继续拥有世界范围的油田、炼油及大宗石化产品的优势，仅保留油品添加剂等少量的精细化工业务；BP 兼并 Amoco 后，在油田开发、炼油方面继续保持优势，在石油化工方面，核心业务只集中在聚乙烯、聚丙烯、精对苯二甲酸（PTA）、丙烯腈及乙酰化产品等部分领域。另一类是 DuPont、Hoechst、BASF、Bayer 等公司，它们把精细化工作为核心业务的重要组成部分，保持了很高的精细化率。

目前，随着全球范围内精细化工产业的大规模重组，在国际市场上大型跨国公司在各自的领域内形成了明显的垄断优势，并将资金和技术扩展到亚太地区，这在市场及技术上对发展中国家国内的精细化工发展构成了严重的威胁[6]。

5.5.1.2 国内精细化工产业和生产技术发展现状

中国精细化工产业正处在发展调整时期，精细化工产值占化工总产值的比例仍然很低，1994 年为 29.78%，1997 年为 35%，2002 年达到 39.44%，2004 年达到 44.08%。目前，中国已建成 10 个新领域精细化工技术开发中心，拥有 1 万多家生产精细化工产品的企业，其中约 3000 家是生产新领域精细化工产品的企业；产品种类约 3 万种，其中接近 1120 种为新领域精细化工产品；年总产值为 1300 多亿元，占化工总产值的 40%。中国精细化工已从导入期开始进入成长期，正在形成产品种类基本齐全的产业体系，并且部分行业和产品在国际市场上已具有一定的影响力。例如，我国染料年产量和出口量均居世界第一，约占全球染料总产量的 40%，并有 5 亿美元左右的年出口创汇；农用化学品的产量居世界第二位；涂料产量也超过 $2 \times 10^6 t$，成为世界第三大涂料生产国；随着我国改革开放的不断深入，世界多数著名的涂料生产企业也在国内开办了独资或合资工厂，这大大提高了国内涂料的生产技术水平、产量及质量。另外，食品添加剂中的柠檬酸、山梨酸、黄原胶及稀土塑料热稳定剂、生物法聚丙烯酰胺、生物法二元酸等精细化学品原料的生产和研发也取得了很大进展，在世界上都具有一定的影响力，有的还大量出口。中国石化在石油化工催化剂、表面活性剂、裂解 C_5 馏分综合利用、生物化工、塑料助剂，特别是六大类炼油、石油化工催化剂的生产方面已在国内形成一定优势，正向国际市场拓展。

同时，中国石油加快了人才引进与培养，初步建立了一支精细化工科研开发队伍：一是企业的用人机制已经建立并逐步完善，各企业都针对各自的不同特点对科研人员采取了相应的激励机制，特别是"课题制"这一新的符合企业实际情况的激励机制的推广，取得良好的效果；二是注重人才培养，各企业根据实际需要选送一批技术骨干进行硕士、博士等高层次培养；三是建立了引进人才的相应政策，提高了人才的各种待遇，通过各种方法引进人才，初步建立了科研开发队伍，逐步满足了科研工作的需要。

目前，在精细化工方面，中国石油相比于发达国家的大公司的差距较大。总的来说，中国石油在精细化工方面有一定的科研、开发和生产基础，通过精心组织，充分利用原材料和市场优势，采用高新技术，在催化剂、工业表面活性剂、有机合成中间体、橡塑助剂、润滑油添加剂、油田化学剂、水处理剂等方面形成了一个具有特色的精细化工行业[6]。

5.5.2 代表性化学品生产现状

5.5.2.1 苯胺

苯胺是一种有机化工原料和化工产品，其用途非常广泛。用它作原料生产的产品（包括中间产品）有 300 多种，在染料、医药、农药、橡胶助剂等行业得到广泛应用，是生产聚氨酯的主要原料 MDI（二苯甲烷二异氰酸酯）的重要原料。

（1）生产工艺分析

目前，世界上苯胺生产大部分采用的方法是硝基苯催化加氢法，部分公司采用苯酚氨化法和铁粉还原法。硝基苯催化加氢法制苯胺包括气相加氢法和液相加氢法。气相加氢法因其反应器形式不同，可分为固定床气相催化加氢和流化床气相催化加氢。固定床气相催化加氢在 200～220℃和 0.1～0.5MPa 条件下进行，苯胺的选择性在 99% 以上。该方法具有设备及操作简单、维护成本低、无需分离催化剂、反应温度低、产品质量好的特点。但由于固定床传热不良，容易发生局部过热，导致副反应发生及催化剂失活，因此催化剂的使用寿命较短。流化床气相催化加氢在 260～280℃和 0.05～0.1MPa 条件下进行，苯胺的选择性在 99%以上，这种方法传热状况好，可以避免局部过热，减少副反应的发生，延长了催化剂的使用寿命。但也有反应器操作复杂、催化剂磨损大、操作及维护成本高的缺点。液相催化加氢工艺的催化剂是贵金属，反应条件为 210～240℃和 1.5～2.0MPa，苯胺的选择性在 99%以上，该法气液两相均参与反应，反应热通过反应产物带出，反应设备简单，操作和维护成本低。但这项技术需引进，引进成本较高[16]。

（2）催化剂使用分析

目前，我国苯胺生产的常用方法是硝基苯催化剂加氢还原法，使用铜-硅胶催化剂，具有较高的活性和良好的选择性。然而，它的单程使用寿命只有几个月，之后必须对催化剂进行再生与活化，处理是否得当将直接决定催化剂的使用效果和单程使用寿命。

5.5.2.2 醋酸

醋酸作为一种重要的化学中间体和化学反应用溶剂，它最大的用途是生产醋酸乙烯酯单体（VAM）。VAM 可用于防护涂料、黏合剂和塑料的生产。醋酸第二大用途是制取精对苯二甲酸（PTA）。其他用途是生产醋酐、醋酸丙酯/丁酯和醋酸乙酯。

（1）生产工艺分析

工业上主要采用乙烯—乙醛—醋酸两步法、乙醇—乙醛—醋酸两步法、烷烃和轻质油氧化法、甲醇羰基化法等来合成醋酸。其中，最先进的醋酸生产方法是甲醇低压羰基合成技术，有超过 70%的醋酸通过这种方法生产。新建的醋酸生产装置有超过 90%采用的是羰基合成工艺[17]。

（2）催化剂使用分析

碘化铑是低压甲醇羰基合成法的催化剂。该工艺反应条件温和（压力约 3.4 MPa），收率高（甲醇对醋酸的选择性超过 99%），生产成本低，很快得到推广采用[18]。20 世纪 80年代以来，低压甲醇羰基化在世界各地新建的醋酸装置中得到非常广泛的应用。该法的经济优势较大，随着生产规模的扩大和高效催化剂的采用，这一优势更为突出。目前，醋酸生产的主流工艺是甲醇羰基化法，占全球醋酸产量的 70%以上。在欧美企业生产醋酸的原料路线中，甲醇作为原料的比例已由 1973 年的 15%增加到 2009 年的 96%。表 5.1 为几种低压甲醇羰基合成法催化剂体系[17]。

表 5.1　几种低压甲醇羰基合成法催化剂体系

催化剂体系	主催化剂	助催化剂	催化剂活性/[mol/(L·h)]
传统孟山都	羰基铑	CH_3I/HI	7～9
BP Cativa 法	羰基铱	羰基钌/CH_3I/HI	20～30
塞拉尼斯 AO Plus 法	羰基铑	LiI/CH_3I/HI	20～40
UOP/千代田法	羰基铑	CH_3I	25～35
江苏索普公司	螯合型顺二羰基铑双金属	CH_3I/HI	17～25

5.5.2.3 醋酸乙烯酯

醋酸乙烯酯（VAM）是一种重要的有机化工原料，主要用于生产聚醋酸乙烯（PVAc）、聚乙烯醇（PVA）、醋酸乙烯酯-乙烯共聚乳液（VAE）或共聚树脂（EVA）、醋酸乙烯酯-氯乙烯共聚物（EVC）、聚丙烯腈共聚单体以及缩醛树脂等衍生物；并广泛应用于涂料、浆料、黏合剂、聚乙烯醇缩甲醛纤维、薄膜、皮革加工、合成纤维、土壤改良等方面，具有广阔的开发利用前景。

（1）生产工艺分析

目前，国内醋酸乙烯酯的工业生产方法有电石乙炔法、天然气乙炔法和乙烯气相法3种。因为我国能源结构中煤炭资源丰富，石油资源相对贫乏，而电石资源丰富，这也决定了我国主要以乙炔法生产醋酸乙烯酯。此外，也有一些厂家在我国石油资源相对比较充足的地方采用乙烯法生产醋酸乙烯酯。目前，乙炔法是我国醋酸乙烯酯的主要生产工艺，占总产量超过70%。生产技术的发展主要体现在催化剂性能的提高和采用新原料路线合成醋酸乙烯酯等方面[19]。

（2）催化剂使用分析

目前，我国电石乙炔法生产醋酸乙烯酯全部采用沸腾床，以活性炭负载醋酸锌为催化剂。这种催化剂价廉易得，但也有载体活性炭的机械强度较低的缺点，同时催化活性也随着操作时间的延长而迅速降低。在制备这种催化剂时，通常还添加次碳酸铋作为助催化剂。次碳酸铋可以防止高级炔烃的聚合，延长催化剂使用寿命。

5.5.2.4　甲基叔丁基醚（MTBE）

MTBE是一种具有高辛烷值、醚样气味的液体，透明、无色、与汽油互溶性良好，是生产高辛烷值无铅含氧汽油的理想调合组分。作为汽油添加剂在全球范围内应用广泛。甲基叔丁基醚不仅提高了汽油的辛烷值和汽油的燃烧效率，还减少了CO的排放，改善了汽车的性能，降低了汽油的成本，并减少了其他有害物质（如苯、丁二烯等）的排放。

（1）生产工艺分析

随着生产需求的不断增加，MTBE生产技术不断完善，20世纪70年代初，采用的以德国HULS工艺为代表的管式反应器和壳程冷却水工艺；发展到20世纪70年代末，采用圆筒形反应器和外循环热萃取工艺；进入20世纪80年代，催化蒸馏工艺将反应器与产品分馏进行结合。1981年，休斯顿炼油厂建成了第一套催化蒸馏法生产MTBE的工业装置；到了20世纪90年代，采用的是丁烷异构化脱氢与甲醇醚化生成MTBE的联合工艺。目前MTBE生产装置基本采用的是异丁烯与甲醇合成的工艺[20]。

（2）催化剂使用分析

现有装置基本上都采取异丁烯与甲醇合成的工艺，常采用的催化剂是离子交换树脂。例如，意大利的SNAM工艺采用列管式固定床反应器，所用的催化剂为聚苯乙烯-二乙烯苯离子交换树脂，用冷却水将反应温度控制在50～60℃，产品MTBE的含量超过98%；宁夏炼化公司的MTBE装置采用的是大孔径磺酸阳离子交换树脂。

5.5.2.5　氯乙烯

氯乙烯单体（VCM）是生产聚氯乙烯（PVC）树脂的重要原材料，全球绝大部分VCM都用来生产聚氯乙烯，少量的VCM用于和其他单体（如醋酸乙烯酯）反应生成共聚物。

氯乙烯的生产工艺主要有电石乙炔法、二氯乙烷法、氧氯化法和平衡氧氯化法4种，第1种生产工艺遵循电石路线，后3种生产工艺属于石油路线。

目前，世界上主要采用乙烯法生产PVC，而国内主要采用电石法生产PVC。20世纪50年代初，主要是采用电石乙炔法生产，到了50年代末则转向了乙烯氧化法，该法原料充足、成本低；目前，世界上超过80%的PVC树脂是用这种方法生产的。但2003年以后，由于油价迅速增长，电石乙炔法成本比乙烯氧化法低约10%，所以PVC的合成工艺又转向电石乙炔法；特别是在我国，由于煤炭资源丰富，电石乙炔法工艺所占比例超过90%，只有少数大型企业中使用乙烯氧化法生产线。而2015年以来，国际原油价格又跌至新低，转而多用石油做原料生产氯乙烯也成为重新需要考虑和论证的选择[21]。

5.5.2.6 三氯乙烯

三氯乙烯是一种常见的工业溶剂，具有无色、有毒性、透明、易流动、不燃烧、易挥发的特点，常温下为液态，有芳香味，对神经有麻醉作用。纯三氯乙烯分解缓慢，当三氯乙烯与氧气混合物被紫外线照射时，三氯乙烯分解加速。

三氯乙烯主要用作羊毛及织物与金属脱脂的干洗剂，以及树脂、沥青、煤焦油、醋酸纤维素、硝化纤维素、橡胶和涂料等的溶剂。在医药中可作麻醉剂使用，农药上用作合成一氯醋酸的原料。

（1）生产工艺分析

1）工业生产方法

三氯乙烯的工业生产方法主要有乙炔法、乙烯直接氯化法、乙烯氧氯化法和四氯乙烯四氯化碳联解法四种。

① 传统工艺：乙炔法。以电石乙炔为原料，氯化后产生四氯乙烷，再经皂化可得三氯乙烯。乙炔与氯气的物质的量比为1∶1.01，乙炔稍过量，温度90～130℃，在氯化塔内液相氯化生成四氯乙烷，然后将四氯乙烷与石灰在80～100℃下，以1∶1.45的质量比皂化，除去氯化氢，生成三氯乙烯，再经粗馏、精馏制得成品。三氯乙烯还可以通过气相催化脱氯化氢工艺，在280℃裂解经分离后处理制得，并联产四氯乙烯。该方法在国内正逐渐被淘汰，但仍有不少企业在使用这一传统方法。

② 现代工艺：乙烯直接氯化法、乙烯氧氯化法和四氯乙烯四氯化碳联解法。

Ⅰ．乙烯直接氯化法：这种方法中，在三氯化铁催化剂的二氯乙烷溶液中，乙烯和氯气发生反应生成1,2-二氯乙烷，然后进一步氯化生成三氯乙烯和四氯乙烯混合物，该反应在280～450℃高温下进行，然后通过蒸馏、氨中和、洗涤、干燥分别得到三氯乙烯和四氯乙烯产品。

Ⅱ．乙烯氧氯化法：这种方法先让乙烯和氯反应生成1,2-二氯乙烷，然后加催化剂与氯、氧进行氧氯化反应，反应温度为425℃，产物再经冷却、水洗、干燥、精馏、分离得三氯乙烯和四氯乙烯。

Ⅲ．四氯乙烯四氯化碳联解法：这种方法是生产甲烷氯化物的主要配套方法，主要是四氯化碳裂解。该工艺可实现清洁生产，但是合成的四烯产品中杂质较多，精馏工艺成本较高[22]。

2）国外生产情况

三氯乙烯、四氯乙烯和1,1,1-三氯乙烷是3种主要的有机氯溶剂。三氯乙烯、四氯乙烯在国外开发应用较早，大规模工业化生产分别开始于20世纪20年代中期和30年代，而1,1,1-三氯乙烷的大规模工业化生产则是在解决了应用的稳定剂以后才开始。世界上最大的三氯乙烯生产国是美国，产能可占世界三氯乙烯总产能的1/3左右。

（2）催化剂使用分析

20世纪80年代中期，随着国民经济的发展，国内市场对三氯乙烯、四氯乙烯的需求量不断增加，此外，国内三氯乙烯、四氯乙烯的生产企业依旧采用旧的皂化法工艺，污染十分严重。为了满足国内市场对三氯乙烯、四氯乙烯的需求，同时保护环境，锦西化工研究院组织力量进一步开发研究了四氯乙烷气相催化脱氯化氢制三氯乙烯的催化剂，经过近3年的努力，成功研制出适合工业生产的活性炭-氯化钡催化剂。而现代工艺如乙烯直接氯化法、乙烯氧氯化法则主要采用铁系催化剂，如$FeCl_3$等金属氯化物。

5.5.2.7　甲苯

甲苯是一种有机化合物，属芳香烃，无色、透明，常温下为液体，易燃，有强烈的芳香气味。甲苯微溶于水，可与醇、醚、丙酮、二硫化碳、四氯化碳等混溶，被用作溶剂并能合成甲苯的衍生物。甲苯易氯化生成一氯甲苯或三氯甲苯，它们作为溶剂在工业上有广泛应用；甲苯也容易通过硝化生成对硝基甲苯或邻硝基甲苯，可作为染料的原料；甲苯也可以磺化生成邻甲苯磺酸或对甲苯磺酸，它们是制造染料或糖精的原料。甲苯的蒸气与空气混合形成爆炸性物质，因此可以制造TNT炸药。此外，甲苯可用作合成纤维、药物、农药、汽油添加剂和各种用途的溶剂及苯甲酸和苯甲醛萃取剂。

（1）生产工艺分析

芳烃主要来源于炼油厂重整装置、乙烯生产厂的裂解汽油和煤炼焦时产生的副产品。自20世纪50年代以来，世界上甲苯的主要来源已从焦化副产物转变为催化重整和烃类裂解，通过煤炼焦获得的芳烃不再占据主要地位。1982年，石油甲苯占总产量的比例已超过96%。目前，从不同来源获得的芳烃成分不同，因此获得的芳烃量也不同。催化重整油中含有50%～60%（体积分数）的芳烃，其中甲苯含量可达40%～45%；裂解汽油中芳烃含量约为70%（质量分数），其中甲苯占15%～20%。

甲苯按其来源和制备方法分为石油甲苯和焦化甲苯。石油轻馏分经预加氢精制、催化重整和分离得到石油甲苯；而焦化甲苯是由焦化副产品粗苯经洗涤和分馏后得到的。两者的区别在于石油甲苯的气味比焦油甲苯的气味小。随着我国石油和化学工业的飞速发展，甲苯的生产能力也在不断提高，石油甲苯已成为我国获取甲苯的主要途径。近年来，对甲苯的需求增加了10%以上，从目前的产品结构来看，超过90%的甲苯来自石油甲苯和化学甲苯，而焦化甲苯的产量很小。

（2）催化剂使用分析

由于现今我国90%以上甲苯来自于石油甲苯和化工甲苯，故而其间所使用的是石油重整催化剂。

5.5.2.8　邻甲酚

邻甲酚是一种重要的有机化工中间体，在农药、医药、香料、染料、抗氧剂、阻聚剂、紫外线吸收剂、燃料添加剂、橡胶助剂、涂料、饲料添加剂和合成材料领域有着十分广泛的应用。作为我国较为紧俏的精细化工产品，我国供应严重短缺，为满足国内市场的需求，每年需要进口的产品数量庞大。

（1）生产工艺分析

目前，甲酚产业化主要有以下途径：一是传统的甲苯磺化碱熔法，技术成熟，工艺简单，但环境污染和设备腐蚀严重，目前国内甲酚的生产也是采用该法；二是甲苯氯化水解法，这种方法生产工艺复杂，生产成本高，而且是间歇法生产，但是产品质量好，目前，该方法在国内主要用于小规模生产邻甲酚；三是苯酚烷基化法，该法产品质量好，易于推广，这种方法在我国也得到了发展，但仍需要改进。

1）传统磺化碱熔法

甲酚合成生产技术的传统方法是甲苯磺化碱熔法，此法中通过甲苯磺化制得甲苯磺酸，再将熔融的磺化物通过氢氧化钠处理，得到甲酚钠盐，将钠盐与水混合，并用二氧化硫或硫酸酸化制得甲酚。甲酚异构体的组成含量受反应条件的影响，主要产生对甲酚，可以选用硫酸或氯磺酸作为磺化剂。通常用硫酸对碱液进行磺化，反应温度为 110℃，产品组分为：5%～8%的邻、间甲酚，84%～86%的对甲酚，其余成分为二甲酚。如果用氯磺酸磺化碱熔，反应温度为 40℃，所得产品组分为：84%～86%的对甲酚，14%～16%的邻甲酚，不含间甲酚。这种方法工艺成熟、简单，适用于对甲酚的生产，但该法大量使用强酸强碱，设备腐蚀和环境污染严重，属于间歇式生产，适用于小规模生产，目前国内主要采用该法生产对甲酚。

2）甲苯氯化水解法

甲苯氯化水解法是在甲苯苯环上取代氯化，水解得到甲酚混合物。先在铜铁催化剂的作用下，在 230℃将氯引入甲苯反应器，得到三氯甲苯的混合物，然后在 425℃和催化剂 SiO_2 的存在下水解得到甲酚钠盐混合物，水解为连续化反应。再将甲酚钠盐溶液酸化，然后中和，得到甲酚混合物。最后，通过蒸馏分离制得对甲酚、邻甲酚和间甲酚。这种方法生产的甲酚邻、间、对之比为 1∶2∶1。该法对环境的污染较为严重，副产物多，产品质量不高。

3）异丙基甲苯法

在过氧化氢自由基引发下，异丙基甲苯转化为甲基异丙基苯过氧化物，然后在空气中用氧气氧化，类似于异丙苯氧化制备苯酚与丙酮的过程。它会产生富含间、对位甲酚，同时会有副产物丙酮生成，但反应复杂程度远高于苯酚的合成。这种方法得到的产物几乎没有邻位产品，间、对位的比例约为 7∶3，是国内外间甲酚生产的主要工艺。

4）苯酚甲醇烷基化法

将苯酚和甲醇气化后通入固定床催化反应器，在金属氧化催化剂存在下进行反应，主要产物为邻甲酚，同时会有副产品 2,6-二甲酚和少量间甲酚的生成。由于该方法具有许多优点，已成为国外大型公司生产邻甲酚的主要方法。为了获得更好的效果，该工艺也在不断地进行改进，主要集中在反应器和催化剂的选择上。例如，德国瓦克公司和日本的旭化成则采用流化床反应器。在工业生产中人们研究了大量的催化剂，并开发和应用了各种不同的催化剂，如 Al_2O_3、MgO 系、钒系催化剂等，为了提高催化剂的稳定性，通常添加 $1\sim2$ 种非金属氧化物，如氧化硅、氧化硼等[23]。

（2）催化剂使用分析

苯酚甲醇烷基化法生产邻甲酚中使用了 Al_2O_3、MgO 系、钒系催化剂等。

5.6 碳一化工废催化剂

5.6.1 总体发展现状

化肥生产技术与碳一化工密不可分，可以说化肥是碳一化工的一个主要分支。除少数规模很小的碳一直接转化过程（如甲烷直接转化制氢氰酸、二硫化碳、乙炔等）之外，采用天然气、煤炭、石油等化石燃料作为原料的化肥生产和碳一化工生产过程，都采用经由合成气路线的间接转化途径，即首先制得合成气（CO 和 H_2 的混合气），然后根据后续加工过程的需要将合成气转化为所需化品。

无论采用何种原料，化肥和碳一化工产品生产的"龙头"技术都是不同形式的合成气制造。到目前为止，基于天然气的碳一化工和化肥生产过程仍然是最节省投资和操作费用的过程。氨和甲醇是两种最重要、产量最大的碳一化学品，以天然气为原料所生产的占其产量的90%左右。同时，绝大多数碳一化工产品都是以合成气、甲醇和氨为原料直接或间接制得。

此外，随着石油资源的日益劣质化、重质化以及不断减少，环保对燃料油品质的要求越来越高，从碳一化工过程出发制氢及合成液态烃成为能源领域的重要技术发展方向[6]。

5.6.2 代表性化学品生产现状

5.6.2.1 甲醇

甲醇是一种重要的化工原料、溶剂和优质燃料，在医药、农药、染料、合成纤维、合成橡胶、合成塑料和合成树脂等工业领域得到广泛应用，可作为合成甲醛、醋酸、氯甲烷、甲氨、二甲醚、硫酸二甲酯等的主要原料。

（1）生产工艺分析

我国的煤炭资源较为丰富，多采用煤和天然气作为原料生产甲醇。甲醇生产工艺主要分为两种：联产甲醇和单产甲醇。联产甲醇可与城市煤气、化工厂尾气和合成氨装置联合使用。甲醇的生产工艺过程可分为三个部分：甲醇精制、甲醇合成、合成气（一氧化碳和氢）的制造。

1）合成气的制造

① 煤气化法。将煤作为原料得到合成气用以甲醇的制造。

② 天然气-蒸汽转化法。该法以天然气为原料，已经成为国内外的主流发展方向，具有操作简单、运输方便、成本低、投资少等优点。

③ 重油部分氧化法。该法以渣油、重油、石脑油等油品为原料，通过壳牌系和德士古系方法将其部分氧化制合成气生产甲醇。壳牌系采用的技术为中压气化工艺，而德士古系采用高压气化技术。

2）甲醇的合成方法

目前，国内外大规模工业生产甲醇的方法主要有高压法（德国巴斯夫公司）、节能型低压法（丹麦托普索公司）、MGC 低压法（日本三菱瓦斯化学公司）、中压法和低压法（德国鲁奇公司及美国 ICI 公司）5 种。目前，国内进口装置大多采用低压法，小型甲醇生产装置则主要采用高压法。与高压法相比，低压法具有设备费用低、产品纯度高、操作费用低、能量消耗少等突出的优点。因此，我国很多企业采用低压法生产甲醇，催化剂的性能得到了提高，取得了良好的发展[24]。

（2）催化剂使用分析

目前，甲醇合成大多采用低压工艺，这种方法采用铜锌系催化剂，这种催化剂的使用寿命一般为 1～2 年。目前工业上使用的催化剂多数是含 Cu、Zn 和 Al 等金属的铜基催化剂。常见的国产甲醇合成催化剂型号及组成如表 5.2 所列。表 5.3 显示了低温变换催化剂的组成[24]。

表 5.2　甲醇合成催化剂型号及组成（质量分数）　　单位：%

催化剂型号	CuO	ZnO	Al_2O_3	Cr_2O_3	其他
O710	40.12	32.82	—	27.00	—
C301	45～60	25～30	2～6	—	—
C301-1	45～55	25～35	2～6	—	—
LC302	25	30	10	—	—
C302	57	29	2	—	—
C303	36	37	—	20	—
C303-1	≥50	≥30	≥10	—	—
C207	38～42	38～43	5～6	—	10
C306	45～60	20～30	5～10	—	少量
C307	55～60	35～45	8～10	—	少量

表 5.3　低温变换催化剂的组成（质量分数）　　单位：%

催化剂型号	CuO	ZnO	Al_2O_3
B202	≥29	41～47	8.4～10
B203	17～19	28～31	—
B204	35～40	36～41	8～10
B205	28～29	47～51	9～10
B206	34～41	34～41	6.5～10.5

5.6.2.2 甲醛

甲醛是一种具有强烈刺激性气味的气体，无色，易溶于水、醇和醚，甲醛是指甲醛水溶液。作为一种重要的基础有机化工原料，可作为生产酚醛树脂、脲醛树脂、聚甲醛树脂、乌洛托品、聚乙烯醇缩甲醛纤维等产品的原料。另外，甲醛还可用作染色助剂、消毒剂、防腐剂、溶剂、还原剂等，在木材加工、医药、染料工业中广泛应用，也可在农业上用于生产尿素-甲醛型缓效肥料。

甲醛是甲醇最主要的下游产品之一，其消耗量占甲醇总消耗量的27%，在甲醇消耗结构中居第一位。通常来说，每吨甲醛生产的甲醇消耗量约450kg。从2011年以来的价格走势来看，甲醛的价格走势总体与甲醇价格波动基本一致，二者联动性十分明显。中国的甲醛生产始于20世纪50年代，截至2011年10月，我国成为世界第一大甲醛生产和消费国，其生产能力已达到2873万吨，在汽车工业、农业、医药业和房地产业等行业的发展中发挥了重要的保障作用。

（1）生产工艺分析

在甲醛工业发展过程中，其生产方法由于原料不同可分为以液化石油气为原料非催化氧化法、二甲醚氧化法、甲烷氧化法、甲醇空气氧化法几种。目前，由于受到原料的限制，甲醇空气氧化法在甲醛的生产中占据主导地位。

甲醇空气氧化法根据其生产工艺不同，又可分为银催化氧化法（甲醇过量法）、铁钼氧化物催化氧化法（空气过量法）和甲缩醛氧化法，其中银催化氧化法应用广泛。

① 银催化氧化法。简称银法，是一种经典的生产方法，德国在1888年首次成功实现工业化。

这种方法中，在过量甲醇（甲醇蒸气浓度控制在爆炸区上限，37%以上）条件下，经过银催化剂的催化，甲醇蒸气、空气和水蒸气混合物可进行脱氢氧化。根据银催化剂的不同形态，银法又可分为电解银法、结晶银法、银网法、浮石银法等。目前，电解银法因制备简便、性能稳定、再生方便、活性高等优点而得到广泛应用。

银法生产工艺过程中，由于混合气中甲醇的浓度很高，对设备的负荷量较大、投资较少，之外还具有低能耗、产品甲酸含量低（<0.03%）、催化剂可再生循环使用等优点；但甲醇的转化率较低、催化剂易中毒，产品浓度仅限于37%左右的甲醛溶液。为了提高银法工艺的产品浓度，有必要增加相应的设备，提高投资。针对这些特点，一些厂家已提出并应用了尾气循环工艺。

② 铁钼氧化物催化氧化法。直到1931年，铁钼氧化物催化氧化法（简称铁钼法）才开始实现工业化应用。

在这种方法中，在过量空气（甲醇蒸气浓度控制在爆炸区下限，7%以下）条件下，经过铁钼氧化物催化剂的催化，甲醇蒸气、空气和水蒸气混合物可进行脱氢氧化反应。

铁钼法工艺的甲醇转化率高，可达98%~99%，降低了甲醇消耗；产品中甲醛的浓度范围广，可浓缩到50%以上；铁钼氧化物催化剂具有良好的耐毒性，但也存在工艺复杂、投资大、耗能高及产品甲酸含量高等缺点。这种方法较适用于聚甲醛脲醛树脂及医药等领域。使用铁钼法生产的厂家，主要在欧美等西方国家，而在国内只有少数厂家（如天津石油化工公司第二石油化工厂、青岛碱业股份有限公司等）使用这种方法[25]。

（2）催化剂使用分析

现有的甲醛生产方法中，银法是用银丝网或铺成薄层的银粒为催化剂，而铁钼法中是以 Fe_2O_3 和 MoO_3 作为催化剂，还常加入铬和钴的氧化物作为助催化剂。我国现今仍以银法作为生产甲醛的主要方法[26]。

5.7 基本无机化工废催化剂

无机化工是无机化学工业的简称，它以自然资源和工业副产物为原料，主要生产硫酸、硝酸、盐酸、磷酸等无机酸和纯碱、烧碱、合成氨、化肥以及无机盐等化工产品，包括硫酸工业、纯碱工业、氯碱工业、合成氨工业、化肥工业和无机盐工业。广义而言，它还包括无机非金属材料和精细无机化学品（如陶瓷、无机颜料等）的生产。无机化工产品的主要原料为含硫、钠、磷、钾、钙等的化学矿物和煤、石油、天然气以及空气、水等。

5.7.1 总体发展现状

目前，生产技术相对先进、分布广泛的国家和地区主要在西欧、北美、东欧、中国、日本等。在第一次世界大战前，美国主要生产硫酸、纯碱、烧碱等，20 世纪 20 年代开始生产氮肥。长期以来，在无机化工的产量和技术方面一直处于世界领先地位。无机化工的特点有如下几点。

① 在化工行业中，发展较早的部门为单元操作的形成和发展奠定了基础。如合成氨生产过程需要在高温、高压和催化剂存在的条件下进行，它不仅促进了这些领域的技术发展，而且推动了原料气制造、气体净化、催化剂开发方面的技术进步，还促进了催化技术在其他领域的发展。

② 主要产品多为基本化工原料，用途广泛。除各种各样的无机盐外，其他无机化工产品品种很少。如硫酸工业仅有工业硫酸、蓄电池用硫酸、试剂用硫酸、发烟硫酸、液体二氧化硫、液体三氧化硫等产品。然而，硫酸、烧碱、合成氨等主要产品与各经济部门的关系密切，其中硫酸曾被誉为"化学工业之母"，在一定程度上，其产量也标志着一个国家的工业发达程度。

③ 与其他化工产品相比，无机化工产品的产量更大。

5.7.2 代表性化学品生产现状

5.7.2.1 硫酸

硫酸的用途十分广泛，是最主要的基础化工原料之一，在制造硫酸铵、过磷酸钙、硫酸铝、二氧化钛、合成药物、合成染料及合成洗涤剂等领域占重要地位。其可作脱水剂和磺化剂在有机合成以及作酸洗剂在金属、搪瓷等工业领域中得到应用，还可作为磷肥的制造、有色金属的冶炼、石油炼制和石油化工、橡胶工业以及农药、医药、印染、皮革、钢铁工业的酸洗等行业的化工原料，应用广泛。但硫酸工业会造成严重的污染，每一次硫酸工业的技术进步都伴随着提高硫利用率的同时，减少废气和废水的排放，提高余热利用效率，最大限度地提高资源利用率。

（1）生产工艺分析

硫酸的生产可根据其原料的不同分为硫铁矿制酸、硫黄制酸、烟气制酸、磷石膏制酸等。目前，我国硫酸生产主要以硫铁矿为原料，有的还利用重有色冶金工业的冶炼烟气或石膏、磷石膏为原料生产硫酸，然而，随着硫黄供应量的增加，越来越多的新项目从环境治理、生产简单和经济的角度选择硫黄作为生产硫酸的原料[27]。

工业生产硫酸基本上有两种方法，即硝化法和接触法。硝化法又可分为铅室法和塔式法。铅室是早期硝化法生产的主要反应设备，由于设备庞大，生产强度低，目前已经被淘汰。后来，生产设备进一步发展为填料塔，因此又称为塔式法。尽管铅室法和塔式法在历史上都发挥了重要作用，但由于其成品酸浓度低、杂质多等各种缺点已被接触法所取代。

接触法的基本原理是空气中的氧在催化剂作用下氧化二氧化硫，其生产过程分为三步进行。

① 从含硫原料制取二氧化硫气体：

$$S+O_2 \longrightarrow SO_2 \tag{5.1}$$

$$4FeS_2+11O_2 \longrightarrow 2Fe_2O_3+8SO_2 \tag{5.2}$$

② 将二氧化硫氧化为三氧化硫：

$$2SO_2+O_2 \longrightarrow 2SO_3 \tag{5.3}$$

③ 三氧化硫与水结合生产硫酸：

$$SO_3+H_2O \longrightarrow H_2SO_4 \tag{5.4}$$

该法操作简单、稳定、热能利用高、可制得任意浓度的硫酸，因此在硫酸工业中有重要地位。

（2）催化剂使用分析

在工业化生产中，硫酸基本都需要通过催化氧化 SO_2 而获得，因此主要使用的催化剂为钒催化剂。钒催化剂的主要化学组成是以五氧化二钒（V_2O_5）为主催化剂，硫酸钾（K_2SO_4）或部分硫酸钠（Na_2SO_4）为助催化剂，负载到二氧化硅（SiO_2）载体（常用硅藻土，或加入少量的铝、钙、镁的氧化物）上，通常称之为钒-钾（钠）-硅体系催化剂。经过长时间的使用，钒催化剂会因为衰老、中毒等原因而失去活性，需要不断更换。如果这些被替换的废钒催化剂不经处理随意堆放，不仅会占用大量土地资源，而且会污染环境。因此，国内外科研人员在废钒催化剂中钒的回收利用上做了很多的开发研究。

5.7.2.2 合成氨

氨是世界上最大的工业合成化学品之一，主要用作肥料（硝酸也主要是通过氨的催化氧化来制备的），合成氨工业对促进农业生产的发展和人类物质文明的进步具有重要作用。

（1）生产工艺分析

除从焦炉煤气中回收的少量副产品外，世界上大多数氨是合成氨。合成氨指由氮和氢在高温、高压和催化剂存在下直接合成的氨。在 200MPa 的高压和 500℃ 的高温下，经催化剂的作用，氮气与氢气可发生合成氨反应（$N_2+3H_2 \rightleftharpoons 2NH_3$），在压缩冷凝后，再将余料送回反应器进行反应。

氮来自空气，而氢则可从自含氢化合物（如水或烃类）中获得。无催化剂制氢的方法包括水电解法或重油部分氧化法。因为这些方法的成本高，所以，自天然气或石脑油水蒸气转化催化剂研制成功以来，世界上大多数现代大型合成氨厂都采用了技术先进、经济合理的烃类蒸汽转化方法。生产合成氨的原料主要有天然气、石脑油、重质油和煤（或焦炭）等。

① 天然气制氨。脱硫后的天然气经二次转化，再分别经过一氧化碳变换、二氧化碳脱除等工序，可得到氮氢混合气，其中仍然含有 0.1%～0.3%（体积分数）的一氧化碳和二氧化碳，经甲烷化脱除后，可得到氢氮物质的量比为 3 的净化气，经压缩机压缩后进入氨合成回路，生成产品氨。以石脑油为原料的合成氨生产工艺与此流程相似。

② 重质油制氨。重质油包括各种深加工的残渣油，合成氨原料气可采用部分氧化法获得。其生产工艺较天然气-蒸汽转化法更为简单，但需要空气分离装置。空气分离装置产生的氧气用于重质油气化，氮除了作为合成氨的原料外，液氮还可在脱除一氧化碳、甲烷及氩的洗涤剂等方面有很大作用。

③ 煤（焦炭）制氨。伴随石油化工和天然气化工的发展，煤（焦炭）作为原料制取氨在世界上的应用越来越少。

（2）催化剂使用分析

世界上大多数现代大型氨厂采用的是技术先进、经济合理的烃类蒸汽转化法。如果用天然气或石脑油合成氨，整个工艺包括多个过程：加氢、脱硫、转化、变换、甲烷化及氨合成等。每个工序都需要使用催化剂，见表 5.4[1]。

表 5.4　以天然气或石脑油为原料合成氨用催化剂

项目	加氢	脱硫	转化	中变	低变防护剂	低变	甲烷化	氨合成
用前	MoO_3	ZnO	NiO	Fe_2O_3	$CuO \cdot ZnO$	CuO	NiO	Fe_3O_4
用后	MoS_2	ZnO	Ni	Fe_3O_4	$CuO \cdot ZnO$	Cu	Ni	Fe

我国氨合成催化剂主要包括脱硫、烃类蒸汽转化、变换、甲烷化和氨合成。高（中）温变换对合成氨催化剂的消耗量最大，占合成氨催化剂总消耗量的 70%左右。

参考文献

[1] 李玉林, 吴彩霞. 催化剂在化学工业中的重要作用[J]. 内蒙古石油化工, 2008(14): 45-47.

[2] 金杏妹. 工业应用催化剂[M]. 上海: 华东理工大学出版社, 2004.

[3] 何连生, 祝超伟, 席北斗, 等. 重金属污染调查与治理技术[M]. 北京: 中国环境出版社, 2013.

[4] 范拴喜. 土壤重金属污染与控制[M]. 北京: 中国环境科学出版社, 2011.

[5] 波汉尼施. 威利化学品禁忌手册(原著第 2 版)[M]. 北京: 化学工业出版社, 2007.

[6] 徐春明, 鲍晓军. 石油炼制与化工技术进展[M]. 北京: 石油工业出版社, 2006.

[7] 胡建洪, 胡红旗, 董欢, 等. 全国乙烯工业生产现状及改造分析[J]. 乙烯工业, 2014, 26(4): 4-9, 77.

[8] 陈伟, 卢和泮, 金鑫. 丙烯腈生产过程中精制废水的处理方法: CN 111115789A[P]. 2020-05-08.

[9] 黄金霞. 2012 年丙烯腈市场分析[J]. 化学工业, 2013, 31(7): 34-37.

[10] 杨维慎, 楚文玲, 王红心, 等. 丙烷选择性氨氧化制备丙烯腈系统和工艺过程: CN 110835312A[P]. 2020-02-25.

[11] 尹云华, 向阳, 刁磊, 等. PTA 生产工艺及技术的研究进展[J]. 化学工业与工程技术, 2011, 32(5): 33-38.

[12] 阳辉, 郑晓广. 国内外丙烯酸产能及市场分析[J]. 广州化工, 2011, 39(19): 29-33.

[13] 董英. 苯乙烯的生产技术及市场分析[J]. 炼油与化工, 2013, 24(3): 44-46.

[14] 胡波, 吴保军, 盛丁杰. 苯酐催化剂稳定性的分析[J]. 石油化工, 2004, 33(5): 421-423.

[15] 李英, 赵地顺, 张亚通. 苯酐合成催化剂的研究进展[J]. 河北工业科技, 2002, 19(3): 35-39.

[16] 何轩, 屈泽中, 王和胜. 苯胺生产的工艺路线和市场概况[J]. 中国高新技术企业, 2010(24): 51-53.

[17] 许晶晶, 王盘成. 国内外醋酸市场的分析[J]. 广州化工, 2013, 41(10): 55-57.

[18] 李玉芳, 伍小明. 我国醋酸乙烯生产技术进展及市场分析[J]. 精细石油化工进展, 2012, 13(11): 47-54.

[19] 周颖霏, 钱伯章. 醋酸生产技术进展及市场分析[J]. 化学工业, 2010, 28(9): 19-23, 45.

[20] 朱玉琴, 陆春龙. 甲基叔丁基醚(MTBE)的研究现状及展望[J]. 辽宁化工, 2012, 41(11): 1183-1185.

[21] 李静. 氯乙烯市场分析及预测[J]. 现代化工, 2000, 20(3): 42-44.

[22] 杨秀岭. 三氯乙烯、四氯乙烯技术及市场展望[J]. 江苏氯碱, 2013(1): 6-11.

[23] 元丽. 甲酚生产工艺技术研究进展[J]. 化工技术与开发, 2012, 41(9): 21-23.

[24] 谢永海. 甲醇的生产工艺及其发展现状[J]. 科技传播, 2013, 5(15): 113, 109.

[25] 张华. 浅谈甲醛生产工艺及节能优化设计[J]. 化学工程与装备, 2008(7): 35-37, 18.

[26] 唐浩. 甲醛催化剂更换经验总结[J]. 大氮肥, 2009, 32(5): 295-297.

[27] 李智钦, 胡宝成, 杨朝富, 等. 探讨在引进氯乙烯装置上采用国产催化剂[C]. 第 24 届全国 PVC 行业技术年会论文专辑, 2003: 113-115.

图 2.3 不同燃料类型的典型蜂窝状 SCR 催化剂

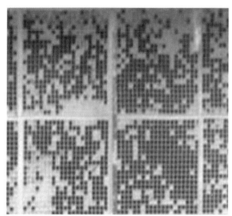

(a) 清洗前

(b) 清洗后

图 2.8 蜂窝状催化剂在清洗前后的情况

(a) 清洗前

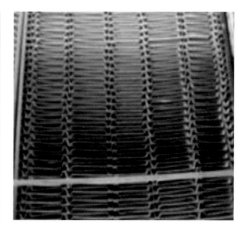

(b) 清洗后

图 2.9 板状催化剂在清洗前后的情况

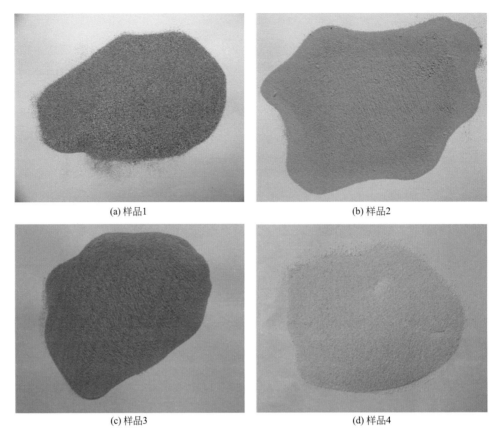

(a) 样品1

(b) 样品2

(c) 样品3

(d) 样品4

图 3.1　四种废 FCC 催化剂样品

(a) H-1

(b) H-2

(c) H-3

图 3.2　三种新鲜催化加氢催化剂实物图

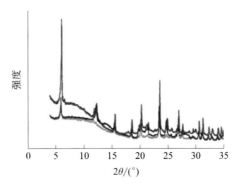

图 3.6　三种新鲜 FCC 催化剂 XRD 图

图 4.10　烘干后的浸出渣

图 4.17　产品 MoO₃ 粉末

图 4.19　浸出渣与氨水反应生成草酸镍氨络合溶液的过程

图 4.20　草酸镍从草酸镍氨络合溶液中的析出过程

图 4.21　草酸镍滤饼和产品草酸镍